수학 좀 한다면

최상위 초등수학 1-2

펴낸날 [초판 1쇄] 2024년 3월 27일 [초판 2쇄] 2024년 7월 23일
펴낸이 이기열
펴낸곳 (주)디딤돌 교육
주소 (03972) 서울특별시 마포구 월드컵북로 122 청원선와이즈타워
대표전화 02-3142-9000
구입문의 02-322-8451
내용문의 02-323-9166
팩시밀리 02-338-3231
홈페이지 www.didimdol.co.kr
등록번호 제10-718호

최상위 수학 1·2 학습 스케줄표

짧은 기간에 집중력 있게 한 학기 과정을 학습할 수 있도록 설계하였습니다.
방학 때 미리 공부하고 싶다면 8주 완성 과정을 이용하세요.

공부한 날짜를 쓰고 하루 분량 학습을 마친 후, 부모님께 확인 check☑를 받으세요.

주	월 일	월 일	월 일	월 일	월 일
1주	1. 100까지의 수				
	10~13쪽 ☐	14~15쪽 ☐	16~19쪽 ☐	20~22쪽 ☐	23~24쪽 ☐
2주	1. 100까지의 수		2. 덧셈과 뺄셈 (1)		
	25~26쪽 ☐	27쪽 ☐	32~35쪽 ☐	36~37쪽 ☐	38~41쪽 ☐
3주	2. 덧셈과 뺄셈 (1)				3. 모양과 시각
	42~44쪽 ☐	45~46쪽 ☐	47~48쪽 ☐	49쪽 ☐	54~57쪽 ☐
4주	3. 모양과 시각				
	58~61쪽 ☐	62~65쪽 ☐	66~68쪽 ☐	69~71쪽 ☐	72~73쪽 ☐

공부를 잘 하는 학생들의 좋은 습관 8가지

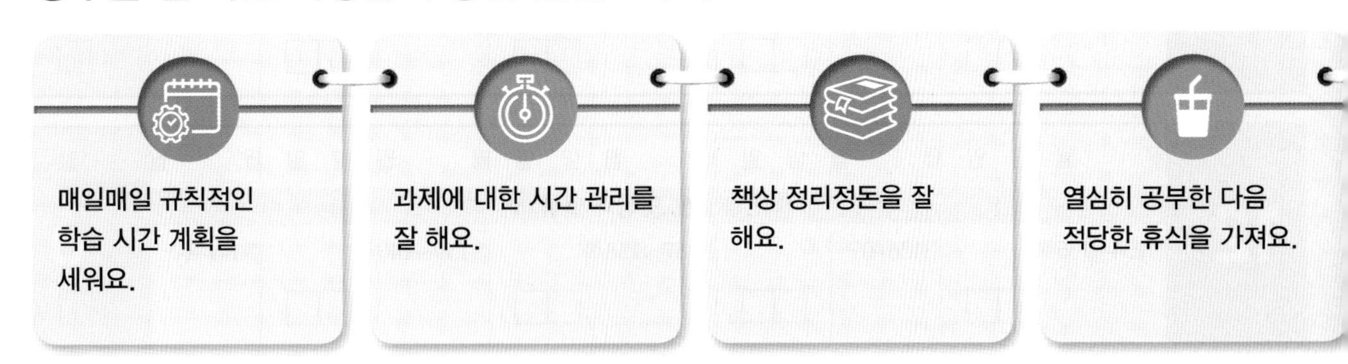

자르는 선

5주	월 일	월 일	월 일	월 일	월 일
	3. 모양과 시각		4. 덧셈과 뺄셈 (2)		
	74~75쪽 □	76~77쪽 □	82~85쪽 □	86~87쪽 □	88~91쪽 □

6주	월 일	월 일	월 일	월 일	월 일
	4. 덧셈과 뺄셈 (2)			5. 규칙 찾기	
	92~94쪽 □	95~96쪽 □	97~99쪽 □	104~107쪽 □	108~111쪽 □

7주	월 일	월 일	월 일	월 일	월 일
	5. 규칙 찾기			6. 덧셈과 뺄셈 (3)	
	112~114쪽 □	115~116쪽 □	117~119쪽 □	124~127쪽 □	128~129쪽 □

8주	월 일	월 일	월 일	월 일	월 일
	6. 덧셈과 뺄셈 (3)				
	130~133쪽 □	134~136쪽 □	137~138쪽 □	139~140쪽 □	141쪽 □

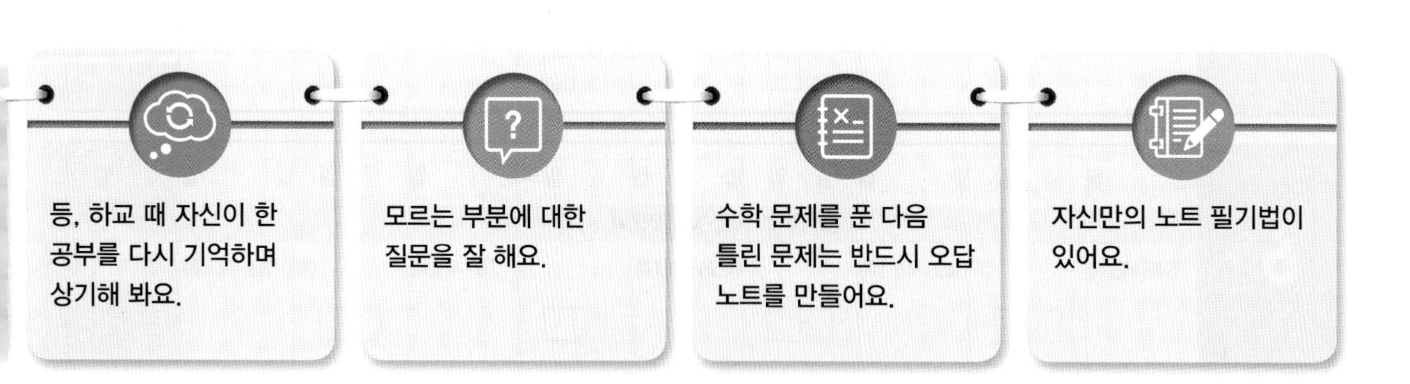

자르는 선

초등 1·2

상위권의 기준

최상위 수학

수학 좀 한다면

구성과 특징

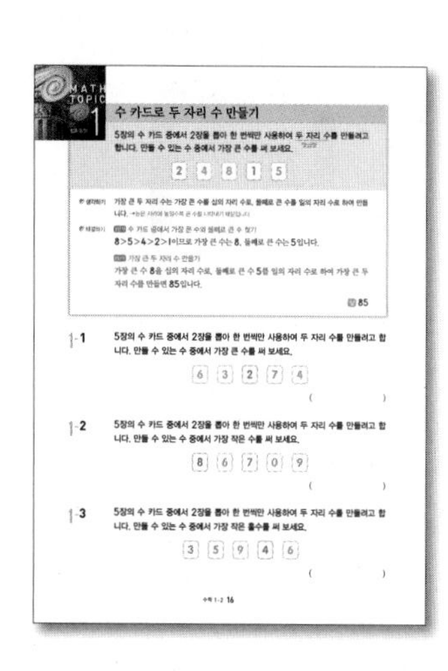
MATH TOPIC 1

수 카드로 두 자리 수 만들기

5장의 수 카드 중에서 2장을 뽑아 한 번씩만 사용하여 두 자리 수를 만들려고 합니다. 만들 수 있는 수 중에서 가장 큰 수를 써 보세요.

2 4 8 1 5

생각하기 가장 큰 두 자리 수는 가장 큰 수를 십의 자리 수로, 둘째로 큰 수를 일의 자리 수로 하여 만듭니다.

해결하기 수 카드 중에서 가장 큰 수와 둘째로 큰 수 찾기
$8>5>4>2>1$이므로 가장 큰 수는 8, 둘째로 큰 수는 5입니다.
가장 큰 두 자리 수 만들기
가장 큰 수 8을 십의 자리 수로, 둘째로 큰 수 5를 일의 자리 수로 하여 가장 큰 두 자리 수를 만들면 85입니다.

85

1-1 5장의 수 카드 중에서 2장을 뽑아 한 번씩만 사용하여 두 자리 수를 만들려고 합니다. 만들 수 있는 수 중에서 가장 큰 수를 써 보세요.

6 3 2 7 4

(　　　　)

1-2 5장의 수 카드 중에서 2장을 뽑아 한 번씩만 사용하여 두 자리 수를 만들려고 합니다. 만들 수 있는 수 중에서 가장 작은 수를 써 보세요.

8 6 7 0 9

(　　　　)

1-3 5장의 수 카드 중에서 2장을 뽑아 한 번씩만 사용하여 두 자리 수를 만들려고 합니다. 만들 수 있는 수 중에서 가장 작은 홀수를 써 보세요.

3 5 9 4 6

(　　　　)

16

MATH TOPIC

엄선된 대표 심화 유형들을 집중 학습함으로써 문제 해결력과 사고력을 향상시키는 단계입니다.

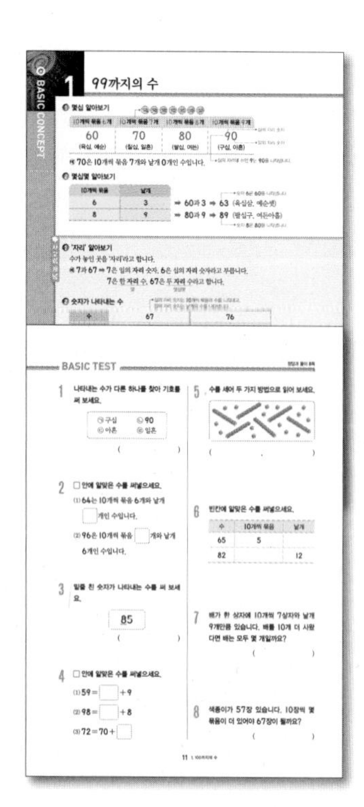
BASIC CONCEPT

1 99까지의 수

몇십 알아보기

10개씩 묶음 6개	10개씩 묶음 7개	10개씩 묶음 8개	10개씩 묶음 9개
60 (육십, 예순)	70 (칠십, 일흔)	80 (팔십, 여든)	90 (구십, 아흔)

70은 10개씩 묶음 7개와 낱개 0개인 수입니다.

몇십몇 알아보기

10개씩 묶음	낱개	
6	3	⇒ 60과 3 ⇒ 63 (육십삼, 예순셋)
8	9	⇒ 80과 9 ⇒ 89 (팔십구, 여든아홉)

'자리' 알아보기
수가 놓인 곳을 '자리'라고 합니다.
7과 67 ⇒ 7은 일의 자리 숫자, 6은 십의 자리 숫자라고 부릅니다.
7은 한 자리 수, 67은 두 자리 수라고 합니다.

숫자가 나타내는 수

수	67	76

BASIC TEST

1 나타내는 수가 다른 하나를 찾아 기호를 써 보세요.
㉠ 구십 ㉡ 90
㉢ 아흔 ㉣ 일흔
(　　　　)

2 □ 안에 알맞은 수를 써넣으세요.
(1) 64는 10개씩 묶음 6개와 낱개 □개인 수입니다.
(2) 96은 10개씩 묶음 □개와 낱개 6개인 수입니다.

3 밑줄 친 숫자가 나타내는 수를 써 보세요.
85
(　　　　)

4 □ 안에 알맞은 수를 써넣으세요.
(1) $59=\square+9$
(2) $98=\square+8$
(3) $72=70+\square$

5 수를 세어 두 가지 방법으로 읽어 보세요.
(　　　　,　　　　)

6 빈칸에 알맞은 수를 써넣으세요.

수	10개씩 묶음	낱개
65	5	
82		12

7 배가 한 상자에 10개씩 7상자와 낱개 9개만큼 있습니다. 배를 10개 더 사왔다면 배는 모두 몇 개일까요?
(　　　　)

8 색종이가 57장 있습니다. 10장씩 몇 묶음이 더 있어야 67장이 될까요?
(　　　　)

11

BASIC CONCEPT

개념 설명과 함께 구성되어 있습니다.
교과서 개념 이외의 실전 개념, 연결 개념, 주의 개념, 사고력 개념을 함께 정리하여 심화 학습의 기본기를 갖출 수 있게 하였습니다.

BASIC TEST

본격적인 심화 학습에 들어가기 전 단계로 개념을 적용해 보며 기본 실력을 확인합니다.

HIGH LEVEL

교외 경시 대회에서 출제되는 수준 높은 문제들을 풀어 봄으로써 상위 3% 최상위권에 도전하는 단계입니다.

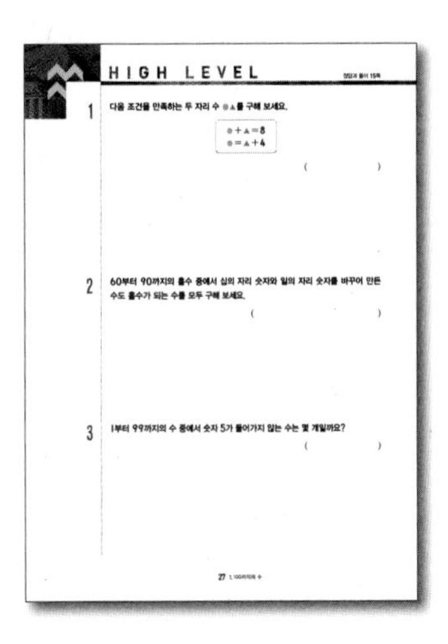

윗 단계로 올라가는 데 어려움이 없도록 **BRIDGE 문제**들을 각 코너별로 배치하였습니다.

LEVEL UP TEST

대표 심화 유형 외의 다양한 심화 문제들을 풀어 봄으로써 해결 전략과 방법을 학습하고 상위권으로 한 걸음 나아가는 단계입니다.

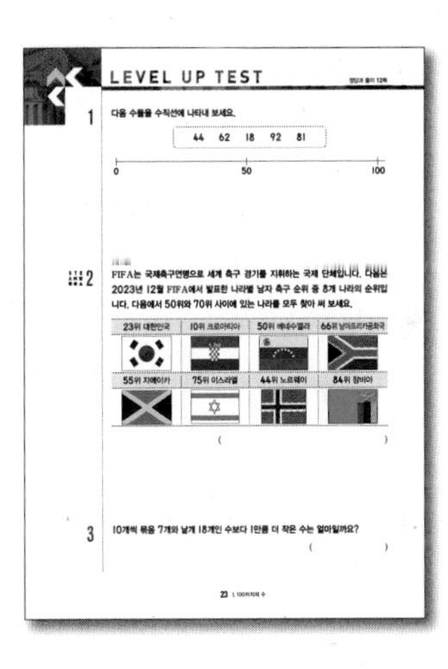

차례

1 100까지의 수 ········ 7

심화유형 1 수 카드로 두 자리 수 만들기
2 남은 것은 몇 개인지 구하기
3 몇 개까지 만들 수 있는지 구하기
4 1만큼 더 큰 수와 1만큼 더 작은 수의 활용
5 설명하는 수 구하기
6 □ 안에 들어갈 수 있는 수 구하기
7 수의 크기 비교를 활용한 교과통합유형

2 덧셈과 뺄셈 (1) ········ 29

심화유형 1 세 수의 덧셈
2 10이 되는 더하기와 10에서 빼기의 활용
3 □ 안에 들어갈 수 있는 수 구하기
4 ○ 안에 + 또는 − 넣기
5 수 카드를 사용하여 식 완성하기
6 수 퍼즐
7 뺄셈을 활용한 교과통합유형

3 모양과 시각 ········ 51

심화유형 1 겹쳐진 그림으로 모양의 수 구하기
2 주어진 모양 조각으로 만들 수 있는 것 찾기
3 몇 시 나타내기
4 설명하는 시각 구하기
5 색종이를 접어 만든 모양의 수 구하기
6 조건에 맞는 모양 찾기
7 시작한 시각 구하기
8 점을 연결하여 모양 만들기
9 크고 작은 모양의 수 구하기
10 시계 보기를 활용한 교과통합유형

4 덧셈과 뺄셈 (2) 79

심화유형 1 수 카드로 뺄셈식 만들기
2 □ 안에 들어갈 수 있는 수 구하기
3 모양이 나타내는 수
4 모양이 나타내는 계산
5 덧셈과 뺄셈의 활용
6 수 바꾸기
7 덧셈과 뺄셈을 활용한 교과통합유형

5 규칙 찾기 101

심화유형 1 수 배열표에서 ■에 알맞은 수 구하기
2 찢어진 벽지에 있던 무늬의 수 구하기
3 규칙에 따라 색칠하기
4 바둑돌의 규칙 찾기
5 두 가지 또는 세 가지가 바뀌는 규칙
6 수의 규칙 찾기
7 규칙 찾기를 활용한 교과통합유형

6 덧셈과 뺄셈 (3) 121

심화유형 1 세로셈에서 모르는 수 구하기
2 덧셈과 뺄셈의 활용
3 수 카드로 만든 수의 합, 차 구하기
4 □ 안에 들어갈 수 있는 수 구하기
5 모양이 나타내는 수
6 바르게 계산한 값 구하기
7 덧셈과 뺄셈을 활용한 교과통합유형

100까지의 수

대표심화유형

1 수 카드로 두 자리 수 만들기

2 남은 것은 몇 개인지 구하기

3 몇 개까지 만들 수 있는지 구하기

4 1만큼 더 큰 수와 1만큼 더 작은 수의 활용

5 설명하는 수 구하기

6 □ 안에 들어갈 수 있는 수 구하기

7 수의 크기 비교를 활용한 교과통합유형

과거의 숫자, 현재의 숫자

신체를 이용한 수 세기

원시시대 사람들은 가축이나 곡식을 서로 교환하면서부터 '수'에 대해서 생각하기 시작했을 거예요. 하지만 당시에는 부족마다 수를 세는 기준과 방법이 달라서 수를 비교하거나 셈을 하기 어려웠지요. 그래서 원시인들은 수를 편리하게 세는 방법을 찾아야 했어요.

먼저 손가락이나 발가락 등 몸의 일부를 이용해서 수를 세기 시작했어요. 몸을 이용하면 따로 다른 도구를 가지고 다니지 않아도 되고, 몇까지 셌는지 기억하기 쉬웠거든요. 오른쪽 새끼손가락부터 세기 시작해서 오른쪽 손목, 오른쪽 팔꿈치, 오른쪽 어깨, 오른쪽 귀와 눈, 그리고 코와 입을 세고, 왼쪽 눈부터 왼쪽 새끼손가락까지 순서대로 세면 22까지 셀 수 있었답니다. 그럼 22보다 큰 수는 어떻게 셨을까요? 수를 세는 일이 잦아지면서 세는 방법도 여러 가지 생겨났어요.

원시인들은 작은 돌을 하나씩 옮겨 가축의 수나 곡식의 양을 셌어요. 남아메리카의 잉카족은 끈에 매듭을 묶어 숫자를 표시하기도 했고요. 그 후손들은 직접 그림이나 문자를 만들어 숫자를 표현했어요. 이집트인은 막대기 모양으로 1을, 발뒤꿈치 뼈 모양으로 10, 감긴 밧줄 모양으로 100, 연꽃 모양으로 1000 등의 숫자를 기록했어요. 고대 그리스인들은 숫자의 모양을 좀 더 단순한 형태로 나타냈지요. 중국에서도 숫자를 개발해 사용했고요. 그렇게 세계 곳곳에서 여러 종류의 숫자가 생겨났어요.

우리가 사용하는 아라비아 숫자

그중에서 지금까지 널리 쓰이는 숫자가 있어요. 바로 인도-아라비아 숫자예요. 보통은 아라비아 숫자라고 부르는 이 수는 처음에 인도 사람들이 만들었어요. 그런데 아라비아 상인들이 이 수를 유럽에 널리 퍼트리면서 아라비아 숫자로 알려졌지요.

이전에 쓰인 숫자들은 수가 늘어날 때마다 숫자를 새로 만들어서 나타냈어요. 그러다보니 숫자를 다 외우기 힘들었고 셈을 하기도 복잡했어요. 하지만 인도-아라비아 숫자는 달랐어요. 인도 사람들은 1, 2, 3, 4, 5, 6, 7, 8, 9의 9개 숫자와 0만으로 백의 자리나 천의 자리가 훨씬 넘는 수까지 모두 나타냈어요. 0은 그 자리가 비어 있다는 걸 뜻해요. 만약 0이 없다면 14와 104, 1004를 구별할 수 없었을 거예요. 0을 사용해서 여러 자리의 수를 나타낼 수 있게 됐지요. 뿐만 아니라 더하거나 빼고 곱하거나 나누는 셈도 쉽게 하게 되었어요.

BASIC CONCEPT

1 99까지의 수

❶ 몇십 알아보기

⑩⑩⑩⑩⑩⑩⑩

10개씩 묶음 6개	10개씩 묶음 7개	10개씩 묶음 8개	10개씩 묶음 9개
60 (육십, 예순)	70 (칠십, 일흔)	80 (팔십, 여든)	90 (구십, 아흔)

• 십의 자리 숫자
• 일의 자리 숫자
• 십의 자리에 쓰인 9는 90을 나타냅니다.

예 70은 10개씩 묶음 7개와 낱개 0개인 수입니다.

❷ 몇십몇 알아보기

10개씩 묶음	낱개
6	3
8	9

➡ 60과 3 ➡ 63 (육십삼, 예순셋)
➡ 80과 9 ➡ 89 (팔십구, 여든아홉)

• 숫자 6은 60을 나타냅니다.
• 숫자 8은 80을 나타냅니다.

사고력 개념

❶ '자리' 알아보기

수가 놓인 곳을 '자리'라고 합니다.

예 7과 67 ➡ 7은 일의 **자리** 숫자, 6은 십의 **자리** 숫자라고 부릅니다.
7은 한 **자리** 수, 67은 두 **자리** 수라고 합니다.
(몇) (몇십몇)

❷ 숫자가 나타내는 수

• 십의 자리 숫자는 10개씩 묶음의 수를 나타내고, 일의 자리 숫자는 낱개의 수를 나타냅니다.

수	67		76	
자리	십의 자리	일의 자리	십의 자리	일의 자리
숫자	6	7	7	6
나타내는 수	60	7	70	6

같은 숫자라도 놓인 자리에 따라 나타내는 수가 다릅니다.

실전 개념

❶ 낱개의 수가 10보다 큰 수 구하기

• 10개씩 묶음 7개와 낱개 24개인 수

	10개씩 묶음	낱개
10개씩 묶음 7개 ➡	7	0
낱개 24개 ➡	2	4
⬇		
	9	4

➡ 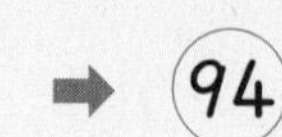

낱개의 수가 10이거나 10보다 클 때에는 10개씩 묶음의 수와 낱개의 수로 나누어 생각합니다.

1 나타내는 수가 다른 하나를 찾아 기호를 써 보세요.

㉠ 구십	㉡ 90
㉢ 아흔	㉣ 일흔

(　　　　　　)

2 □ 안에 알맞은 수를 써넣으세요.

(1) 64는 10개씩 묶음 6개와 낱개 □개인 수입니다.

(2) 96은 10개씩 묶음 □개와 낱개 6개인 수입니다.

3 밑줄 친 숫자가 나타내는 수를 써 보세요.

<u>8</u>5

(　　　　　　)

4 □ 안에 알맞은 수를 써넣으세요.

(1) $59=\square+9$

(2) $98=\square+8$

(3) $72=70+\square$

5 수를 세어 두 가지 방법으로 읽어 보세요.

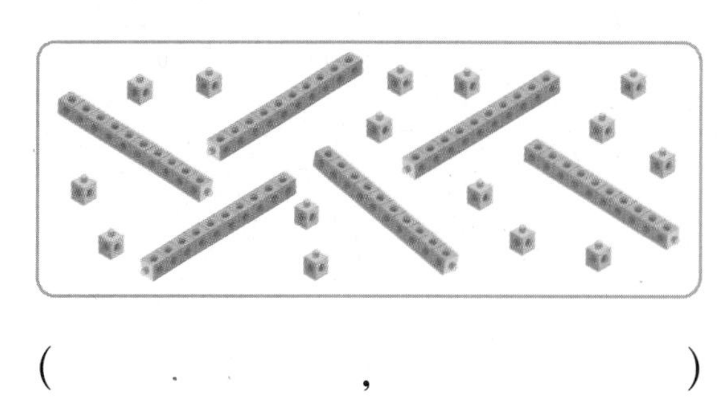

(　　　　　　,　　　　　　)

6 빈칸에 알맞은 수를 써넣으세요.

수	10개씩 묶음	낱개
65	5	
82		12

7 배가 한 상자에 10개씩 7상자와 낱개 9개만큼 있습니다. 배를 10개 더 사왔다면 배는 모두 몇 개일까요?

(　　　　　　)

8 색종이가 57장 있습니다. 10장씩 몇 묶음이 더 있어야 67장이 될까요?

(　　　　　　)

2 수의 순서

❶ 수의 순서

오른쪽으로 한 칸 갈 때마다 1씩 커집니다.

50	51	52	53	54	55	56	57	58	59
60	61	62	63	64	65	66	67	68	69
70	71	72	73	74	75	76	77	78	79
80	81	82	83	84	85	86	87	88	89
90	91	92	93	94	95	96	97	98	99
100	101	102	…						

아래쪽으로 한 칸 갈 때마다 10개씩 묶음의 수가 1씩 커지므로 10씩 커집니다.

1만큼 더 큰 수 1만큼 더 작은 수

•99보다 1만큼 더 큰 수

• 99보다 1만큼 더 큰 수를 100이라 하고 백이라고 읽습니다.

연결 개념

세 자리 수

❶ 100 알아보기

• 1이 10개인 수 ➡ 10 • 10이 10개인 수 ➡ 100

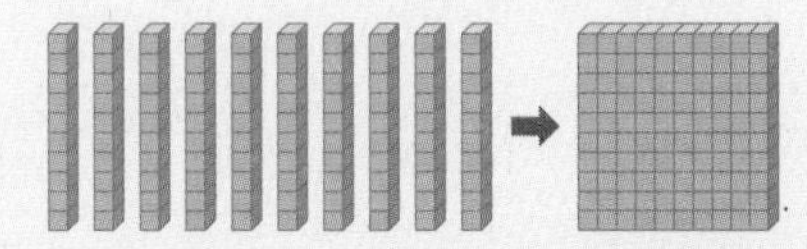

❷ 100을 여러 가지 방법으로 나타내기

- 1이 100개인 수 / 10이 10개인 수
- 99보다 1만큼 더 큰 수 / 90보다 10만큼 더 큰 수
- 101보다 1만큼 더 작은 수 / 110보다 10만큼 더 작은 수

실전 개념

❶ 수직선에서 수의 순서 알아보기

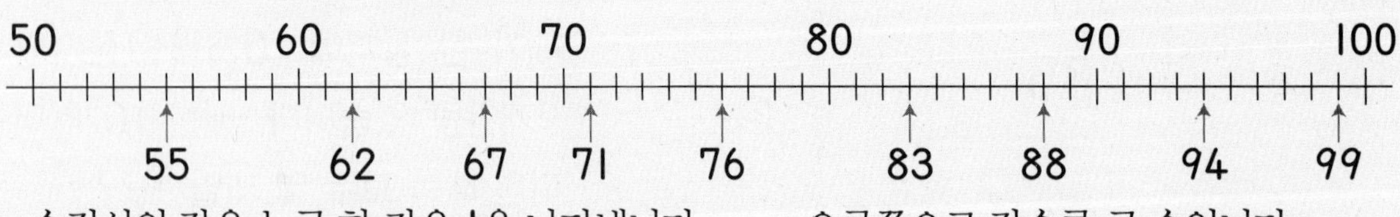

• 수직선의 작은 눈금 한 칸은 1을 나타냅니다. • 오른쪽으로 갈수록 큰 수입니다.

❷ 85를 여러 가지 방법으로 표현하기

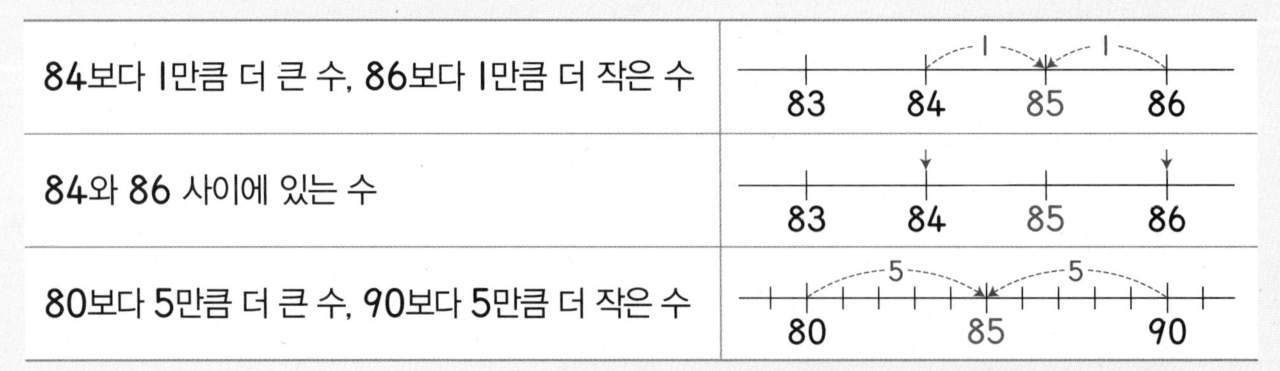

84보다 1만큼 더 큰 수, 86보다 1만큼 더 작은 수	83 84 85 86 (1, 1)
84와 86 사이에 있는 수	83 84 85 86
80보다 5만큼 더 큰 수, 90보다 5만큼 더 작은 수	80 85 90 (5, 5)

BASIC TEST

1 □ 안에 알맞은 수를 써넣으세요.

(1) 93보다 1만큼 더 큰 수는 □ 입니다.

(2) 87보다 1만큼 더 작은 수는 □ 입니다.

(3) 62와 64 사이에 있는 수는 □ 입니다.

2 수의 순서대로 빈칸에 알맞은 수를 써넣으세요.

51	52	53	54	55			
59	60			63	64		
67			70	71	72		
		77	78			81	82
	84	85	86				

3 100이 아닌 수는 어느 것일까요? ( )

① 99보다 1만큼 더 큰 수
② 10개씩 묶음 10개인 수
③ 99 바로 뒤의 수
④ 90보다 10만큼 더 큰 수
⑤ 90보다 1만큼 더 큰 수

4 수직선에서 □ 안에 알맞은 수를 써넣으세요.

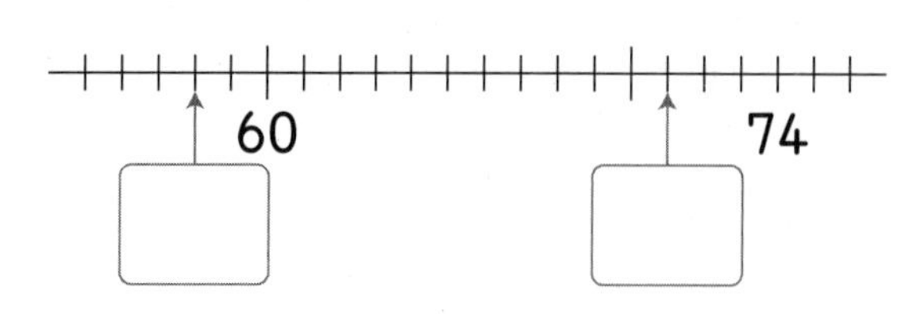

5 설명하는 수를 써 보세요.

(1) 69 바로 뒤의 수
( )

(2) 78보다 1만큼 더 작은 수
( )

(3) 57과 62 사이에 있는 수
( )

6 다음 수들을 수직선에 나타내 보세요.

68 51 63

50 60 70

7 다음 수 중에서 79에 가장 가까운 수를 찾아 써 보세요.

71 89 81 75

( )

3 수의 크기 비교, 짝수와 홀수

❶ 수의 크기 비교

10개씩 묶음의 수를 먼저 비교하고, 낱개의 수를 비교합니다. → 십의 자리 수가 일의 자리 수보다 큰 수를 나타내기 때문입니다.

• 10개씩 묶음의 수가 다른 경우

10개씩 묶음의 수(십의 자리 수)가 클수록 큰 수입니다.

6	5	>	5	8
6	0	>	5	0
	5			8

➡ 65 > 58 (6>5) 십의 자리 수가 클수록 큰 수입니다.

• 10개씩 묶음의 수가 같은 경우

10개씩 묶음의 수(십의 자리 수)가 같으면 낱개의 수(일의 자리 수)가 클수록 큰 수입니다.

7	4	<	7	6
7	0	=	7	0
	4	<		6

➡ 74 < 76 (4<6) 일의 자리 수가 클수록 큰 수입니다.

❷ 짝수와 홀수

• 짝수: 2, 4, 6, 8, 10, 12, ...와 같은 수 → 둘씩 짝을 지을 때 남는 것이 없는 수

• 홀수: 1, 3, 5, 7, 9, 11, ...과 같은 수 → 둘씩 짝을 지을 때 하나가 남는 수

실전 개념

❶ >, <와 =

부등호(>, <)와 등호(=)를 사용하면 수의 크기 비교를 간단히 나타낼 수 있습니다.

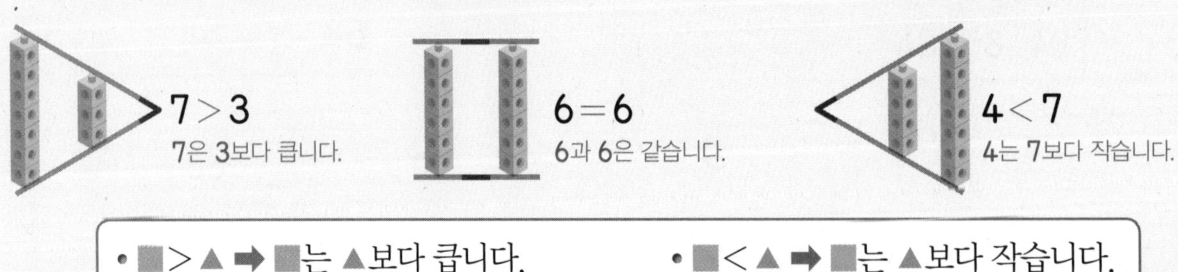

• ■ > ▲ ➡ ■는 ▲보다 큽니다. • ■ < ▲ ➡ ■는 ▲보다 작습니다.

❷ 1부터 9까지의 수 중에서 □ 안에 들어갈 수 있는 수 구하기

46 < 4□ ➡ 46은 4□보다 작습니다.

① 십의 자리 수가 같으므로 일의 자리 수를 비교합니다.

46 < 4□ ➡ □는 6보다 커야 합니다.

② 6보다 큰 수는 7, 8, 9이므로 □ 안에 들어갈 수 있는 수는 7, 8, 9입니다.

BASIC TEST

1 두 수의 크기를 비교하여 ○ 안에 $>$, $=$, $<$를 알맞게 써넣으세요.

(1) 70 ○ 66

(2) 85 ○ 89

2 사탕의 수를 세어 쓰고, 짝수인지 홀수인지 써 보세요.

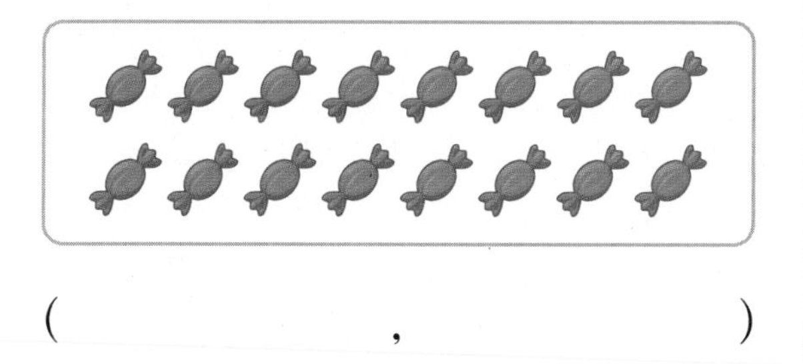

(　　　　　,　　　　　)

3 정애는 우표를 65장 모았고 서희는 70장 모았습니다. 누가 우표를 더 많이 모았나요?

(　　　　　)

4 가장 큰 수에 ○표, 가장 작은 수에 △표 하세요.

77	71	69	75

5 52보다 크고 56보다 작은 수 중 홀수를 모두 써 보세요.

(　　　　　)

6 □ 안에 알맞은 수를 써넣으세요.

(1) $88 = 80 + \square$

(2) $88 < 80 + \square$

7 □ 안에 들어갈 수 있는 수에 모두 ○표 하세요.

$76 < \square 9$

(5 , 6 , 7 , 8 , 9)

8 나타내는 수가 짝수인 것을 모두 찾아 기호를 써 보세요.

㉠ 23보다 1만큼 더 큰 수
㉡ 36보다 2만큼 더 큰 수
㉢ 48보다 3만큼 더 큰 수

(　　　　　)

수 카드로 두 자리 수 만들기

5장의 수 카드 중에서 2장을 뽑아 한 번씩만 사용하여 두 자리 수(몇십몇)를 만들려고 합니다. 만들 수 있는 수 중에서 가장 큰 수를 써 보세요.

2 4 8 1 5

● 생각하기 가장 큰 두 자리 수는 가장 큰 수를 십의 자리 수로, 둘째로 큰 수를 일의 자리 수로 하여 만듭니다. → 높은 자리에 놓일수록 큰 수를 나타내기 때문입니다.

● 해결하기 1단계 수 카드 중에서 가장 큰 수와 둘째로 큰 수 찾기

$8>5>4>2>1$이므로 가장 큰 수는 8, 둘째로 큰 수는 5입니다.

2단계 가장 큰 두 자리 수 만들기

가장 큰 수 8을 십의 자리 수로, 둘째로 큰 수 5를 일의 자리 수로 하여 가장 큰 두 자리 수를 만들면 85입니다.

답 85

1-1 5장의 수 카드 중에서 2장을 뽑아 한 번씩만 사용하여 두 자리 수를 만들려고 합니다. 만들 수 있는 수 중에서 가장 큰 수를 써 보세요.

( )

1-2 5장의 수 카드 중에서 2장을 뽑아 한 번씩만 사용하여 두 자리 수를 만들려고 합니다. 만들 수 있는 수 중에서 가장 작은 수를 써 보세요.

( )

1-3 5장의 수 카드 중에서 2장을 뽑아 한 번씩만 사용하여 두 자리 수를 만들려고 합니다. 만들 수 있는 수 중에서 가장 작은 홀수를 써 보세요.

3 5 9 4 6

( )

정답과 풀이 10쪽

심화유형 2

남은 것은 몇 개인지 구하기

채원이는 초콜릿을 10개씩 9봉지와 낱개 8개만큼 가지고 있었습니다. 그중에서 10개씩 4봉지를 동생에게 주었습니다. 남은 초콜릿은 몇 개일까요?

● 생각하기 남은 초콜릿이 10개씩 몇 봉지와 낱개 몇 개인지 알아봅니다.

● 해결하기 1단계 남은 초콜릿은 10개씩 몇 봉지와 낱개 몇 개인지 구하기

채원이가 10개씩 4봉지를 동생에게 주었으므로 남은 초콜릿은 10개씩 $9-4=5$(봉지)와 낱개 8개입니다.

2단계 남은 초콜릿은 몇 개인지 구하기

남은 초콜릿은 10개씩 5봉지와 낱개 8개이므로 58개입니다.

답 58개

2-1 수아는 사탕을 10개씩 8봉지와 낱개 4개만큼 가지고 있었습니다. 그중에서 10개씩 2봉지를 현호에게 주었습니다. 남은 사탕은 몇 개일까요?

(　　　　　　)

2-2 준범이는 공깃돌을 10개씩 묶음 7개와 낱개 2개만큼 가지고 있었습니다. 그중에서 10개씩 묶음 1개와 낱개 1개를 잃어버렸습니다. 남아 있는 공깃돌은 몇 개일까요?

(　　　　　　)

2-3 희진이는 지우개를 95개 가지고 있었습니다. 그중에서 10개씩 묶음 2개와 낱개 3개를 친구들에게 나누어 주었습니다. 남은 지우개는 몇 개일까요?

(　　　　　　)

몇 개까지 만들 수 있는지 구하기

목걸이 한 개를 만드는 데 구슬이 10개 필요합니다. 구슬이 10개씩 5봉지와 낱개 26개만큼 있다면 목걸이는 몇 개까지 만들 수 있을까요?

● 생각하기 10개보다 적은 구슬로는 목걸이를 만들 수 없으므로 낱개의 수는 생각하지 않습니다.

● 해결하기 1단계 구슬은 모두 10개씩 몇 봉지와 낱개 몇 개인지 알아보기

낱개 26개 ➡ 10개씩 2봉지와 낱개 6개

따라서 구슬은 모두 10개씩 $5+2=7$(봉지)와 낱개 6개입니다.

2단계 목걸이는 몇 개까지 만들 수 있는지 구하기

목걸이 한 개를 만드는 데 구슬이 10개 필요하므로 목걸이는 7개까지 만들 수 있습니다.

답 7개

3-1 탑 한 개를 만드는 데 수수깡이 10개 필요합니다. 수수깡이 10개씩 묶음 6개와 낱개 38개만큼 있다면 탑은 몇 개까지 만들 수 있을까요?

(　　　　　　　)

3-2 케이크 한 개를 만드는 데 달걀이 10개 필요합니다. 달걀이 10개씩 묶음 5개와 낱개 24개만큼 있다면 케이크는 몇 개까지 만들 수 있을까요?

(　　　　　　　)

3-3 인형 옷 한 벌을 만드는 데 단추가 10개 필요합니다. 단추가 10개씩 묶음 7개와 낱개 19개만큼 있다면 인형 옷은 몇 벌까지 만들 수 있을까요?

(　　　　　　　)

1만큼 더 큰 수와 1만큼 더 작은 수의 활용

어떤 수보다 1만큼 더 큰 수는 70입니다. 어떤 수보다 1만큼 더 작은 수는 얼마일까요?

● 생각하기 어떤 수 →(1만큼 더 큰 수) 70, 70 →(1만큼 더 작은 수) 어떤 수

● 해결하기 **1단계** 어떤 수 구하기

어떤 수보다 1만큼 더 큰 수는 70이므로 어떤 수는 70보다 1만큼 더 작은 수입니다.
따라서 어떤 수는 69입니다.

2단계 어떤 수보다 1만큼 더 작은 수 구하기

어떤 수 69보다 1만큼 더 작은 수는 68입니다.

답 68

4-1 어떤 수보다 1만큼 더 큰 수는 56입니다. 어떤 수보다 1만큼 더 작은 수는 얼마일까요?

( )

4-2 어떤 수보다 1만큼 더 작은 수는 89입니다. 어떤 수보다 1만큼 더 큰 수는 얼마일까요?

( )

4-3 어떤 수보다 2만큼 더 작은 수는 61입니다. 어떤 수보다 2만큼 더 큰 수는 얼마일까요?

( )

MATH TOPIC

심화유형 5

설명하는 수 구하기

설명하는 수를 모두 구해 보세요.

- 57보다 크고 64보다 작습니다.
- 십의 자리 수가 일의 자리 수보다 큽니다.

● 생각하기 한 가지 설명에 알맞은 수들을 찾고 그중에서 다른 설명에 알맞은 수를 찾습니다.

● 해결하기 1단계 57보다 크고 64보다 작은 수 찾기

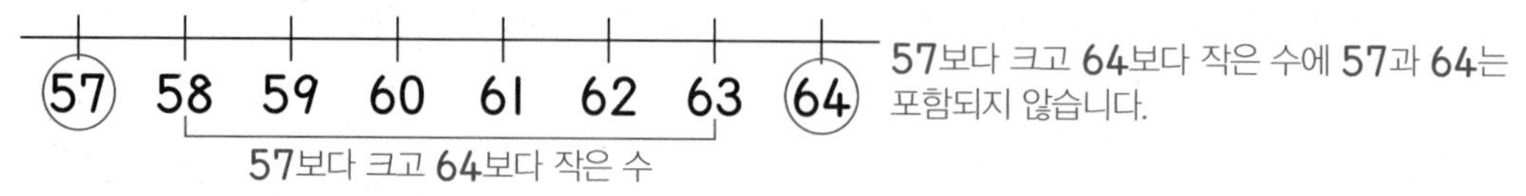

57보다 크고 64보다 작은 수에 57과 64는 포함되지 않습니다.

2단계 설명하는 수 모두 구하기

57보다 크고 64보다 작은 수 중에서 십의 자리 수가 일의 자리 수보다 큰 수는 60, 61, 62, 63입니다.

답 60, 61, 62, 63

5-1 설명하는 수를 모두 구해 보세요.

- 84보다 크고 93보다 작습니다.
- 십의 자리 수가 일의 자리 수보다 큽니다.

( )

5-2 설명하는 수를 모두 구해 보세요.

- 76보다 크고 83보다 작습니다.
- 십의 자리 수가 일의 자리 수보다 작습니다.

( )

5-3 설명하는 수를 모두 구해 보세요.

- 50보다 큰 두 자리 수입니다.
- 십의 자리 수와 일의 자리 수의 합이 8입니다.

( )

MATH TOPIC

심화유형 6

□ 안에 들어갈 수 있는 수 구하기

1부터 9까지의 수 중에서 □ 안에 공통으로 들어갈 수 있는 수를 모두 구해 보세요.

$64<6\square$ $\square 8>76$

● 생각하기 두 식에서 □ 안에 들어갈 수 있는 수를 각각 구합니다.

● 해결하기 1단계 $64<6\square$에서 □ 안에 들어갈 수 있는 수 구하기

십의 자리 수가 같으므로 일의 자리 수를 비교하면 $4<\square$입니다.

따라서 □ 안에 들어갈 수 있는 수는 5, 6, 7, 8, 9입니다.

2단계 $\square 8>76$에서 □ 안에 들어갈 수 있는 수 구하기

십의 자리 수를 비교하면 $\square>7$이므로 □ 안에 들어갈 수 있는 수는 8, 9입니다.

일의 자리 수를 비교하면 $8>6$이므로 □ 안에 7도 들어갈 수 있습니다. ➡ 7, 8, 9

3단계 공통으로 들어갈 수 있는 수 구하기

공통으로 들어갈 수 있는 수는 7, 8, 9입니다.

답 7, 8, 9

6-1 1부터 9까지의 수 중에서 □ 안에 공통으로 들어갈 수 있는 수를 구해 보세요.

$45<4\square$ $\square 6<73$

(   )

6-2 1부터 9까지의 수 중에서 □ 안에 공통으로 들어갈 수 있는 수를 모두 구해 보세요.

$7\square<74$ $63>\square 2$

(   )

6-3 0부터 9까지의 수 중에서 □ 안에 공통으로 들어갈 수 있는 수를 모두 구해 보세요.

$9\square>96$ $78<\square 3$ $56<7\square$

(   )

7 수의 크기 비교를 활용한 교과통합유형

심화유형

수학+과학

일정한 시간 동안 얼마만큼 이동했는지를 비교하면 어느 쪽이 더 빠른지 알 수 있습니다. 즉 같은 시간 동안 이동한 거리가 길수록 빠릅니다. 다음은 동물들이 각각 1시간 동안 달릴 수 있는 거리를 나타낸 것으로 ■ 안에 0부터 9까지의 수가 들어갈 수 있습니다. 빠른 동물부터 차례로 써 보세요.

말
6■ km

타조
8■ km

기린
5■ km

토끼
75 km

km: 킬로미터(길이의 단위)

● 생각하기 십의 자리 수가 다르면 일의 자리 수를 모르더라도 크기를 비교할 수 있습니다.

● 해결하기 **1단계** 십의 자리 수 비교하기

십의 자리 수를 비교하면 $8>7>6>5$입니다.

2단계 가장 빠른 동물부터 차례로 알아보기

십의 자리 수가 가장 큰 타조가 가장 빠르고, 둘째로 빠른 동물은 ☐,

셋째로 빠른 동물은 ☐, 넷째로 빠른 동물은 ☐입니다.

답 타조, ☐, ☐, ☐

수학+국어

7-1

다음 신문 기사의 지워진 부분에 0부터 9까지의 수가 들어갈 수 있습니다. 화재 원인으로 가장 많은 것과 가장 적은 것을 차례로 써 보세요.

○○시의 잇따른 화재 사고

지난 한 해 동안 ○○시에 화재 사고가 잇따라 일어나 막대한 재산 피해가 있었다. 화재 원인으로는 전기로 인한 사고가 85건, 가스로 인한 사고가 5▒건, 담뱃불로 인한 사고가 76건, 방화로 인한 사고가 6▒건이었다.

(,)

1 다음 수들을 수직선에 나타내 보세요.

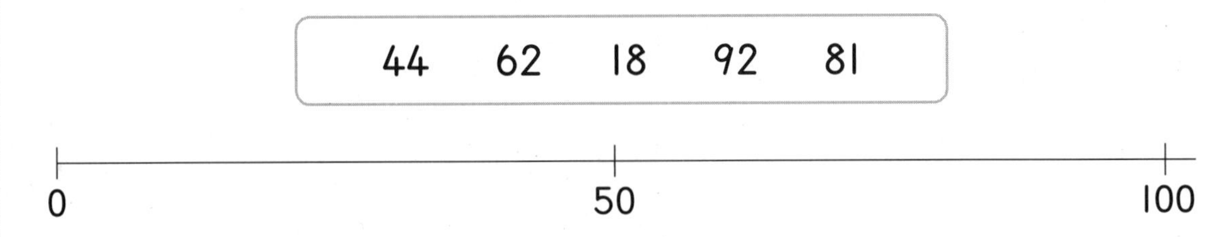

수학+체육

STEAM형 2 FIFA는 국제축구연맹으로 세계 축구 경기를 지휘하는 국제 단체입니다. 다음은 2023년 12월 FIFA에서 발표한 나라별 남자 축구 순위 중 8개 나라의 순위입니다. 다음에서 50위와 70위 사이에 있는 나라를 모두 찾아 써 보세요.

23위 대한민국	10위 크로아티아	50위 베네수엘라	66위 남아프리카공화국
55위 자메이카	75위 이스라엘	44위 노르웨이	84위 잠비아

(　　　　　　　　　　)

3 10개씩 묶음 7개와 낱개 18개인 수보다 1만큼 더 작은 수는 얼마일까요?

(　　　　　　　　　　)

4 1부터 9까지의 수 중에서 □ 안에 들어갈 수 있는 수는 모두 몇 개일까요?

73 > □9

(　　　　　　　　)

서술형 5 감자가 86개 있습니다. 감자를 한 바구니에 10개씩 담으려고 합니다. 아홉 바구니를 모두 채우려면 감자는 몇 개 더 있어야 하는지 풀이 과정을 쓰고 답을 구해 보세요.

풀이

답

수학+역사

STEAM형 6 조선 시대의 대표적인 군함으로 *판옥선과 *거북선이 있습니다. 거북선이 먼저 돌진하고 판옥선이 뒤따라 진격하여 *임진왜란 때 큰 활약을 하였습니다. 기록에 따르면 거북선은 1770년에 40*척으로 가장 많았는데, 이때 거북선은 판옥선보다 43척만큼 더 적었습니다. 1770년에 판옥선은 몇 척 있었을까요?

거북선

(　　　　　　　　)

*판옥선: 2층으로 된 배로 노를 젓는 병사는 1층에, 전투병은 2층에 배치함.
*거북선: 판옥선을 보완한 거북 모양의 배
*임진왜란: 조선에 침략한 왜군과의 전쟁으로 1592년부터 1598년까지 이어짐.
*척: 배를 세는 단위

7 4명의 수학 점수를 나타낸 것입니다. 지워진 부분에는 0부터 9까지의 수가 들어갈 수 있고, 점수가 같은 학생은 없습니다. 점수가 높은 사람부터 차례로 이름을 써 보세요.

이름	고은	윤지	민재	준혁
점수(점)	6□	9□	69	8□

( )

8 6장의 수 카드 중에서 2장을 뽑아 한 번씩만 사용하여 두 자리 수를 만들려고 합니다. 만들 수 있는 수 중에서 가장 큰 짝수와 가장 큰 홀수를 각각 구해 보세요.

0 1 4 6 7 9

짝수 ( ) 홀수 ( )

서술형 **9** 다음은 세 사람이 가지고 있는 수수깡의 수와 그 수를 비교한 것입니다. 지현이가 가지고 있는 수수깡은 몇 개인지 풀이 과정을 쓰고 답을 구해 보세요.

효영		지현		혁수
10개씩 묶음 6개 낱개 18개	<	□2개	<	10개씩 묶음 7개 낱개 14개

풀이

답

10 다음에서 설명하는 수를 모두 구해 보세요.

- 홀수입니다.
- 50보다 크고 80보다 작습니다.
- 십의 자리 수와 일의 자리 수의 합은 10입니다.

(　　　　　　　　)

11 다음을 읽고 진수와 경주 사이에 서 있는 학생은 몇 명인지 구해 보세요.

- 60명이 한 줄로 서 있습니다.
- 윤아는 앞에서부터 47째에 서 있고, 윤아와 진수 사이에는 6명이 있습니다.
  (단, 진수는 윤아보다 뒤에 서 있습니다.)
- 경주는 뒤에서부터 넷째에 서 있습니다.

(　　　　　　　　)

12 4장의 수 카드 중에서 2장을 뽑아 한 번씩만 사용하여 두 자리 수를 만들려고 합니다. 만들 수 있는 서로 다른 두 자리 수는 모두 몇 개일까요?

0　6　6　8

(　　　　　　　　)

HIGH LEVEL

정답과 풀이 15쪽

1 같은 모양은 같은 수를 나타냅니다. 다음 조건을 만족하는 두 자리 수 ●▲를 구해 보세요.

●+▲=8
●=▲+4

(　　　　　　　)

2 60부터 90까지의 홀수 중에서 십의 자리 숫자와 일의 자리 숫자를 바꾸어 만든 수도 홀수가 되는 수를 모두 구해 보세요.

(　　　　　　　)

3 1부터 99까지의 수 중에서 숫자 5가 들어가지 않는 수는 몇 개일까요?

(　　　　　　　)

연필 없이 생각 톡

알맞은 그림자를 찾아 이어 보세요.

덧셈과 뺄셈(1)

대표심화유형

1 세 수의 덧셈

2 10이 되는 더하기와 10에서 빼기의 활용

3 □ 안에 들어갈 수 있는 수 구하기

4 ○ 안에 + 또는 − 넣기

5 수 카드를 사용하여 식 완성하기

6 수 퍼즐

7 뺄셈을 활용한 교과통합유형

의좋은 형제 이야기

어떻게 이런 일이?

옛날 어느 마을에 우애 깊은 형제가 살고 있었어요. 형제는 무슨 일이든 서로 돕고 양보하며, 사이좋게 지냈어요. 형과 아우는 봄에 볍씨를 뿌리고, 여름에는 함께 풀을 뽑으며 벼를 재배하였어요. 성실히 일한 덕분에 그해 가을은 어느 해보다 수확을 많이 할 수 있었어요.

날씨가 좋은 어느 날 형제는 추수를 하였고, 볏단을 똑같이 10개씩 나누어 가졌어요. 그날 밤 형은 새살림을 꾸린 아우를 위해 볏단 4개를 아우네 집에 몰래 가져다 놓았어요. 같은 날 밤 아우는 가족이 많은 형이 걱정되어 형 몰래 형네 집에 볏단 4개를 가져다 놓았어요.

다음 날 아침 형제는 깜짝 놀랐어요. 곳간에 자신이 생각했던 것보다 볏단이 많았기 때문이었지요. 형제는 전날 밤 서로가 볏단을 옮겨 놓은 것을 알고 서로 얼싸안고 기쁨의 눈물을 흘렸답니다.

볏단은 몇 개?

그렇다면 다음 날 형과 아우네 곳간에 있던 볏단은 각각 몇 개였을까요? 덧셈과 뺄셈으로 알 수 있답니다.

처음 형의 곳간에는 볏단 10개가 있었어요. 볏단 4개를 아우네 집에 가져다 주었기 때문에 볏단이 10－4＝6(개)가 남게 되죠. 그런데 동생이 다시 볏단을 4개 가져다 놓아서 다음 날 형네 곳간에는 볏단이 6＋4＝10(개)가 되었답니다. 다시 정리해 볼까요?

$$10-4=6\text{ (개)}$$
$$6+4=10\text{ (개)}$$

처음 동생의 곳간에도 볏단 10개가 있었어요. 형이 볏단 4개를 가져다 놓았기 때문에 볏단이 10＋4＝14(개)가 되었고, 다시 동생이 형네 집에 볏단 4개를 가져다 주었기 때문에 다음 날 아우네 곳간에는 볏단이 14－4＝10(개)가 되었답니다. 다시 정리해 볼까요?

$$10+4=14\text{ (개)}$$
$$14-4=10\text{ (개)}$$

BASIC CONCEPT

1 세 수의 덧셈과 뺄셈

❶ 세 수의 덧셈

• $3+2+4$의 계산

앞에서부터 순서대로 더합니다. $3+2+4=5+4=9$

세 수의 덧셈은 두 수의 덧셈을 연달아 하는 것과 같습니다.

❷ 세 수의 뺄셈

• $8-3-4$의 계산

앞에서부터 순서대로 뺍니다. $8-3-4=5-4=1$

실전 개념

❶ 덧셈의 성질

순서를 바꾸어 더해도 계산 결과는 같습니다.

$2+3=3+2$	$1+3+4=1+3+4$
	$1+3=4$, $4+4=8$ / $3+4=7$, $1+7=8$

❷ 덧셈과 뺄셈이 섞인 식 계산하기

• 순서를 바꾸면 계산 결과가 달라지므로 반드시 앞에서부터 순서대로 계산합니다.

$3+4-5=2$(○) (7, 2)	$7-2+3=8$(○) (5, 8)	$8-4-3=1$(○) (4, 1)
$3+4-5=$ (×) (×)	$7-2+3=2$(×) (5, 2)	$8-4-3=7$(×) (1, 7)

❸ 여러 수의 계산

세로셈으로 한꺼번에 덧셈하기	앞에서부터 순서대로 계산하기
$2+1=3$, $3+5=8$ → 8 / $3+2=5$, $5+1=6$, $6+3=9$ → 9	$3+1+4-2=6$ (4, 8, 6)

BASIC TEST

1 덧셈을 해 보세요.

(1) $1+2+4$

(2) $4+3+2$

2 뺄셈을 해 보세요.

(1) $7-1-3$

(2) $9-1-5$

3 □ 안에 알맞은 수를 써넣으세요.

$$2+7=\square+2$$

4 □ 안에 알맞은 수를 써넣으세요.

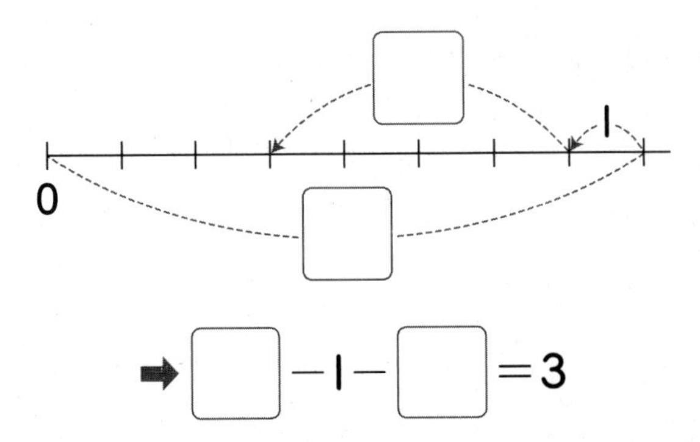

➡ $\square-1-\square=3$

5 나뭇가지에 참새가 2마리 앉아 있습니다. 2마리가 날아오고 잠시 후 5마리가 더 날아온다면 모두 몇 마리인지 식을 쓰고 답을 구해 보세요.

식 ....

답 ....

6 딸기 7개 중에서 정우가 3개, 동생이 2개를 먹었습니다. 남은 딸기는 몇 개인지 식을 쓰고 답을 구해 보세요.

식 ....

답 ....

7 다음 수 중에서 합이 9인 세 수를 찾아 써 보세요.

2	6	4	3

(　　　　　　　　)

2 10이 되는 더하기, 10에서 빼기

❶ 10이 되는 더하기

1+9=10	2+8=10	3+7=10	4+6=10	5+5=10
9+1=10	8+2=10	7+3=10	6+4=10	

두 수를 바꾸어 더해도 계산 결과는 같습니다.

❷ 10에서 빼기

10−1=9	10−2=8	10−3=7	10−4=6	10−5=5
10−9=1	10−8=2	10−7=3	10−6=4	

실전 개념

❶ 그림을 보고 덧셈식과 뺄셈식 만들기

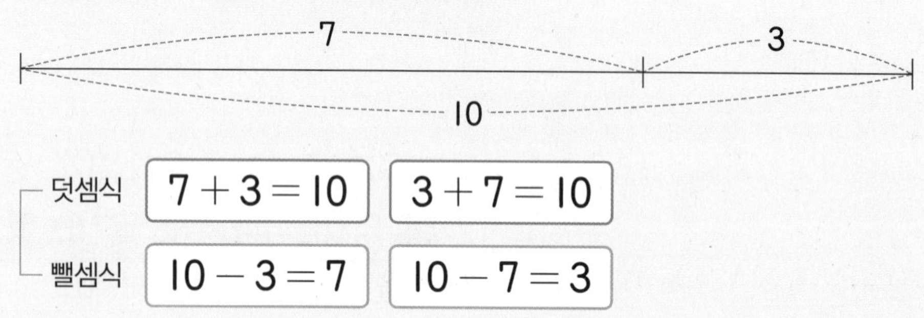

❷ 수직선에서 조건을 만족하는 두 수 찾기

• 1부터 9까지의 수 중에서 차가 5인 두 수 연결하기

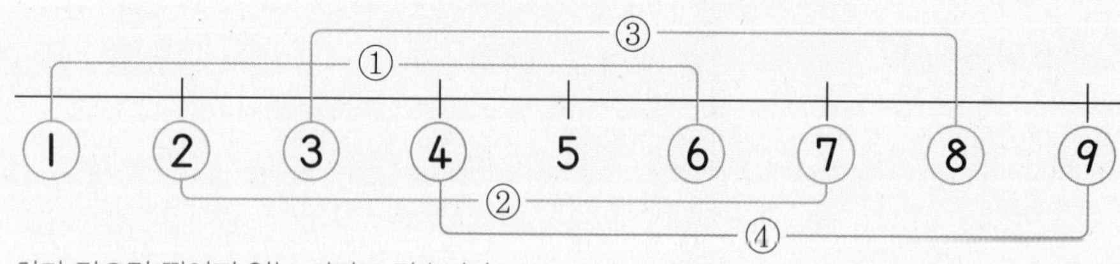

차가 같으면 떨어져 있는 거리도 같습니다.

① 6−1=5
② 7−2=5
③ 8−3=5
④ 9−4=5

빼지는 수와 빼는 수가 모두 1씩 커지므로 차가 그대로입니다.

❸ □가 있는 덧셈식과 뺄셈식에서 □의 값 구하기

• □가 있는 덧셈식에서 □의 값 구하기

□+4=10 ➡ 10−4=□

6+□=10 ➡ 10−6=□

• □가 있는 뺄셈식에서 □의 값 구하기

10−□=1 ➡ 10−1=□

BASIC TEST

1 □ 안에 알맞은 수를 써넣으세요.

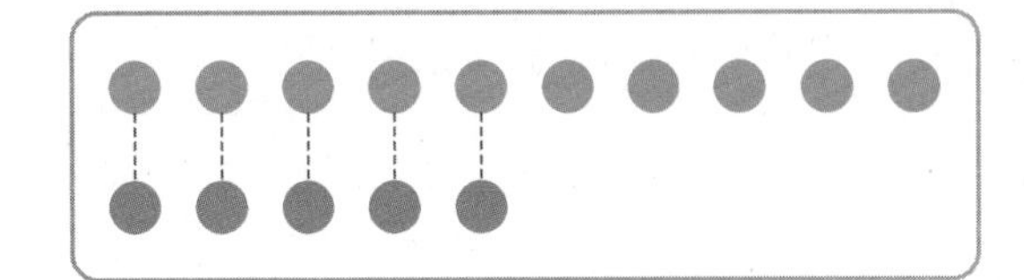

$10-5=\square$

2 □ 안에 알맞은 수를 써넣으세요.

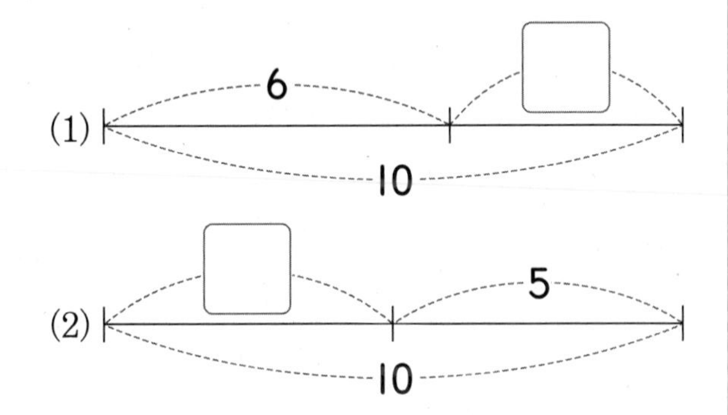

3 더해서 10이 되는 두 수를 모두 찾아 ⬭로 묶어 보세요.

1	4	5	5	4
2	2	5	7	1
1	8	6	4	3

4 □ 안에 들어갈 수가 더 큰 것에 ○표 하세요.

$6+\square=10$	$\square+3=10$
(　　)	(　　)

5 □ 안에 알맞은 수를 써넣으세요.

(1) $1+9=4+\square$

(2) $8+2=5+\square$

(3) $10=\square+\square$

6 상자에 귤이 10개 있습니다. 주영이가 귤 2개를 먹었다면 상자에 남아 있는 귤은 몇 개일까요?

(　　　　　　)

3 10을 만들어 더하기

❶ 세 수의 덧셈

10이 되는 두 수를 먼저 더하고, 남은 수를 더합니다.

$3+7+5=15$ (3+7=10, 10+5=15)

$3+9+1=13$ (9+1=10, 3+10=13)

$5+2+5=12$ (5+5=10, 10+2=12)

실전 개념

❶ 세 수의 합을 구하는 방법 비교하기

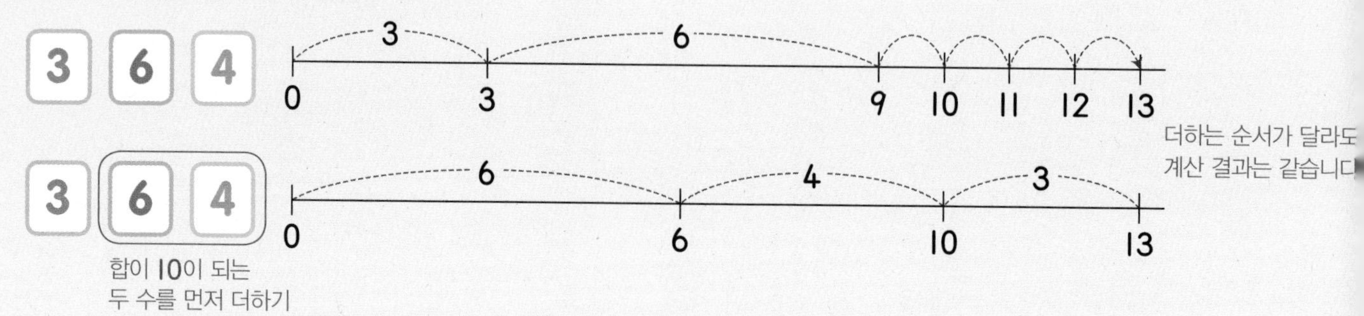

더하는 순서가 달라도 계산 결과는 같습니다.

합이 10이 되는 두 수를 먼저 더하기

❷ 여러 수의 덧셈

- 합이 같은 두 수끼리 묶어서 계산합니다.

$3+4+5+6+7=10+10+5=25$

두 수의 합이 10이 되도록 묶습니다.

$1+2+3+4+5+6+7+8+9=10+10+10+10+5=45$

두 수의 합이 10이 되도록 묶습니다.

연결 개념 덧셈과 뺄셈

❶ 10을 만들어 더하기

- $6+8$의 계산

앞의 수 또는 뒤의 수와 더해서 10이 되도록 수를 가르기합니다.

방법 1 $6+8=10+4=14$ (8을 4와 4로 가르기)

먼저 6과 4를 더해서 10을 만들고 남은 4를 더합니다.

방법 2 $6+8=4+10=14$ (6을 4와 2로 가르기)

먼저 8과 2를 더해서 10을 만들고 남은 4를 더합니다.

BASIC TEST

1 합이 10이 되는 두 수를 ⬭로 묶고, 세 수의 합을 구해 보세요.

(1) $1+9+3=$ □

(2) $8+5+5=$ □

2 밑줄 친 두 수의 합이 10이 되도록 ○ 안에 알맞은 수를 써넣고, 식을 완성해 보세요.

(1) $5+$ ○ $+7=$ □

(2) ○ $+4+1=$ □

(3) $7+6+$ ○ $=$ □

3 세 수의 합을 구해 보세요.

7　5　3

(　　　　　　)

4 계산 결과를 비교하여 ○ 안에 >, =, <를 알맞게 써넣으세요.

(1) $3+6+4$ ○ $10+4$

(2) $5+5+6$ ○ $5+10$

(3) $9+8+2$ ○ $10+9$

5 귤이 4개, 사과가 3개, 복숭아가 6개 있습니다. 과일은 모두 몇 개인지 식을 쓰고 답을 구해 보세요.

식 ....

답 ....

6 계산을 해 보세요.

$2+4+6+8$

(　　　　　　)

세 수의 덧셈

다음 중 합이 17이 되는 세 수를 찾아 써 보세요.

5	9	1	8	7

● 생각하기 더해서 10이 되는 두 수를 먼저 찾아봅니다.

● 해결하기 1단계 더해서 10이 되는 두 수 찾기

$9+1=10$이므로 더해서 10이 되는 두 수는 9와 1입니다.

2단계 합이 17이 되는 세 수 찾기

17이 되려면 10에 7을 더해야 합니다.

$9+1+7=10+7=17$이므로 합이 17이 되는 세 수는 9, 1, 7입니다.

답 9, 1, 7

1-1 다음 중 합이 13이 되는 세 수를 찾아 써 보세요.

5	4	3	6	1

( )

1-2 다음 중 합이 14가 되는 세 수를 찾아 써 보세요.

4	8	5	2	3

( )

1-3 다음 중 합이 15가 되는 세 수를 찾아 써 보세요.

9	3	6	5	7

( )

정답과 풀이 18쪽

10이 되는 더하기와 10에서 빼기의 활용

준이는 사탕 10개 중 3개를 동생에게 주고, 나머지는 누나와 나누어 먹었습니다. 준이가 누나보다 1개 더 적게 먹었다면 준이는 사탕을 몇 개 먹었을까요? (단, 남은 사탕은 없습니다.)

생각하기 동생에게 주고 남은 사탕은 몇 개인지 먼저 구합니다.

해결하기 **1단계** 동생에게 주고 남은 사탕은 몇 개인지 구하기

(동생에게 주고 남은 사탕의 수)$=10-3=7$(개)

2단계 준이가 먹은 사탕은 몇 개인지 구하기

7을 가르기한 것 중 차가 1인 두 수를 찾습니다.

7	1	2	3	4	5	6
	6	5	4	3	2	1

준이가 누나보다 1개 더 적게 먹었으므로 준이는 3개, 누나는 4개 먹었습니다.

답 3개

2-1 달걀 10개 중에서 4개는 식빵을 만드는 데 사용하였습니다. 나머지는 과자와 머핀을 만드는 데 사용했습니다. 머핀을 만드는 것보다 과자를 만드는 데 달걀을 2개 더 많이 사용했다면 머핀을 만드는 데 사용한 달걀은 몇 개일까요? (단, 남은 달걀은 없습니다.)

(　　　　　)

2-2 빨간 구슬과 노란 구슬은 모두 10개이고, 빨간 구슬은 노란 구슬보다 2개 더 많습니다. 빨간 구슬과 노란 구슬은 각각 몇 개인지 차례로 써 보세요.

(　　　　　,　　　　　)

2-3 서로 다른 두 수가 있습니다. 두 수를 더하면 10이고, 큰 수에서 작은 수를 빼면 4입니다. 큰 수는 얼마일까요?

(　　　　　)

MATH TOPIC 3 심화유형

□ 안에 들어갈 수 있는 수 구하기

1부터 9까지의 수 중에서 □ 안에 들어갈 수 있는 가장 작은 수를 구해 보세요.

$9-1-\square<5$

● 생각하기 세 수의 뺄셈은 앞에서부터 순서대로 계산합니다.

● 해결하기 1단계 □ 안에 들어갈 수 있는 수 구하기

$9-1=8$, $8-\square=5$를 만족하는 □를 구하면 $\square=8-5=3$입니다.

$8-\boxed{3}=5$이고, $8-\square$가 5보다 작으려면 □는 3보다 크고 9보다 작아야 합니다.

따라서 □ 안에 들어갈 수 있는 수는 4, 5, 6, 7, 8입니다.

8−□에서 □ 안에는 8까지의 수가 들어갑니다.

2단계 □ 안에 들어갈 수 있는 가장 작은 수 구하기

4, 5, 6, 7, 8 중에서 가장 작은 수는 4입니다.

답 4

3-1 1부터 9까지의 수 중에서 □ 안에 들어갈 수 있는 가장 작은 수를 구해 보세요.

$8-2-\square<4$

(　　　　　　)

3-2 1부터 9까지의 수 중에서 □ 안에 들어갈 수 있는 가장 큰 수를 구해 보세요.

$7-3-\square>1$

(　　　　　　)

3-3 1부터 9까지의 수 중에서 □ 안에 들어갈 수 있는 가장 큰 수를 구해 보세요.

$9-2-\square>3$

(　　　　　　)

심화유형 4

○ 안에 + 또는 − 넣기

올바른 식이 되도록 ○ 안에 + 또는 −를 알맞게 써넣으세요.

7 ○ 2 ○ 3=8

● 생각하기 +, −의 위치에 따라 계산 결과가 달라집니다.

● 해결하기 1단계 가장 왼쪽 수와 등호(=)의 오른쪽 수를 비교하여 +, −를 알아보기

가장 왼쪽의 수 7보다 등호(=)의 오른쪽의 수 8이 더 크므로 +가 적어도 한 번은 들어갑니다.

2단계 ○ 안에 +, −를 넣어 계산 결과가 8이 나오는 식 찾기

7 ⊕ 2 ⊕ 3=10+2=12(×)

7 ⊕ 2 ⊖ 3=9−3=6(×)

7 ⊖ 2 ⊕ 3=5+3=8(○)

덧셈과 뺄셈이 섞인 식은 반드시 앞에서부터 순서대로 계산합니다.

따라서 계산 결과가 8이 되는 식은 7 ⊖ 2 ⊕ 3=8입니다.

답 −, +

4-1 올바른 식이 되도록 ○ 안에 + 또는 −를 알맞게 써넣으세요.

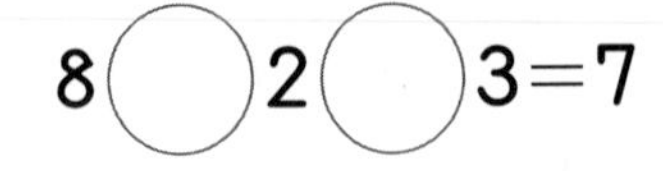

8 ○ 2 ○ 3=7

4-2 올바른 식이 되도록 ○ 안에 + 또는 −를 알맞게 써넣으세요.

9 ○ 1 ○ 2=10

4-3 ○ 안에 + 또는 −를 넣어 나올 수 있는 계산 결과를 모두 써 보세요.

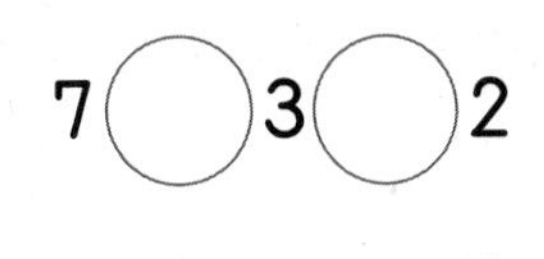

7 ○ 3 ○ 2

(   )

5 심화유형 수 카드를 사용하여 식 완성하기

다음 수 카드를 한 번씩 모두 사용하여 식을 완성해 보세요.

1 2 3 4

$4+\square-\square=\square+\square-2=5$

● 생각하기 계산 결과가 5일 때 □ 안에 들어갈 수 있는 수를 생각해 봅니다.

● 해결하기 **1단계** 4+㉠−㉡=5일 때 □ 안에 들어갈 수 구하기

4+㉠−㉡=5이고, 4+1=5이므로 ㉠−㉡=1입니다.
주어진 수 카드 중 차가 1이 되는 두 수는 1과 2, 2와 3, 3과 4입니다.

2단계 ㉢+㉣−2=5일 때 □ 안에 들어갈 수 구하기

㉢+㉣−2=5이고, 7−2=5이므로 ㉢+㉣=7입니다.
주어진 수 카드 중 합이 7이 되는 두 수는 3과 4입니다.

3단계 식 완성하기

따라서 수 카드를 한 번씩 모두 사용하여 식을 완성하면 다음과 같습니다.
➡ $4+2-1=3+4-2=5$ 3과 4의 순서가 바뀌어도 됩니다.

답 예 $4+2-1=3+4-2=5$

5-1

다음 수 카드를 한 번씩 모두 사용하여 식을 완성해 보세요.

1 3 4 7

$5+\square-\square=\square+\square-2=8$

5-2

다음 수 카드를 한 번씩 모두 사용하여 식을 완성해 보세요.

3  4 8 9

$\square-5+\square=\square-\square+1=7$

수 퍼즐

같은 줄에 있는 세 수의 합이 8이 되도록 ○ 안에 1부터 5까지의 수를 한 번씩만 써넣으세요.

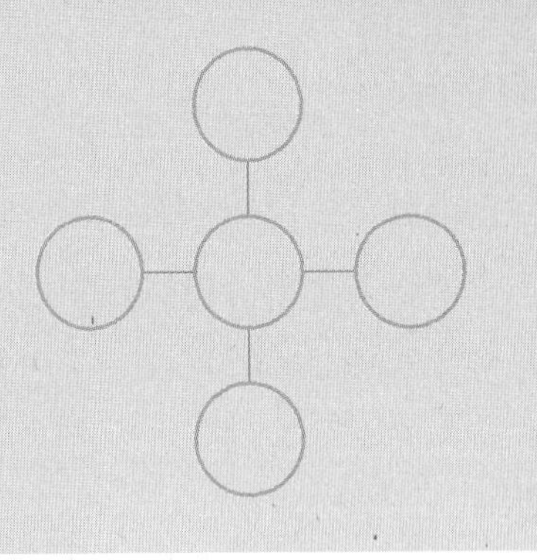

● 생각하기 한가운데 자리에 들어가는 수를 찾아봅니다.

● 해결하기 1단계 세 수의 합이 8이 되는 수 찾기

1부터 5까지의 수 중에서 세 수의 합이 8인 경우를 찾으면 $1+2+5=8$, $1+3+4=8$입니다.

2단계 1부터 5까지의 수 알맞게 넣기

두 식에 1이 공통으로 들어가므로 1을 한가운데 자리에 넣고, (가로줄(→)과 세로줄(↓)에 모두 포함됩니다.) 2와 5, 3과 4가 짝이 되도록 하여 각각 같은 줄에 넣습니다.
단, 2와 5, 3과 4끼리는 자리를 바꾸어 넣어도 됩니다.

답 예

3
2 1 5
4

6-1 같은 줄에 있는 세 수의 합이 9가 되도록 ○ 안에 1부터 5까지의 수를 한 번씩만 써넣으세요.

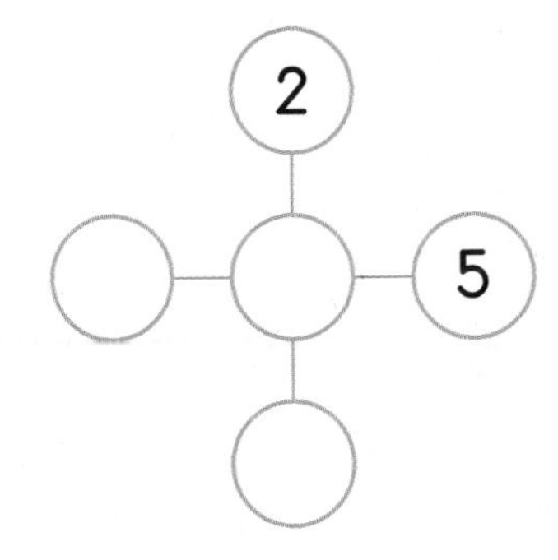

6-2 같은 줄에 있는 세 수의 합이 15가 되도록 ○ 안에 3부터 7까지의 수를 한 번씩만 써넣으세요.

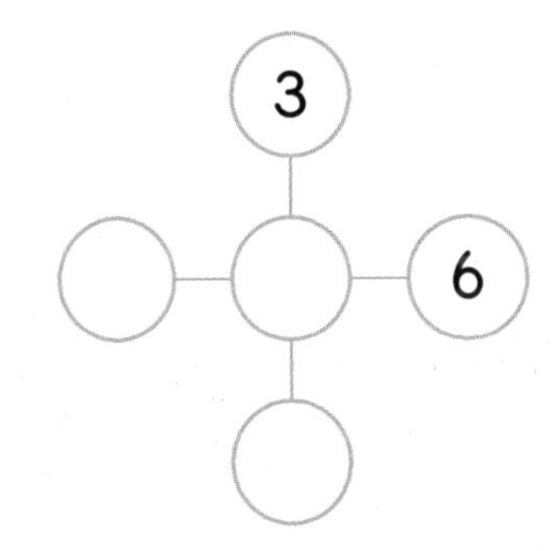

정답과 풀이 18쪽

뺄셈을 활용한 교과통합유형

STE AM형

수학+역사

돌로 만든 탑을 석탑이라고 합니다. 우리나라에서는 삼국 시대 말부터 석탑이 만들어졌습니다. 다음은 우리나라의 *국보로 지정된 석탑들입니다. 다음 중 층수가 가장 높은 석탑은 층수가 가장 낮은 석탑보다 몇 층 더 높을까요?

*국보: 나라에서 지정하여 보호하는 문화재

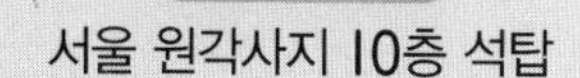
서울 원각사지 10층 석탑

충주 탑평리 7층 석탑

부여 정림사지 5층 석탑

*석탑의 층수 세는 법은?
탑은 일반적으로 기단부(받침 부분), 탑신부(몸통 부분), 상륜부(장식 부분)로 나뉘는데 석탑의 층수는 탑신부의 층수만을 세어 나타냅니다.

● 생각하기 먼저 세 석탑의 층수를 비교합니다.

● 해결하기 **1단계** 층수가 가장 높은 석탑과 층수가 가장 낮은 석탑 알아보기

$10>7>5$이므로 층수가 가장 높은 석탑은 서울 원각사지 10층 석탑이고, 층수가 가장 낮은 석탑은 부여 정림사지 5층 석탑입니다.

2단계 층수가 가장 높은 석탑은 가장 낮은 석탑보다 몇 층 더 높은지 구하기

서울 원각사지 10층 석탑은 부여 정림사지 5층 석탑보다

$10-\square=\square$(층) 더 높습니다.

답 $\square$ 층

수학+체육

7-1 풋살은 실내에서 하는 미니 축구로 5명이 한 팀을 이룹니다. 농구는 상대방의 골대에 공을 던져 넣는 경기로 한 팀이 5명입니다. 배구는 공을 서로 쳐 넘기며 상대 팀 바닥에 떨어뜨리는 경기로 6명이 한 팀입니다. 풋살과 농구의 한 팀의 인원 수의 합은 배구의 한 팀의 인원 수보다 몇 명 더 많을까요?

풋살

농구

배구

(　　　　　　　　)

1 □ 안에 알맞은 수가 큰 것부터 차례로 기호를 써 보세요.

㉠ 2+□=10	㉡ 10−□=7
㉢ □+5=10	㉣ 10−9=□

( )

2 올바른 식이 되도록 ○ 안에 + 또는 −를 알맞게 써넣으세요.

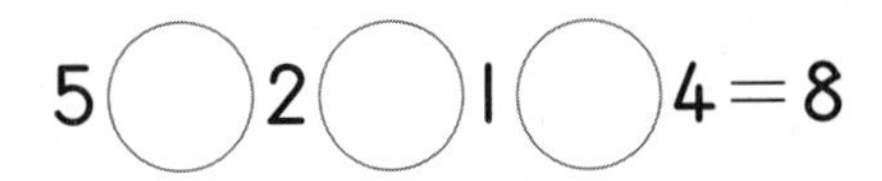

서술형 **3** 명진이는 바나나를 아침에 3개, 점심에 2개 먹었습니다. 남은 바나나가 4개라면 처음에 있던 바나나는 모두 몇 개인지 풀이 과정을 쓰고 답을 구해 보세요.

풀이

답

4 다음 수 카드 중 합이 10이 되는 두 수를 찾아 2장씩 짝 지으려고 합니다. 짝 지어지지 않고 남는 수들의 합을 구해 보세요.

2 4 8 9 7 5 3 1

(　　　　　　　　)

5 눈의 수가 1부터 6까지인 서로 다른 주사위 2개가 있습니다. 이 주사위 2개를 던져서 나온 눈의 수의 합이 10이 되는 경우는 모두 몇 가지일까요?

(　　　　　　　　)

서술형 **6** 다음은 미나와 지연이가 가지고 있는 구슬의 수입니다. 미나는 지연이보다 구슬을 2개 더 많이 가지고 있다면 미나가 가지고 있는 노란 구슬은 몇 개인지 풀이 과정을 쓰고 답을 구해 보세요.

	빨간 구슬	노란 구슬	파란 구슬
미나	4개	□개	2개
지연	2개	3개	1개

풀이 ....

....

....

답 ....

7 0부터 9까지의 수 중에서 □ 안에 들어갈 수 있는 수를 모두 구해 보세요.

$$7+\square-4<6$$

( )

8 올바른 식이 되도록 필요 없는 부분을 ×표 하세요.

$$9-5-3+6=10$$

9 유리, 성아, 준호가 가지고 있는 곶감을 모두 합하면 10개입니다. 유리는 성아보다 곶감을 1개 더 많이 가지고 있고, 준호는 곶감을 5개 가지고 있습니다. 유리가 어머니께 곶감을 몇 개 받아서 유리의 곶감이 10개가 되었다면 유리가 어머니께 받은 곶감은 몇 개일까요?

( )

10 보기 와 같이 주어진 세 수와 $+$, $-$를 사용하여 식을 완성해 보세요.

보기
2, 3, 4 ➡ $2+3-4$ $=1$

(1) 2, 3, 8 ➡ .... $=7$

(2) 1, 4, 6 ➡ .... $=9$

11 3장의 수 카드 중 2장을 사용하여 만들 수 있는 덧셈식과 뺄셈식의 계산 결과를 모두 찾아 ○표 하세요.

1 4 5

1	2	3	4	5	6	7	8	9

12 수현, 진아, 민서가 귤 10개를 나누어 먹었습니다. 수현이는 진아보다 1개 더 많이 먹었고, 민서는 수현이보다 2개 더 많이 먹었습니다. 수현이가 먹은 귤은 몇 개일까요? (단, 남은 귤은 없습니다.)

(　　　　　　)

HIGH LEVEL

정답과 풀이 25쪽

1 다음과 같은 과녁판에 화살 쏘아 맞히기 놀이를 하려고 합니다. 화살을 3번 쏘아 얻은 점수의 합이 9점인 경우는 모두 몇 가지일까요? (단, 빗나간 화살은 없고, 화살을 쏜 순서는 생각하지 않아도 됩니다.)

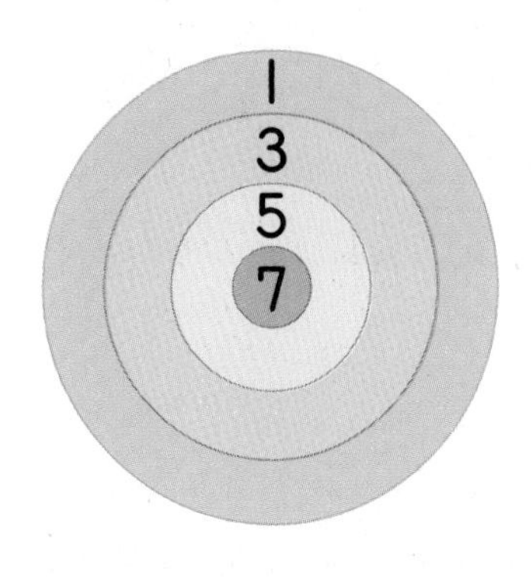

(　　　　　　　)

2 같은 모양은 같은 수를 나타냅니다. 표의 오른쪽에 있는 수는 가로줄(→)에 놓인 모양이 나타내는 수들의 합이고, 아래쪽에 있는 수는 세로줄(↓)에 놓인 모양이 나타내는 수들의 합입니다. ㉠－㉡을 구해 보세요.

●	●	▲	17
▲	★	★	7
10	㉠	㉡	

(　　　　　　　)

연필 없이 생각 톡

서로 짝이 맞는 조각을 찾아 상자 모양을 만들어 보세요.

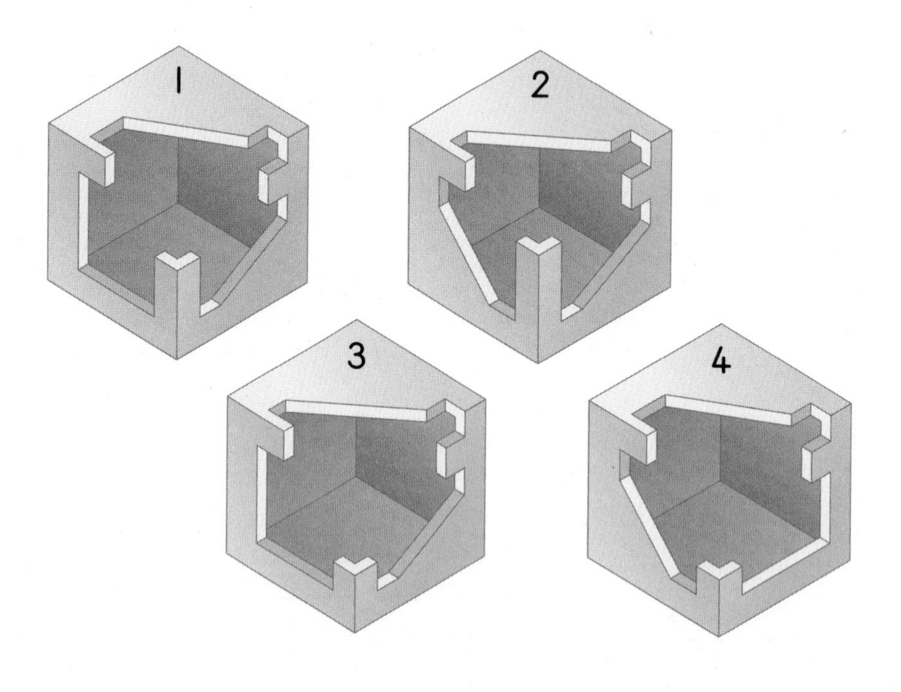

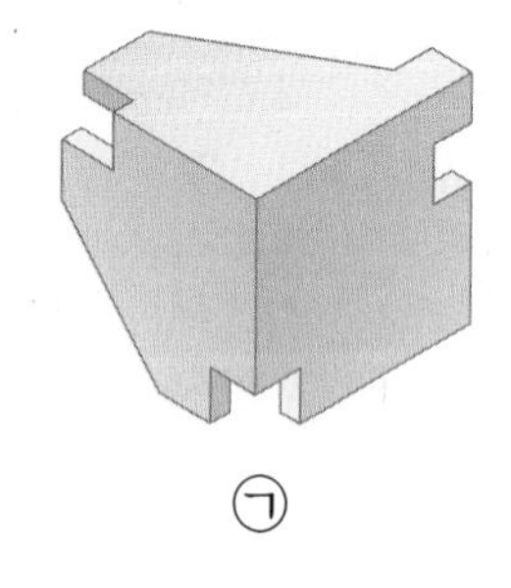
㉠

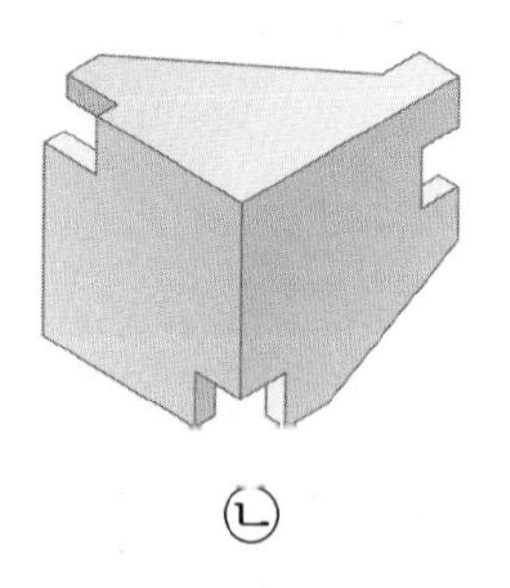
㉡

모양과 시각

대표심화유형

1 겹쳐진 그림으로 모양의 수 구하기
2 주어진 모양 조각으로 만들 수 있는 것 찾기
3 몇 시 나타내기
4 설명하는 시각 구하기
5 색종이를 접어 만든 모양의 수 구하기
6 조건에 맞는 모양 찾기
7 시작한 시각 구하기
8 점을 연결하여 모양 만들기
9 크고 작은 모양의 수 구하기
10 시계 보기를 활용한 교과통합유형

숨은 모양 찾기

책에서 찾은 사각형

우리 주변에서는 많은 다각형을 찾아 볼 수 있어요. 곧은 선으로만 둘러싸인 도형을 다각형이라고 해요. 다각형은 삼각형, 사각형, 오각형, 육각형, ... 등의 도형이 있지요. 다각형을 우리 주변에서 찾아 볼까요?

창문, 책상, 책가방, 침대 등 우리 주변 곳곳에서 사각형을 찾을 수 있지요. 우리가 매일 보는 책 역시 사각형이에요. 그런데 책은 왜 사각형일까요? 예전에는 긴 종이를 둘둘 말아 문서를 보관했어요. 내용을 보려면 말린 종이를 펼쳐 읽어야 했기 때문에 불편했지요. 그래서 긴 종이를 네모낳게 잘라서 한 모서리를 묶은 현재의 책이 만들어졌어요.

종이를 자를 때는 사각형을 유지해야 종이를 최

대한 아낄 수 있어요. 원 모양으로 자른다고 생각해 보세요. 네 귀퉁이를 둥글게 잘라내면 버리는 부분이 많거든요. 뿐만 아니라 사각형에는 원이나 삼각형에 비해 한 면에 훨씬 많은 내용을 담을 수 있답니다.

벌집에서 찾은 육각형

꿀벌은 무리지어 생활하기 때문에 모두 모여 살 수 있는 큰 집이 필요하지요. 그래서 꿀벌의 집은 많은 꿀벌들이 드나들어도 쉽게 부서지지 않도록 튼튼해야 해요.

그러려면 집을 어떤 모양으로 지어야 할까요? 꿀벌은 육각형 모양을 선택했어요. 벌집을 보면 정육각형이 빈틈없이 쌓여 있어요. 정육각형은 여섯 개의 변의 길이가 모두 똑같고 여섯 개의 각의 크기가 모두 같은 모양이에요. 그래서 정육각형 모양으로 집을 지으면 밀랍을 많이 사용하지 않고도 넓고 튼튼한 공간을 만들 수 있답니다. 삼각형으로 지으면 같은 크기의 육각형으로 지을 때에 비해 밀랍이 많이 들고 사각형으로 지으면 조금만 건드려도 흔들려서 작은 충격에도 무너질 수 있어요.

맨홀 뚜껑에서 찾은 원

길을 지나다 보면 사람들이 하수관으로 들어가도록 만든 커다란 구멍, 맨홀을 찾을 수 있어요. 보통 하수도를 청소하거나 검사할 때 들어가는데 평소에는 크고 무거운 뚜껑으로 막아두지요. 그런데 맨홀을 막는 뚜껑은 대부분 동그란 원 모양이에요. 바로 맨홀 뚜껑이 구멍 안으로 빠지는 것을 막기 위해서지요. 사각형이나 삼각형 맨홀 뚜껑은 떨어지는 방향에 따라서 폭이 다르기 때문에 자칫하면 뚜껑이 구멍 안으로 빠질 수 있어요. 하지만 원은 그렇지 않아요. 어느 쪽으로 재도 폭이 같기 때문에 원 모양으로 뚜껑을 만들면 절대 빠질 리가 없죠.

BASIC CONCEPT

1 여러 가지 모양(1)

❶ ■, ▲, ● 모양 알아보기

주변의 물건	모양	특징
	■	• 곧은 선으로 되어 있습니다. • 뾰족한 부분이 4군데입니다. • 둥근 부분이 없습니다.
	▲	• 곧은 선으로 되어 있습니다. • 뾰족한 부분이 3군데입니다. • 둥근 부분이 없습니다.
	●	• 굽은 선으로 되어 있습니다. • 뾰족한 부분이 없습니다. • 곧은 선이 없습니다.

실전 개념

❶ 종이에 대고 그린 모양 알아보기

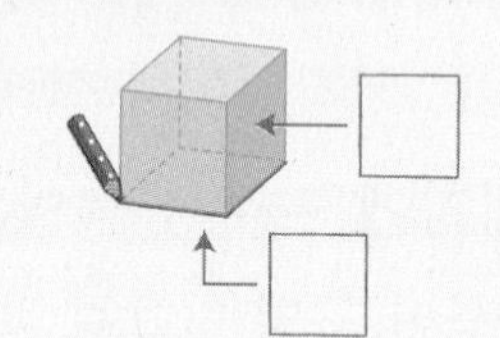

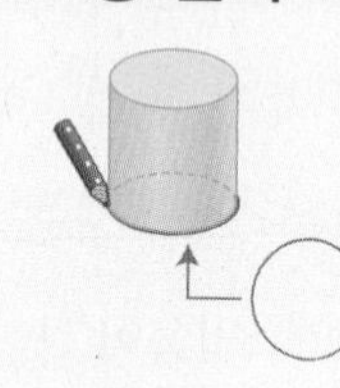

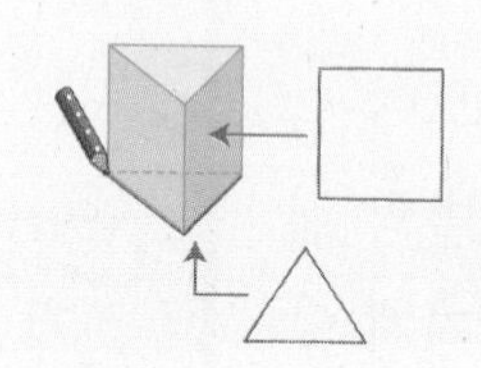

❷ ■, ▲, ● 그리는 방법

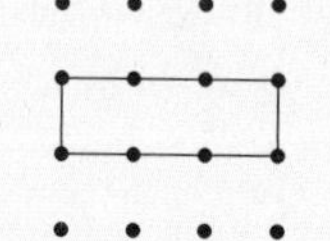

점 4개를 뾰족한 부분으로 정한 다음 곧은 선으로 잇습니다.

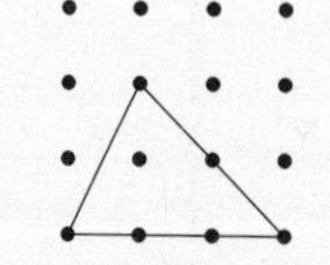

점 3개를 뾰족한 부분으로 정한 다음 곧은 선으로 잇습니다.

모양 자나 동전 등을 대고 그립니다.

연결 개념

여러 가지 도형

모양	■ (꼭짓점, 변)	▲ (꼭짓점, 변)	●
이름	사각형 4개의 곧은 선으로 둘러싸인 도형	삼각형 3개의 곧은 선으로 둘러싸인 도형	원 어느 쪽에서 보아도 똑같이 동그란 모양의 도형
특징	4개의 꼭짓점과 4개의 변이 있습니다.	3개의 꼭짓점과 3개의 변이 있습니다.	뾰족한 부분과 곧은 선이 없습니다.

BASIC TEST

[1~2] 물건을 보고 물음에 답하세요.

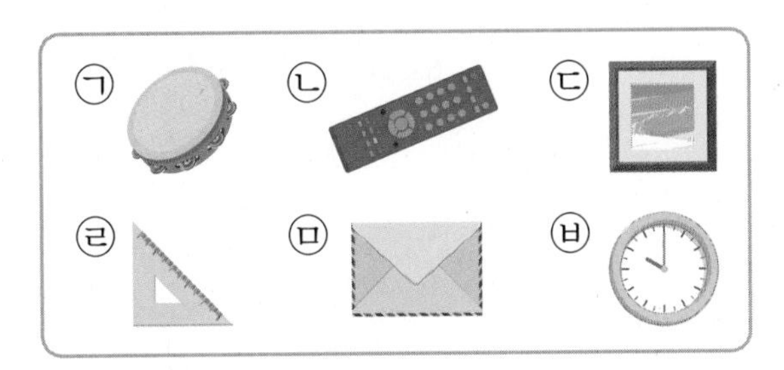

1 ■ 모양의 물건을 모두 찾아 기호를 써 보세요.

( )

2 ▲ 모양의 물건과 ● 모양의 물건의 수의 차는 몇 개일까요?

( )

3 왼쪽은 오른쪽 물건을 종이에 대고 그린 그림의 일부분입니다. 알맞은 것을 찾아 이어 보세요.

4 다음 물건을 종이에 대고 그려서 나올 수 있는 모양을 모두 찾아 ○표 하세요.

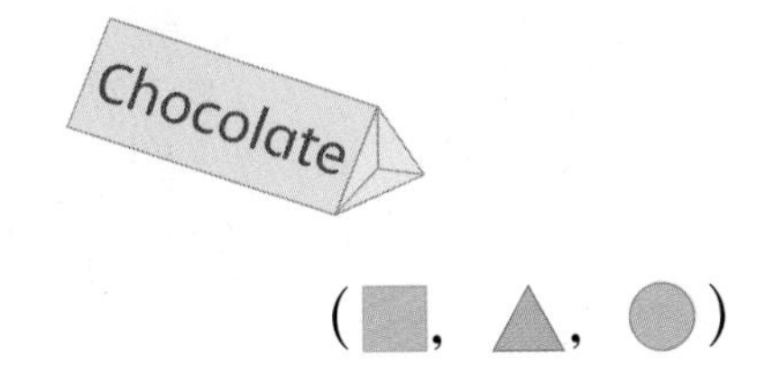

(■, ▲, ●)

5 다음 중 모양이 다른 하나는 어느 것일까요? ( )

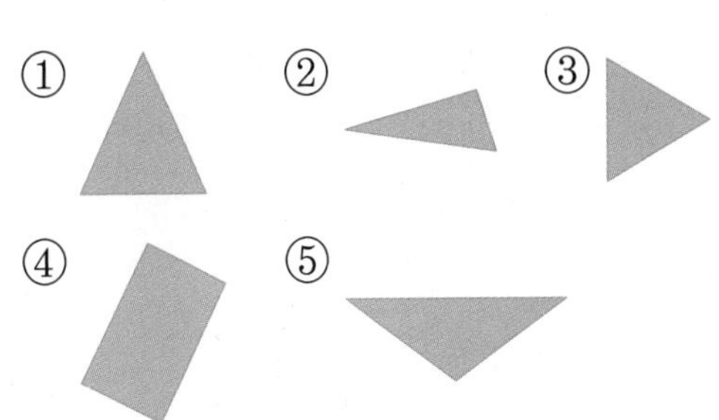

[6~8] 다음을 보고 물음에 답하세요.

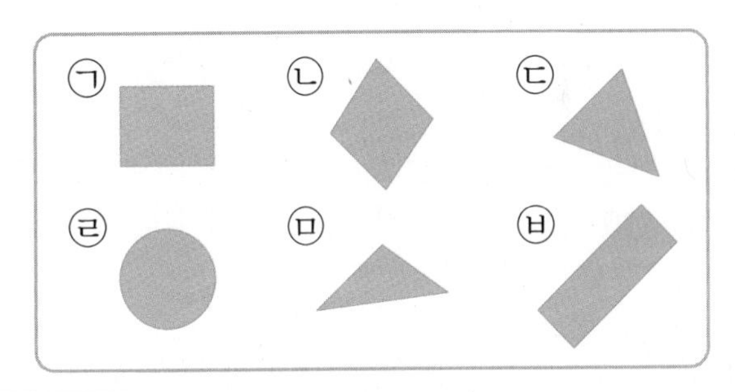

6 뾰족한 부분이 없는 모양을 찾아 기호를 써 보세요.

( )

7 곧은 선이 3개 있고, 뾰족한 부분이 3군데인 모양을 모두 찾아 기호를 써 보세요.

( )

8 곧은 선이 4개 있는 모양을 모두 찾아 기호를 써 보세요.

( )

2 여러 가지 모양(2)

❶ 여러 가지 모양으로 꾸미기

■, ▲, ● 모양의 특징을 살려 꾸미기를 할 수 있습니다.

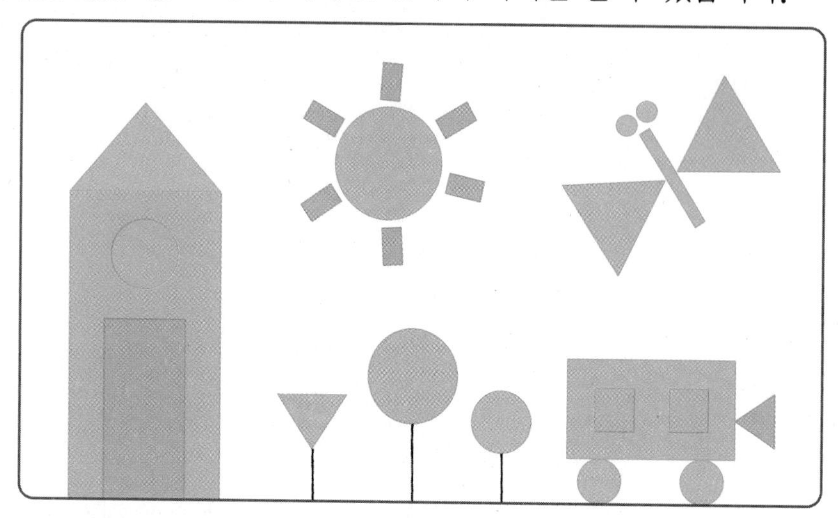

• ■ 모양으로 벽, 문, 창문, 자동차, 해 등을 꾸몄습니다.

• ▲ 모양으로 지붕, 나무, 나비 등을 꾸몄습니다.

• ● 모양으로 바퀴, 해, 나무 등을 꾸몄습니다.

➡ ■ 모양 12개, ▲ 모양 5개, ● 모양 8개를 사용했습니다.

실전 개념

❶ 색종이를 접어 만든 모양의 수

• 색종이를 3번 접었을 때 작은 ■ 모양의 수 구하기

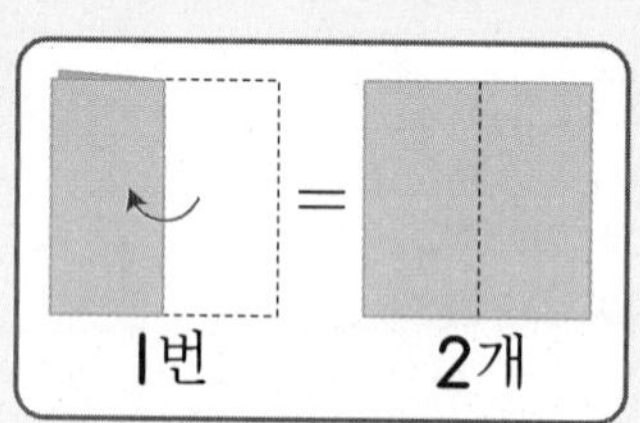

➡

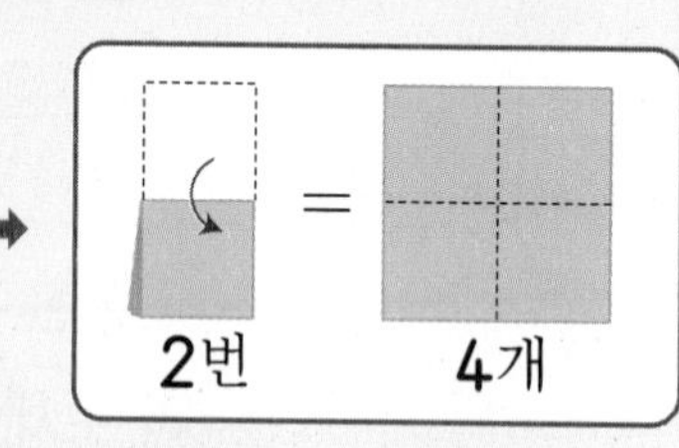

➡

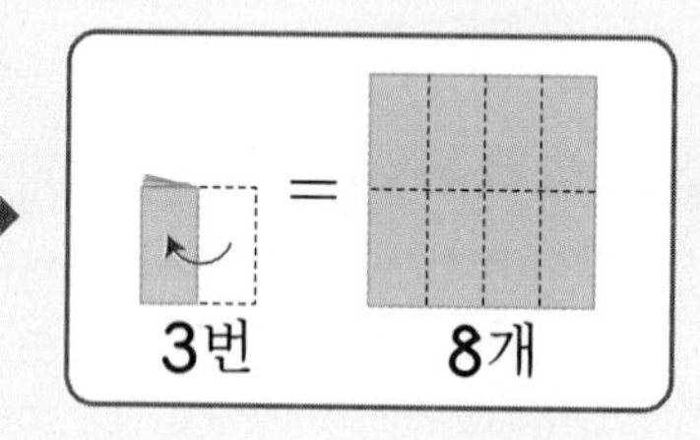

색종이를 접었다 펼쳤을 때의 모양을 생각해 봅니다.

➡ 색종이를 3번 접었을 때 작은 ■ 모양은 8개입니다.

연결 개념 여러 가지 도형

❶ 칠교판으로 모양 만들기

칠교판은 삼각형 5개와 사각형 2개로 이루어진 모양입니다. 이 칠교판을 이용하여 여러 가지 모양을 만들 수 있습니다.

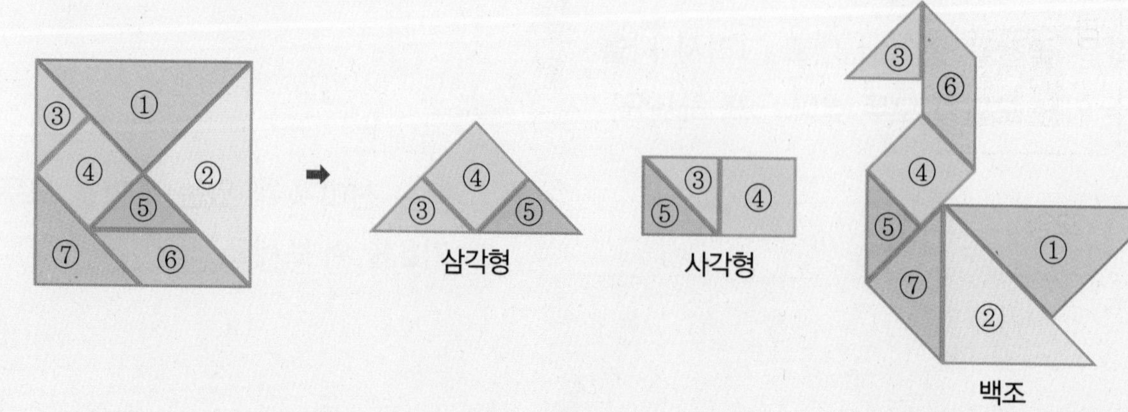

BASIC TEST

1 사용한 모양은 각각 몇 개인지 세어 보세요.

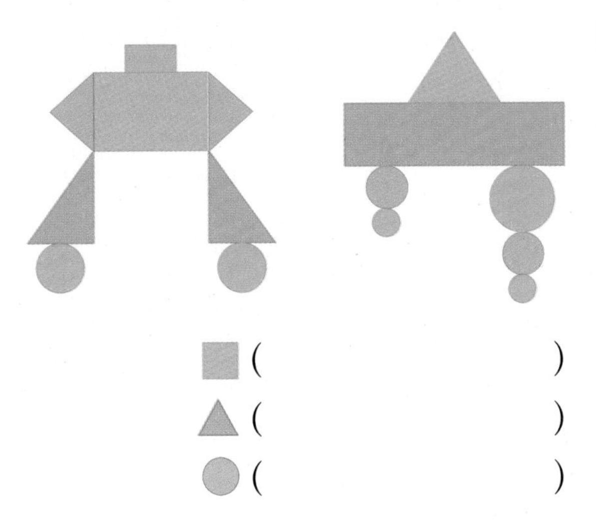

■ (　　　　　　　　)
▲ (　　　　　　　　)
● (　　　　　　　　)

2 ■ 모양을 더 많이 사용한 것을 찾아 기호를 써 보세요.

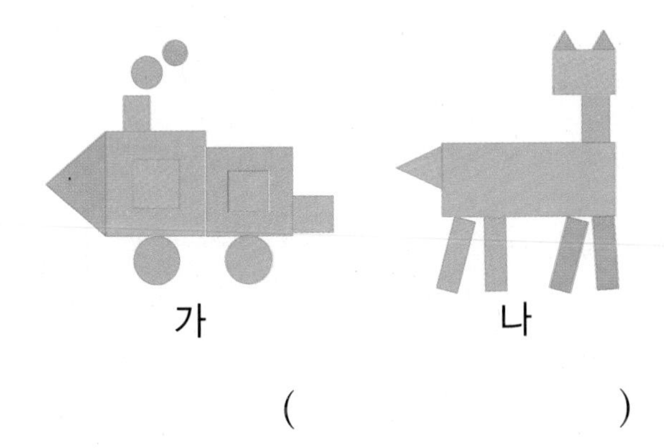

(　　　　　　　　)

3 교통 표지판을 보고 ■, ▲, ● 모양이 각각 몇 개인지 구해 보세요.

모양	■	▲	●
표지판의 수(개)			

4 주어진 모양 조각을 모두 사용하여 만들 수 있는 것을 찾아 기호를 써 보세요.

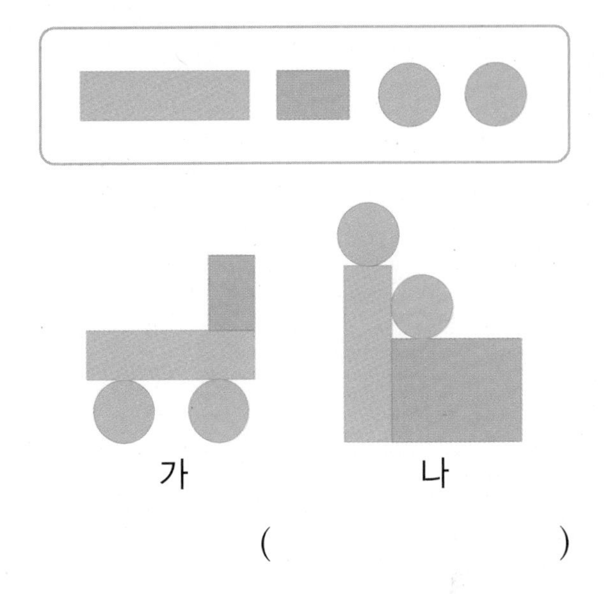

(　　　　　　　　)

5 ■, ▲, ● 모양을 사용하여 동물의 얼굴을 완성해 보세요.

6 ▲ 모양이 4개 만들어지도록 선을 그어 보세요.

3 몇 시 알아보기

BASIC CONCEPT

❶ 몇 시 알아보기

짧은바늘이 2, 긴바늘이 12를 가리킬 때 시계는 2시를 나타내고 두 시라고 읽습니다.

시계의 긴바늘이 12를 가리키면 '몇 시'를 나타냅니다.

❷ 몇 시 나타내기

• 8시 나타내기

• 긴바늘이 12를 가리키도록 그립니다.
• 짧은바늘이 8을 가리키도록 그립니다.

실전 개념

❶ 시각과 시간

• 시각: 어느 한 시점 예 지금 시각은 6시입니다.
• 시간: 시각과 시각 사이
예 밥을 먹는 데 1시간이 걸렸습니다.

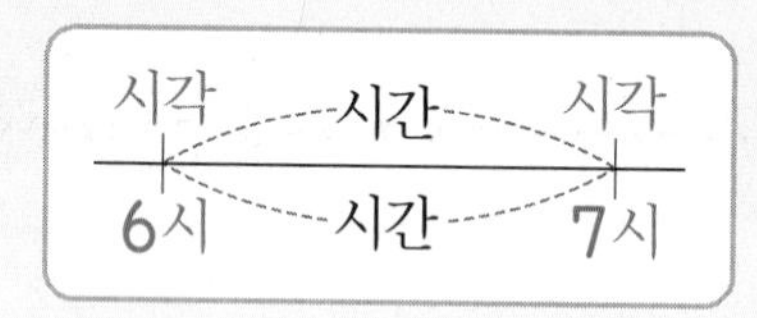

❷ 짧은바늘과 긴바늘 사이의 관계

2시

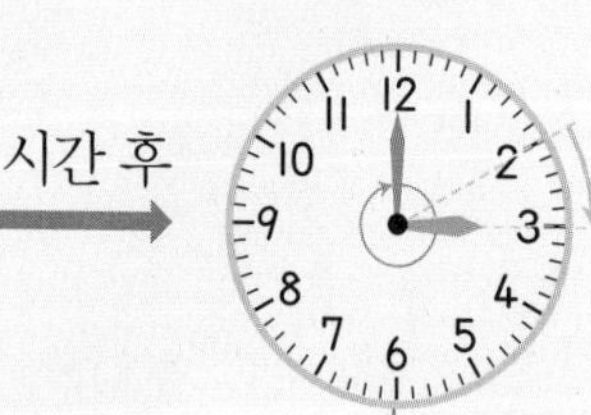

3시 — 3시는 4시보다 빠른 시각입니다.

4시

긴바늘이 한 바퀴 돌 때 짧은바늘은 숫자 1칸을 움직입니다.

긴바늘은 짧은바늘보다 빨리 돕니다.

연결 개념 시각과 시간

❶ 하루의 시간

시계는 똑같은 시각을 하루에 두 번 가리킵니다.

예 • 아침 7시(오전 7시)에 일어납니다.
• 저녁 7시(오후 7시)에 저녁 식사를 합니다.

예 • 낮 12시(정오)에 점심 식사를 합니다.
• 밤 12시(자정)에 잠을 잡니다.

BASIC TEST

1 같은 시각끼리 이어 보세요.

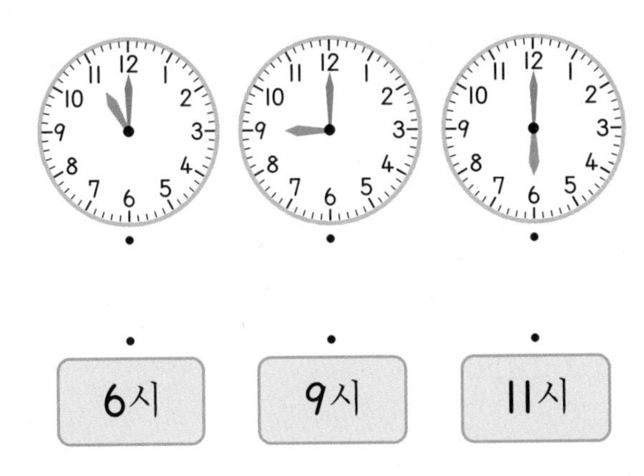

2 시계에 긴바늘과 짧은바늘을 그려 넣고, 시각을 써 보세요.

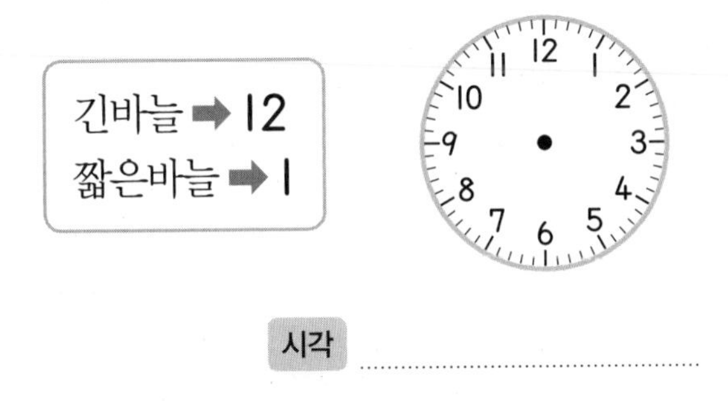

시각 ....

3 왼쪽 시각에서 긴바늘이 한 바퀴 돈 후의 시각을 오른쪽 시계에 나타내 보세요.

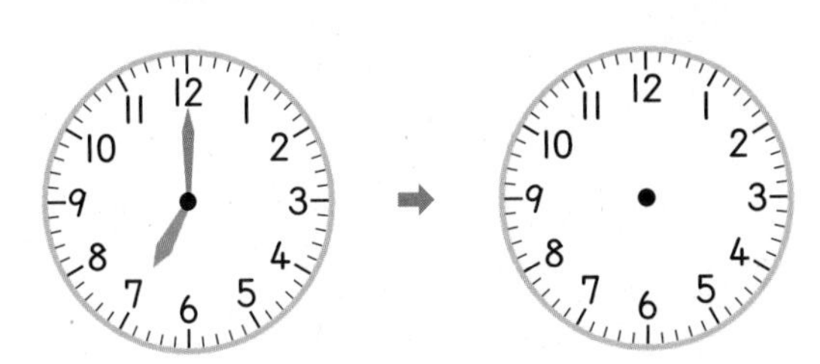

4 다음 시각을 시계에 나타내고, 그 시각에 하고 싶은 일을 써 보세요.

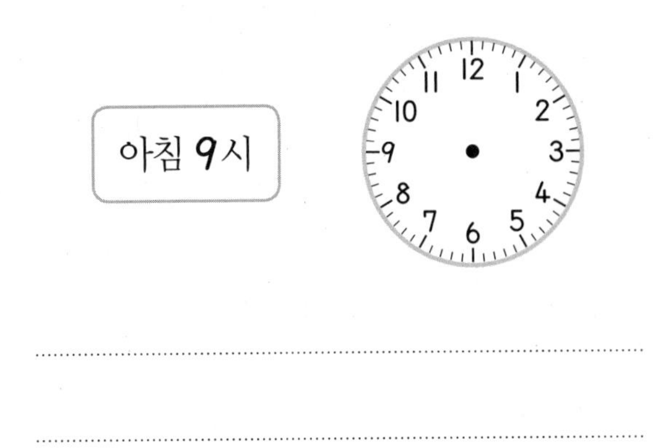

....

....

5 다음 시각을 오른쪽 시계에 나타낼 때의 공통점을 써 보세요.

10:00 6:00 5:00

공통점 ....

....

6 태우와 지우가 학교에서 집으로 돌아온 시각입니다. 집에 먼저 돌아온 사람은 누구일까요?

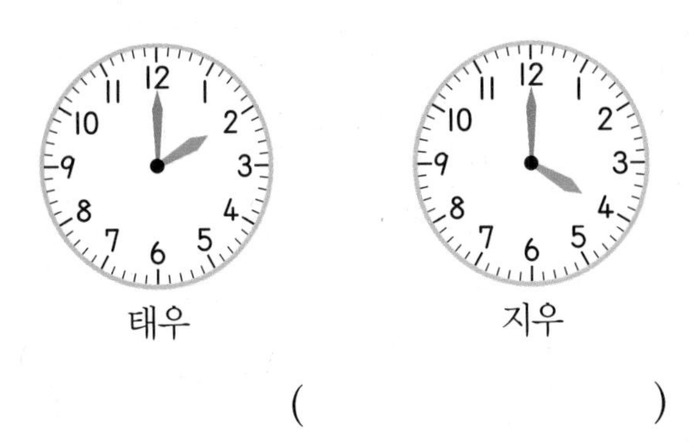

(　　　　　　　)

4 몇 시 30분 알아보기

❶ 몇 시 30분 알아보기

• 긴바늘이 움직이는 시간

긴바늘이 반 바퀴 돌면 30분이 지납니다.

긴바늘이 반 바퀴 돌면 30분이 지납니다.

긴바늘이 한 바퀴 돌면 60분(1시간)이 지납니다.

긴바늘이 한 바퀴 돌 때 짧은바늘은 숫자 눈금 한 칸을 움직입니다.
긴바늘이 반 바퀴 돌 때 짧은바늘은 숫자 눈금 한 칸의 반만큼 움직입니다.

• 4시 30분 알아보기

4:30

'몇 시 30분'일 때 긴바늘이 6을 가리킵니다.

짧은바늘이 4와 5 사이, 긴바늘이 6을 가리킬 때 시계는 4시 30분을 나타내고 네 시 삼십 분이라고 읽습니다.

시계의 긴바늘이 6을 가리키면 '몇 시 30분'을 나타냅니다.

❷ 몇 시 30분 나타내기

• 10시 30분 나타내기

• 긴바늘이 6을 가리키도록 그립니다.
• 짧은바늘이 10과 11 사이를 가리키도록 그립니다.

연결 개념 시각과 시간

❶ 시각 읽기

• 긴바늘이 가리키는 작은 눈금 한 칸은 1분을 나타냅니다.
• 숫자와 숫자 사이는 작은 눈금 5칸이므로 긴바늘이 숫자 1, 2, 3, ...을 가리키면 각각 5분, 10분, 15분, ...을 나타냅니다.
• 시계의 긴바늘이 반 바퀴 도는 데 걸리는 시간은 30분입니다.
• 시계의 긴바늘이 한 바퀴 도는 데 걸리는 시간은 1시간입니다.

1시간=60분

1 시각을 바르게 읽었으면 ( ) 안에 ○표 하고, 잘못 읽었으면 바른 시각을 써넣으세요.

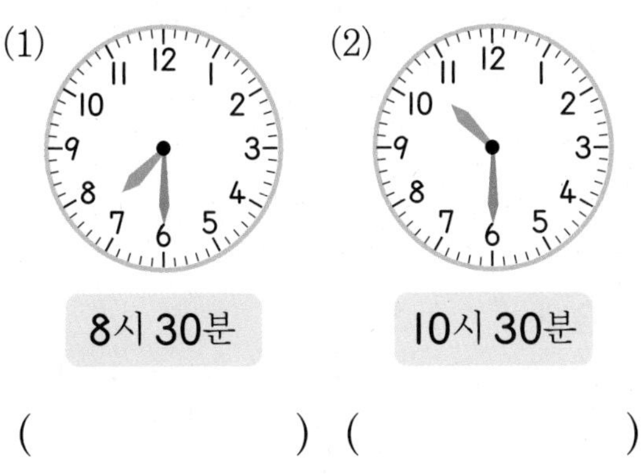

( ) ( )

2 시각을 시계에 나타내 보세요.

3 긴바늘과 짧은바늘을 잘못 그린 시계를 찾아 ○표 하세요.

( ) ( ) ( )

4 다음 중 6시와 7시 사이의 시각을 찾아 기호를 써 보세요.

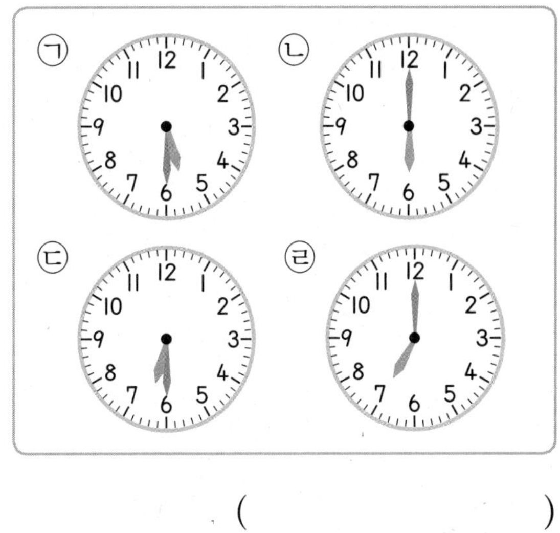

( )

5 지금 시각은 2시 30분입니다. 시계의 긴바늘이 가리키는 숫자는 무엇일까요?

( )

6 다음은 서준이가 오늘 낮에 숙제를 시작한 시각과 끝낸 시각입니다. 숙제를 하는 데 걸린 시간은 몇 시간일까요?

( )

겹쳐진 그림으로 모양의 수 구하기

겹쳐진 그림을 보고 ■, ▲, ● 모양 중 그 수가 가장 많은 모양을 찾아보세요. (단, 완전히 겹쳐진 모양은 없습니다.)

● 생각하기 겹쳐진 그림의 특징을 보고 ■, ▲, ● 모양을 찾아봅니다.

● 해결하기 1단계 모양의 특징을 찾아 ■, ▲, ● 모양의 수 구하기

■: ┌ 모양의 뾰족한 부분이 있습니다. ➡ 3개

▲: ∧ 모양의 뾰족한 부분이 있습니다. ➡ 2개

●: ╭ 모양의 둥근 부분이 있습니다. ➡ 1개

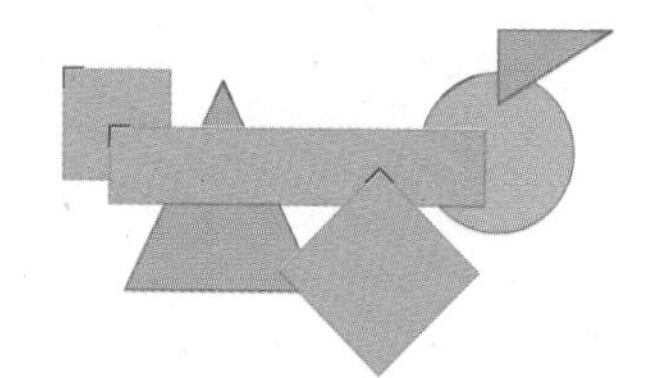

2단계 수가 가장 많은 모양 찾기

모양의 수가 가장 많은 모양은 ■ 모양입니다.

답 ■ 모양

1-1 겹쳐진 그림을 보고 ■, ▲, ● 모양 중 그 수가 가장 많은 모양을 찾아보세요. (단, 완전히 겹쳐진 모양은 없습니다.)

( )

1-2 겹쳐진 그림을 보고 ■, ▲, ● 모양 중 그 수가 다른 한 모양을 찾아보세요. (단, 완전히 겹쳐진 모양은 없습니다.)

( )

정답과 풀이 28쪽

주어진 모양 조각으로 만들 수 있는 것 찾기

주어진 모양 조각을 모두 사용하여 만들 수 있는 것을 찾아 기호를 써 보세요.

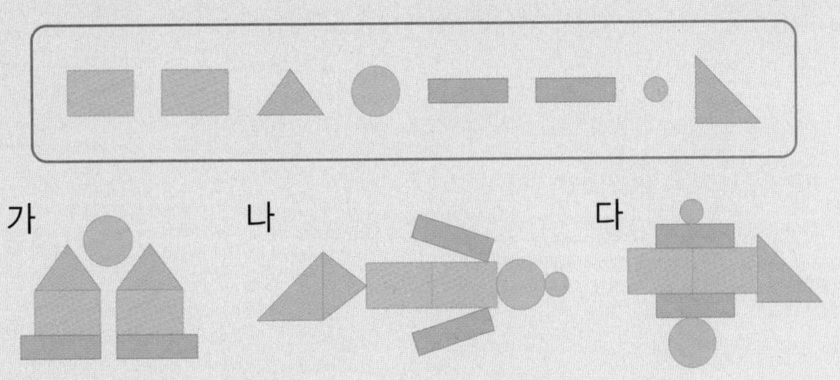

● 생각하기 ■, ▲, ● 모양을 셀 때에는 빠뜨리지 않도록 표시하면서 셉니다.

● 해결하기 1단계 주어진 모양 조각에서 ■, ▲, ● 모양의 수 구하기

■ 모양 4개, ▲ 모양 2개, ● 모양 2개입니다.

2단계 가, 나, 다에서 ■, ▲, ● 모양의 수 구하기

가: ■ 모양 4개, ▲ 모양 2개, ● 모양 1개
나: ■ 모양 4개, ▲ 모양 2개, ● 모양 2개
다: ■ 모양 4개, ▲ 모양 1개, ● 모양 2개

3단계 주어진 모양 조각으로 만들 수 있는 것 찾기

주어진 모양 조각과 ■, ▲, ● 모양의 수가 같은 것을 찾으면 나입니다.

답 나

2-1 주어진 모양 조각을 모두 사용하여 만들 수 있는 것을 찾아 기호를 써 보세요.

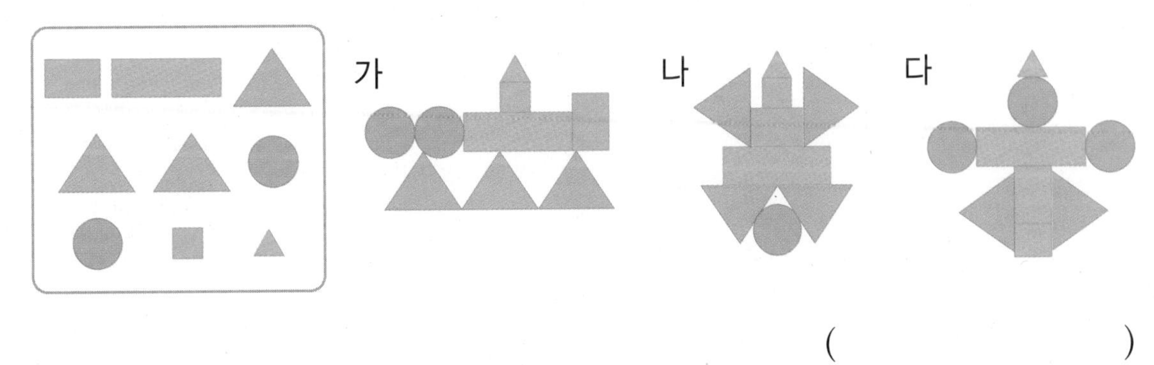

(　　　　　　　)

몇 시 나타내기

성재가 치과에 갔을 때 시계를 보니 9시였습니다. 시계의 긴바늘과 짧은바늘의 좁은 쪽 사이에 있는 숫자를 모두 써 보세요.

● 생각하기 시계의 긴바늘과 짧은바늘이 가리키는 숫자를 알아봅니다.

● 해결하기 1단계 9시를 시계에 나타내기

9시를 시계에 나타내면 긴바늘이 12를 가리키고 짧은바늘이 9를 가리킵니다.

2단계 시계의 긴바늘과 짧은바늘의 좁은 쪽 사이에 있는 숫자 구하기

시계를 보고 좁은 쪽 사이에 있는 숫자를 모두 찾으면 10과 11입니다.

답 10, 11

3-1 은정이가 학원에 갔을 때 시계를 보니 5시였습니다. 시계의 긴바늘과 짧은바늘의 좁은 쪽 사이에 있는 숫자를 모두 써 보세요.

( )

3-2 경미가 문구점에 갔을 때 시계를 보니 10시였습니다. 시계의 긴바늘과 짧은바늘의 좁은 쪽 사이에 있는 숫자를 써 보세요.

( )

3-3 상철이가 편의점에 갔을 때 시계를 보니 8시였습니다. 시계의 긴바늘과 짧은바늘의 좁은 쪽 사이에 있는 숫자를 모두 써 보세요.

( )

정답과 풀이 28쪽

심화유형 4

설명하는 시각 구하기

다음이 설명하는 시각을 써 보세요.

- 8시와 10시 사이의 시각입니다.
- 긴바늘이 6을 가리킵니다.
- 9시보다 빠른 시각입니다.

● 생각하기 8시와 10시 사이의 시각 중 긴바늘이 6을 가리키는 시각을 구해 봅니다.

● 해결하기 1단계 8시와 10시 사이의 시각 중 긴바늘이 6을 가리키는 시각 구하기

8시와 10시 사이의 시각 중에서 긴바늘이 6을 가리키는 시각은 8시 30분, 9시 30분입니다.

2단계 설명하는 시각 구하기

8시 30분과 9시 30분 중 9시보다 빠른 시각은 8시 30분입니다.

8시 30분 —30분 후→ 9시 —30분 후→ 9시 30분

답 8시 30분

4-1

다음이 설명하는 시각을 써 보세요.

- 5시와 7시 사이의 시각입니다.
- 긴바늘이 6을 가리킵니다.
- 6시보다 빠른 시각입니다.

( )

4-2

다음이 설명하는 시각을 써 보세요.

- 2시와 4시 사이의 시각입니다.
- 긴바늘이 6을 가리킵니다.
- 3시보다 늦은 시각입니다.

( )

MATH TOPIC

5 심화유형 색종이를 접어 만든 모양의 수 구하기

그림과 같이 색종이를 3번 접었다 펼쳤습니다. 접힌 선을 따라 모두 자르면 ▲ 모양은 몇 개 만들어질까요?

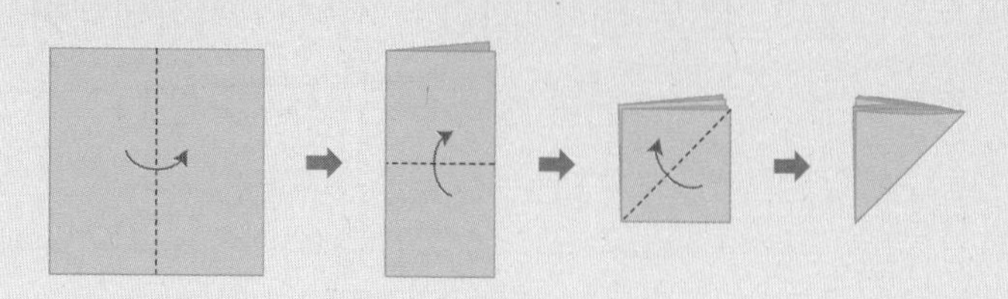

● 생각하기 색종이를 직접 접어 보고 펼쳤을 때의 모양을 알아봅니다.

● 해결하기 1단계 색종이를 접었다 펼쳤을 때의 모양 알아보기

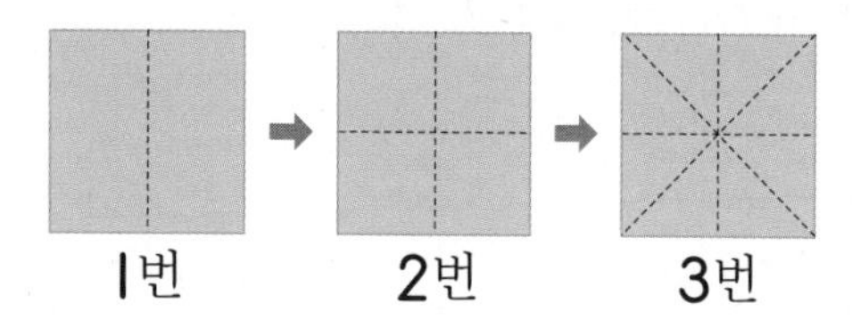

2단계 만들어지는 ▲ 모양의 수 구하기

접힌 선을 따라 모두 자르면 ▲ 모양은 8개 만들어집니다.

답 8개

5-1 그림과 같이 색종이를 2번 접은 후 ● 모양을 그려서 가위로 오렸습니다. ● 모양은 몇 개 만들어질까요?

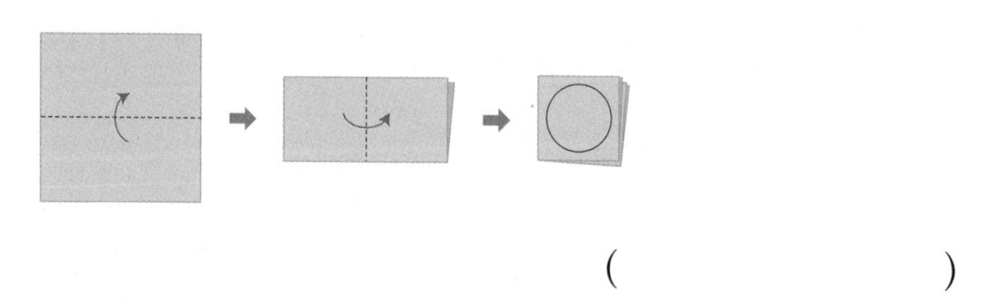

(　　　　　　　　　　)

5-2 그림과 같이 색종이를 3번 접었다 펼쳤습니다. 접힌 선을 따라 모두 자르면 ■ 모양은 몇 개 만들어질까요?

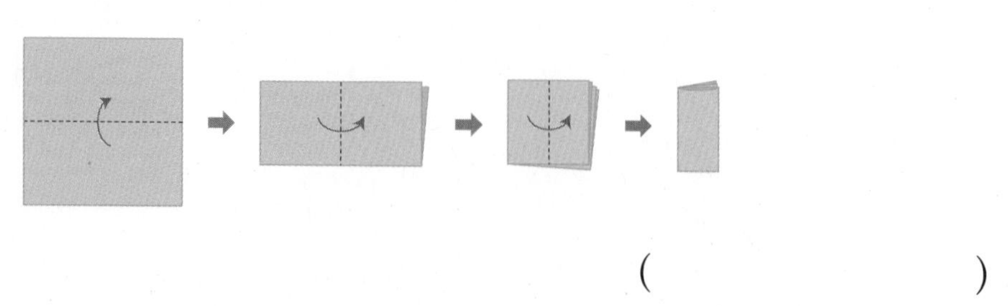

(　　　　　　　　　　)

심화유형 6

조건에 맞는 모양 찾기

오른쪽 그림에서 조건에 맞는 모양은 각각 몇 개인지 빈칸에 써넣으세요.

뾰족한 부분의 수	0군데	3군데	4군데
모양의 수			

● 생각하기 ■, ▲, ● 모양 중 뾰족한 부분이 0군데, 3군데, 4군데인 것이 무엇인지 알아봅니다.

● 해결하기 1단계 ■, ▲, ● 모양의 뾰족한 부분의 수 알아보기

• ■ 모양: 4군데 • ▲ 모양: 3군데 • ● 모양: 0군데

2단계 주어진 그림에서 ■, ▲, ● 모양의 수 각각 구하기

■ 모양을 6개, ▲ 모양을 1개, ● 모양을 4개 사용하였습니다.

3단계 조건에 맞는 모양의 수 세기

뾰족한 부분이 0군데인 ● 모양은 4개, 3군데인 ▲ 모양은 1개, 4군데인 ■ 모양은 6개 사용하였습니다.

답 4개, 1개, 6개

6-1 오른쪽 그림에서 조건에 맞는 모양은 각각 몇 개인지 빈칸에 써넣으세요.

뾰족한 부분이 있는 것	뾰족한 부분이 없는 것

6-2 오른쪽 그림에서 뾰족한 부분이 3군데인 모양은 뾰족한 부분이 없는 모양보다 몇 개 더 많을까요?

(   )

시작한 시각 구하기

심화유형 7

지환이가 긴바늘이 두 바퀴 도는 시간 동안 숙제를 하고 나서 시계를 보았더니 오른쪽과 같았습니다. 숙제를 시작한 시각을 써 보세요.

● 생각하기 긴바늘이 두 바퀴 도는 동안 짧은바늘이 얼마나 움직이는지 생각해 봅니다.

● 해결하기 1단계 긴바늘과 짧은바늘의 규칙 찾기

긴바늘이 한 바퀴 돌 때 짧은바늘은 숫자 1칸을 움직이고, 긴바늘이 두 바퀴 돌 때 짧은바늘은 숫자 2칸을 움직입니다.

2단계 숙제를 시작한 시각 구하기

짧은바늘이 숫자 2칸만큼 움직인 시각이 7시 30분이므로 숙제를 시작한 시각은 5시 30분입니다. 7시 30분 —(긴바늘이 한 바퀴 돌기 전)→ 6시 30분 —(긴바늘이 한 바퀴 돌기 전)→ 5시 30분

답 5시 30분

7-1 선우가 긴바늘이 한 바퀴 도는 시간 동안 축구를 하고 나서 시계를 보았더니 오른쪽과 같았습니다. 축구를 시작한 시각을 써 보세요.

(　　　　　　　)

7-2 선영이가 긴바늘이 한 바퀴 반 도는 시간 동안 종이접기를 하고 나서 시계를 보았더니 오른쪽과 같았습니다. 종이접기를 시작한 시각을 써 보세요.

(　　　　　　　)

7-3 영은이가 긴바늘이 두 바퀴 반 도는 시간 동안 영화를 보고 나서 시계를 보았더니 오른쪽과 같았습니다. 영화를 보기 시작한 시각을 써 보세요.

(　　　　　　　)

정답과 풀이 28쪽

MATH TOPIC 심화유형 8

점을 연결하여 모양 만들기

오른쪽과 같이 6개의 점이 있습니다. 점과 점을 연결하여 만들 수 있는 ■ 모양은 모두 몇 개일까요?

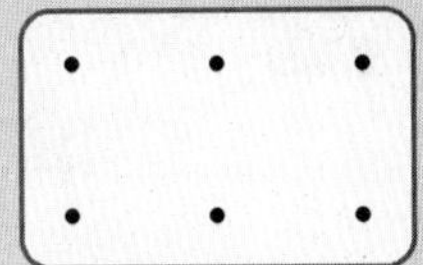

● 생각하기 점 4개부터 시작하여 점의 수를 늘려가며 ■ 모양을 만들어 봅니다.

● 해결하기 1단계 점 4개로 만들 수 있는 ■ 모양 그리기

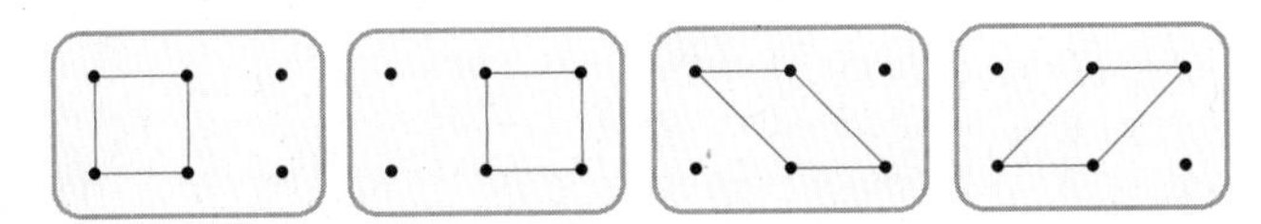

2단계 점 5개와 6개로 만들 수 있는 ■ 모양 그리기

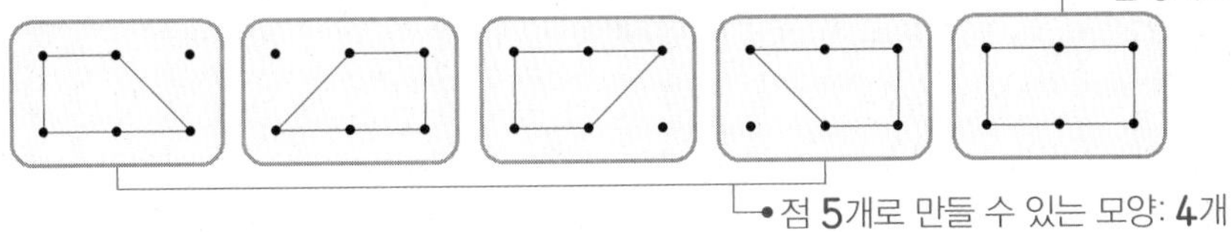

3단계 만들 수 있는 ■ 모양의 수 구하기

만들 수 있는 ■ 모양은 모두 $4+4+1=9$(개)입니다.

답 9개

8-1 오른쪽과 같이 4개의 점이 있습니다. 점과 점을 연결하여 만들 수 있는 ▲ 모양은 모두 몇 개일까요?

(　　　　　　　)

8-2 오른쪽과 같이 5개의 점이 있습니다. 점과 점을 연결하여 만들 수 있는 ▲ 모양은 모두 몇 개일까요?

(　　　　　　　)

MATH TOPIC

9 크고 작은 모양의 수 구하기

심화유형

오른쪽 그림에서 찾을 수 있는 크고 작은 ■ 모양은 모두 몇 개일까요?

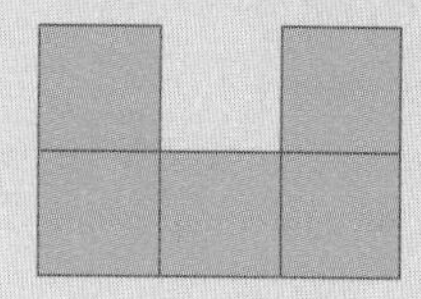

● 생각하기 ■ 모양의 크기를 늘려가며 찾아봅니다.

● 해결하기 1단계 크고 작은 ■ 모양 찾기

■ 모양을 모두 찾아보면 ①, ②, ③, ④, ⑤, ①+②, ②+③, ③+④, ④+⑤, ②+③+④입니다.

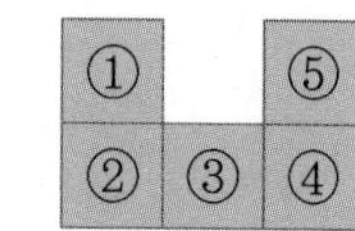

2단계 크고 작은 ■ 모양의 수 구하기

찾은 ■ 모양의 수를 세어 보면 모두 10개입니다.

답 10개

9-1

오른쪽 그림에서 찾을 수 있는 크고 작은 ▲ 모양은 모두 몇 개일까요?

(   )

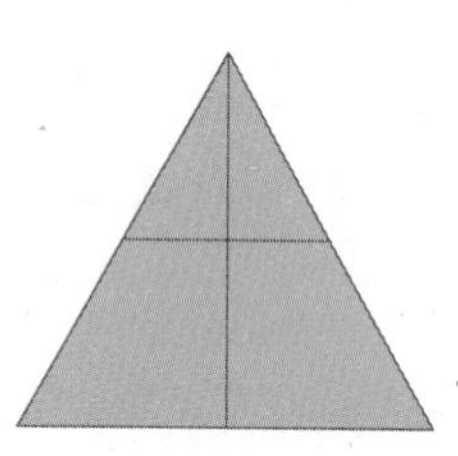

9-2

오른쪽 그림에서 찾을 수 있는 크고 작은 ▲ 모양은 모두 몇 개일까요?

(   )

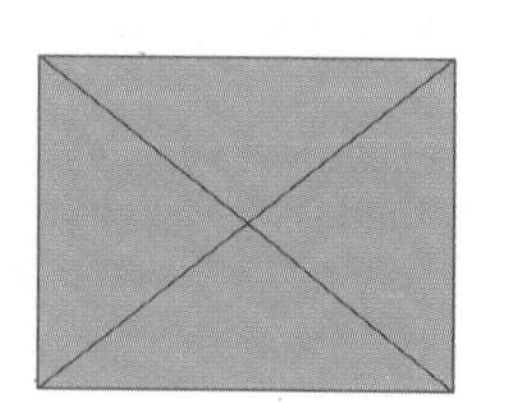

9-3

오른쪽 그림에서 찾을 수 있는 크고 작은 ■ 모양은 모두 몇 개일까요?

(   )

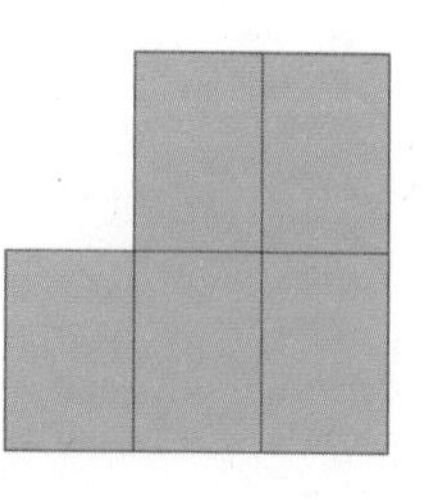

시계 보기를 활용한 교과통합유형

STE AM형

수학+사회

하루 생활 계획표는 하루의 계획을 세워 알아보기 쉽게 표로 나타낸 것입니다. 다음은 은주의 하루 생활 계획표입니다. 은주가 낮에 거울에 비친 시계를 보았더니 오른쪽과 같았습니다. 이 시각에 은주는 무엇을 하기로 계획하였을까요?

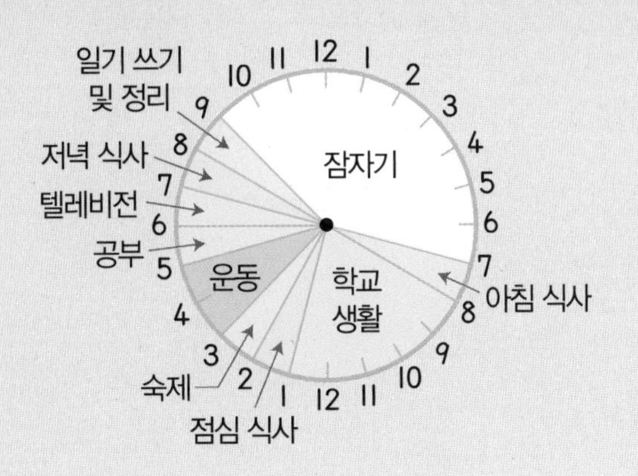

거울에 비친 시계

● 생각하기 거울에 비친 시계가 나타내는 시각을 구해 봅니다.

● 해결하기 1단계 거울에 비친 시계가 나타내는 시각 구하기

거울에 비친 시계의 짧은바늘이 4와 5 사이를 가리키고, 긴바늘이 6을 가리키므로 시계가 나타내는 시각은 4시 30분입니다.

2단계 계획표에서 시계가 나타내는 시각에 계획한 일 찾기

생활 계획표를 보면 낮 4시 30분에는 [ ] 을 합니다.

└• 4시 30분은 3시부터 5시 사이의 시각입니다.

답 [ ]

수학+사회

10-1

다음은 윤담이의 하루 생활 계획표입니다. 윤담이가 저녁에 거울에 비친 시계를 보았더니 오른쪽과 같았습니다. 이 시각에 윤담이는 무엇을 하기로 계획하였을까요?

거울에 비친 시계

(　　　　　　　　)

LEVEL UP TEST

1 주어진 모양 조각을 모두 사용하여 만들 수 있는 것에 ○표 하세요.

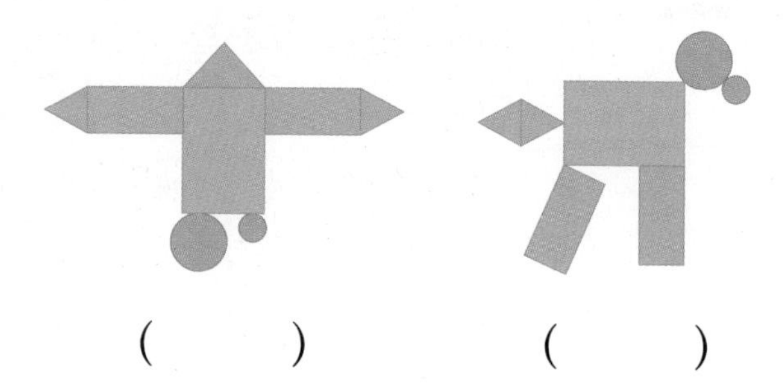

( ) ( )

2 점판 위에 그려진 왼쪽 그림을 오른쪽 점판에 똑같이 그려 보세요.

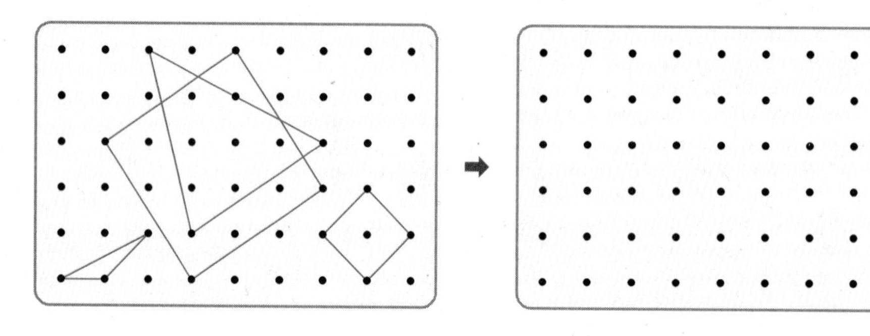

서술형 **3** 9시 30분을 시계에 나타낸 것입니다. 잘못된 부분을 찾아 바르게 고치고, 잘못된 까닭을 써 보세요.

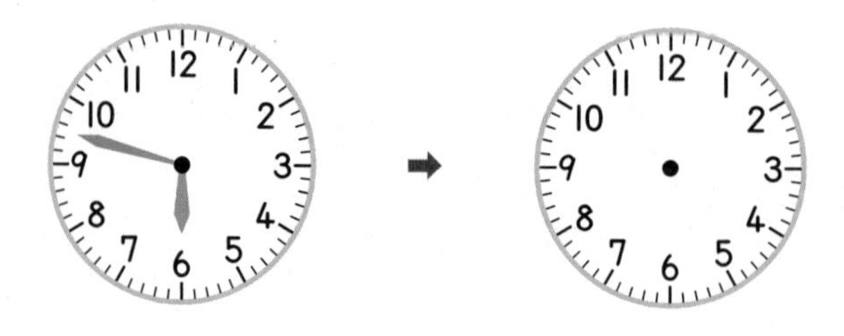

까닭 ....

....

STEAM형 **4**

수학+사회

은행에서는 사람들이 돈을 저축하거나 찾을 수 있습니다. 은행이 문을 여는 시각은 아침 9시이고 문을 닫는 시각은 낮 4시입니다. 다음은 민주, 혜린, 현주, 남주가 낮에 은행에 도착한 시각입니다. 은행에 들어가지 못한 사람은 누구일까요?

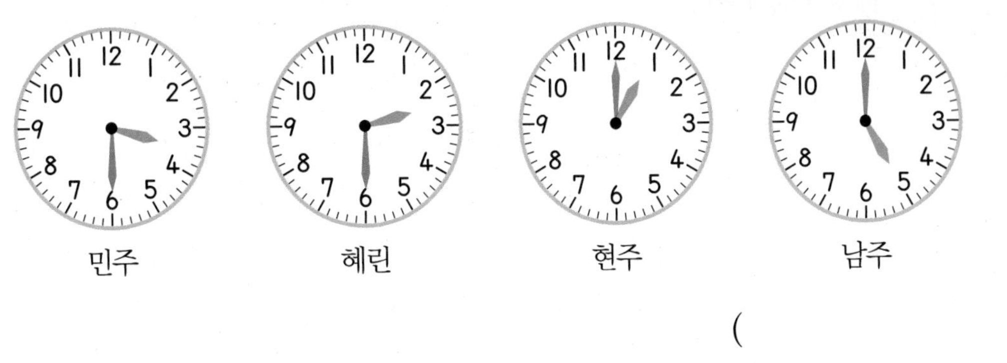

( )

5 왼쪽 모양을 위, 앞, 옆에서 본 모양을 나타낸 것입니다. 어느 방향에서 본 모양인지 위, 앞, 옆을 써넣으세요.

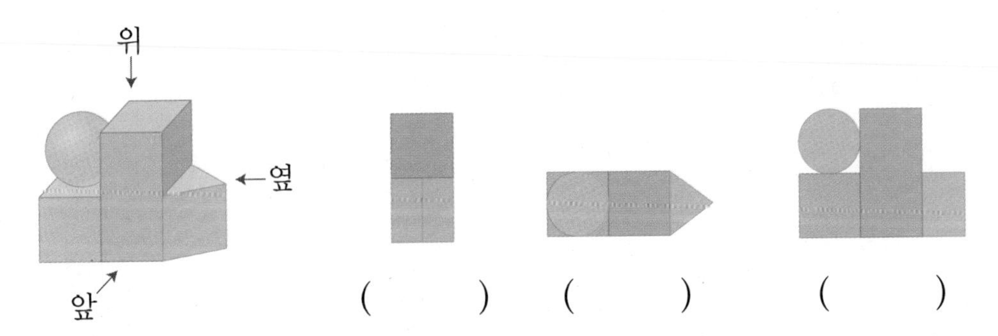

( ) ( ) ( )

6 ■, ▲, ● 모양 중에서 다음 3개의 물건에 모두 들어 있는 모양에는 곧은 선이 몇 개 있을까요?

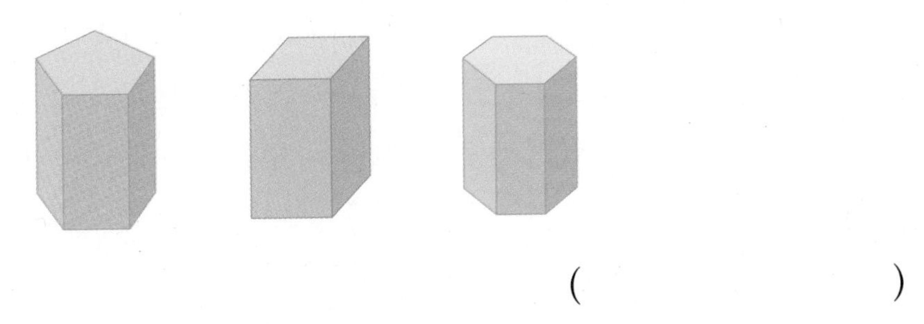

( )

7 다음 그림에서 찾을 수 있는 ■, ▲, ● 모양 중에서 가장 많은 모양은 가장 적은 모양보다 몇 개 더 많을까요?

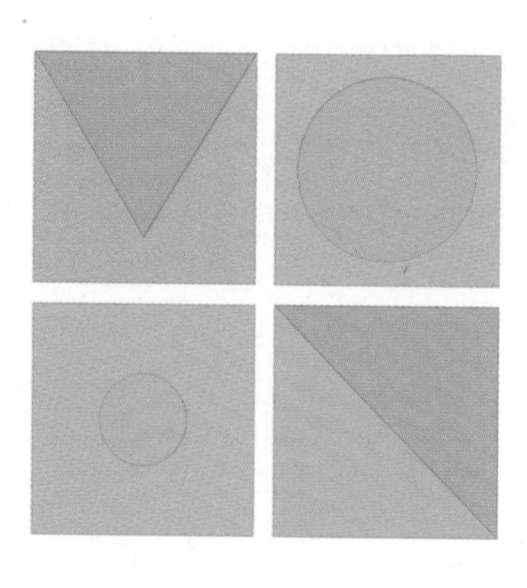

( )

서술형 **8** 모양 조각으로 다음과 같은 모양을 만들었습니다. ■, ▲, ● 모양 중에서 뾰족한 부분이 없는 모양은 뾰족한 부분이 4군데인 모양보다 몇 개 더 많은지 풀이 과정을 쓰고 답을 구해 보세요.

풀이

답

9 오른쪽 모양은 크기가 같은 ■ 모양 2개와 크기가 같은 ▲ 모양 2개를 이어 붙여서 만든 모양입니다. 어떻게 이어 붙인 것인지 선을 그어 보세요.

10

오른쪽 모양에서 보기 와 같은 모양은 몇 개 찾을 수 있을까요?

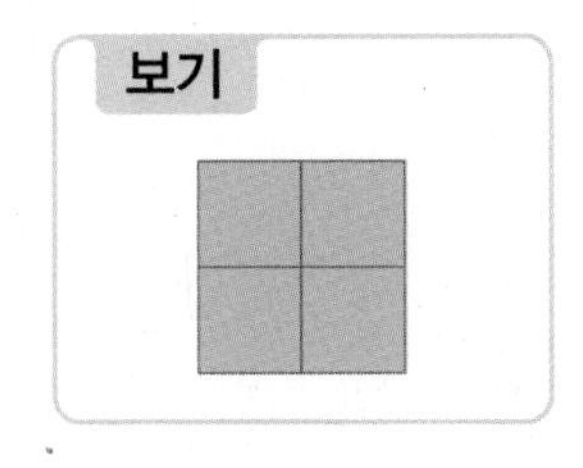

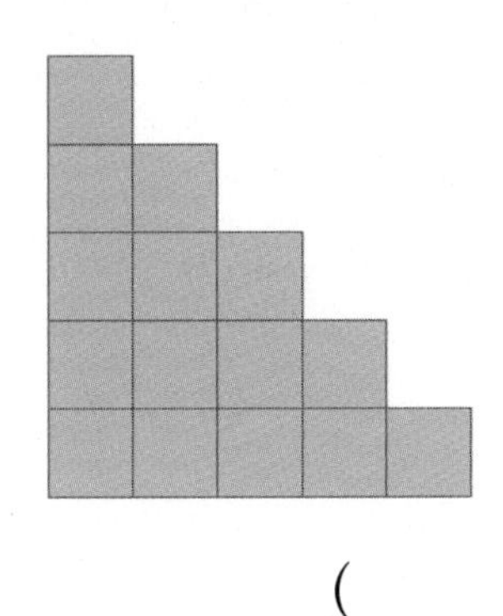

(   )

11

지현이의 언니가 국어, 수학, 영어, 과학 숙제를 끝낼 때마다 거울에 비친 시계를 본 것입니다. 국어, 수학, 영어, 과학 순서로 숙제를 끝냈다면 각각은 어떤 숙제를 끝냈을 때의 시각인지 (   ) 안에 알맞게 써넣으세요.

(   ) (   ) (   ) (   )

12

오른쪽은 거울에 비친 시계의 모습입니다. 시계가 나타내는 시각에서 시계의 긴바늘이 두 바퀴 반 돈 후의 시각을 써 보세요.

(   )

13 그림에서 찾을 수 있는 크고 작은 △ 모양과 □ 모양은 각각 몇 개인지 차례로 써 보세요.

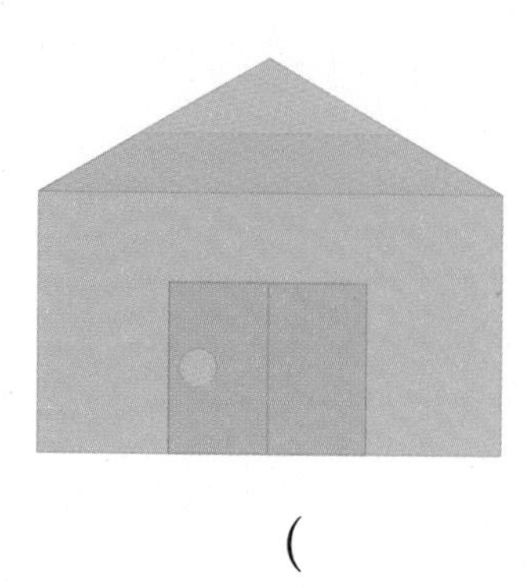

(,)

14 오른쪽 그림에 곧은 선을 2개 그린 다음 잘라서 △ 모양 2개, □ 모양 1개를 만들려고 합니다. 선을 그어 보세요.

수학+사회

STEAM형 **15** 분만은 엄마가 아기를 낳는 것을 뜻하는 말입니다. 아기는 엄마의 *자궁 속에서 10달 동안 자란 후 태어나게 됩니다. 영주 어머니께서 영주의 동생을 분만하러 산부인과에 갔습니다. 어머니께서 분만실에 들어가신 후 시계의 긴바늘이 세 바퀴 반 돈 후에 영주의 동생이 태어났습니다. 동생이 태어난 시각이 8시 30분일 때 어머니께서 분만실에 들어간 시각을 써 보세요.

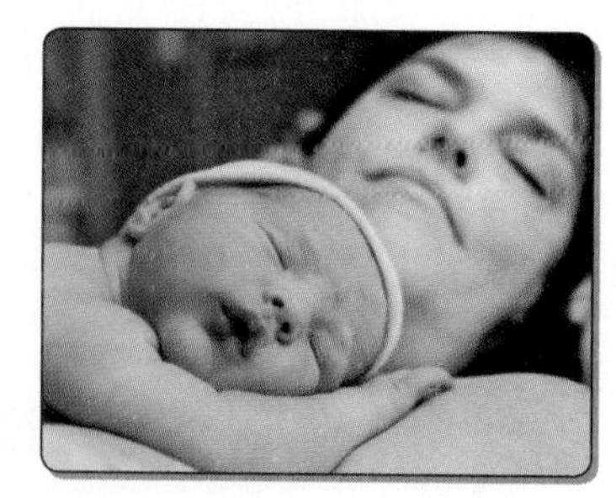

*자궁: 아기가 성장하는 곳

( )

1 칠교놀이는 ■ 모양을 일곱 조각으로 나누어 여러 가지 사물을 만들며 노는 수학 놀이입니다. 왼쪽 칠교판의 조각을 모두 사용하여 오른쪽 모양을 만들려고 합니다. 어떻게 만들 수 있는지 선을 긋고, 조각의 번호를 써 보세요.

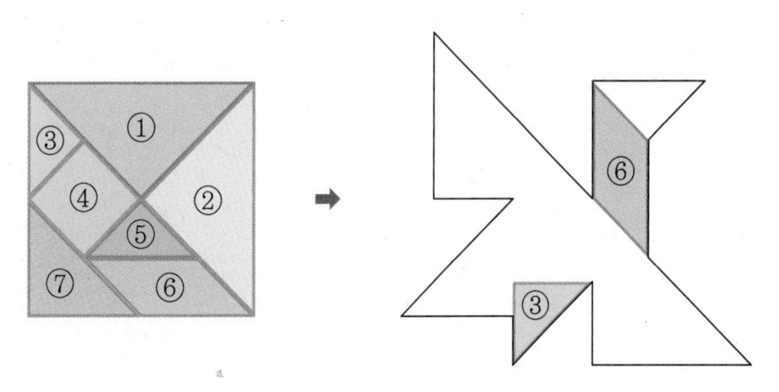

2 그림과 같이 색종이를 4번 접었다 펼쳤습니다. 접힌 선을 따라 모두 자르면 ▲ 모양은 몇 개 만들어질까요?

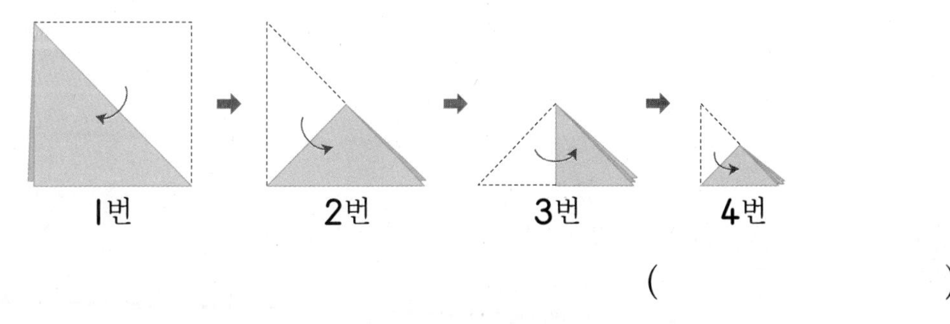

( )

연필 없이 생각 톡

열쇠 구멍을 찾아보세요.

①

②

③

④

덧셈과 뺄셈(2)

대표심화유형

1 수 카드로 뺄셈식 만들기
2 □ 안에 들어갈 수 있는 수 구하기
3 모양이 나타내는 수
4 모양이 나타내는 계산
5 덧셈과 뺄셈의 활용
6 수 바꾸기
7 덧셈과 뺄셈을 활용한 교과통합유형

수학엔 기호가 필요해!

최초의 수학 기호는 누가?

수학시간에 자주 사용하는 더하기 기호(+)와 빼기 기호(−)를 최초로 만들어 사용한 사람은 독일의 수학자 요하네스 비드만이에요. 그는 자신이 쓴 책에서 '지나치다'는 뜻으로 더하기 기호(+)를, '부족하다'는 뜻으로 빼기 기호(−)를 사용했어요. 빼기 기호(−)는 라틴어로 '부족하다, 모자라다' 라는 뜻인 minus의 약자 $\overline{m}$에서 '−'만 따서 쓴 것이었어요. 그 이후 여러 수학자들이 이 기호를 사용하면서 빼기 기호(−)로 뜻이 굳어졌지요.

1631년 영국의 수학자 윌리엄 오트레드는 『수학의 열쇠』라는 책에서 십자가 모양(+)을 옆으로 기울인 곱하기 기호(×)를 최초로 사용했어요. 나누기 기호(÷)를 처음 사용한 사람은 스위스의 수학자 요한 하인리히 라안이에요. 그는 1659년에 대수학 책에서 중간에 가로로 선을 긋고 선 위와 아래에 점을 찍은 '÷' 기호를 처음 사용했는데, 이 기호는 분수에서 분자와 분모의 수를 점(·)으로 표시한 것이라고 해요.

항로 계산에 쓰인 수학 기호

수학 기호가 많은 사람들에게 본격적으로 쓰이기 시작한 건 15세기 유럽에서였어요. 당시 유럽상인들은 지중해를 중심으로 무역을 활발하게 펼쳤어요. 덕분에 많은 상인들이 나라를 옮겨가며 물건을 사고팔아 돈을 벌었지요. 그런데 이때, 이란, 이집트, 북부 아프리카까지 영토를 확장하며 위세를 떨치던 오스만 제국이 유럽 무역상들에게 엄청난 세금을 물렸답니다. 할 수 없이 유럽 무역상들은 오스만 제국의 횡포를 피해 지중해가 아닌 대서양으로 항해를 나서야 했어요. 하지만 대서양으로 나선 유럽 무역상들은 예상치 못한 어려움에 부딪쳤죠. 항로를 찾으려면 하늘의 별자리 등을 관측해야 했는데 정확하게 항로를 계산하는 일이 무척 까다로왔거든요. 이때부터 복잡한 계산을 도맡아 하는 전문 계산가가 등장했어요. 이들은 쉽고 빠르게 계산을 하기 위해 연산 기호들을 사용했고, 그 이후로 수학 기호가 점점 널리 쓰이게 되었어요.

BASIC CONCEPT

1 덧셈하기

① 이어 세기

• $7+5$의 계산

7 8 9 10 11 12

7부터 5만큼 이어 세면 7하고 8, 9, 10, 11, 12이므로 12입니다.

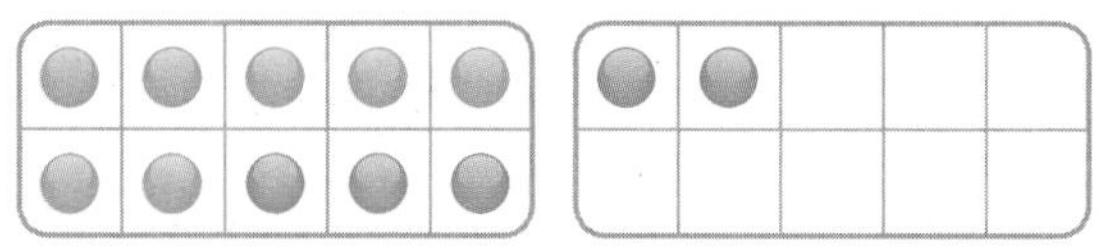

●를 3개 그려 10을 만들고 남은 2개를 더 그리면 12가 됩니다.

② 덧셈

• $8+9$의 계산

10을 만들어 더합니다.

방법1 9를 2와 7로 가르기

$8+9=8+2+7=10+7=17$

2 7

8이 10이 되도록 9를 2와 7로 가릅니다.

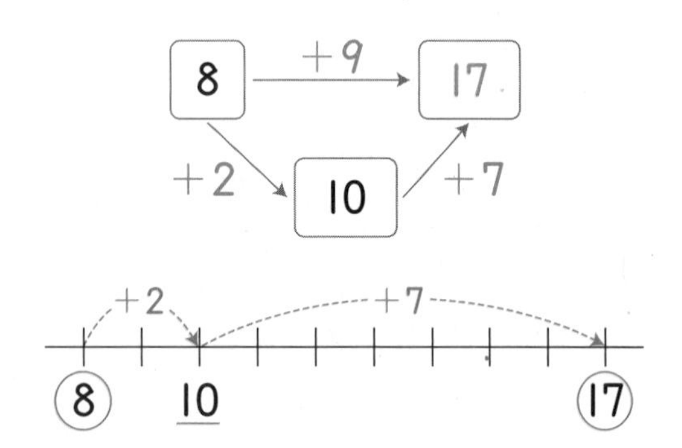

방법2 8을 7과 1로 가르기

$8+9=7+1+9=7+10=17$

7 1

9가 10이 되도록 8을 7과 1로 가릅니다.

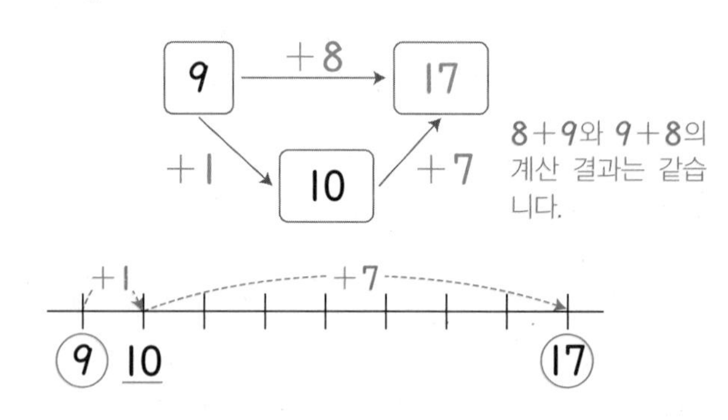

8+9와 9+8의 계산 결과는 같습니다.

배경 지식

① 11부터 19까지의 수를 10을 이용하여 가르기

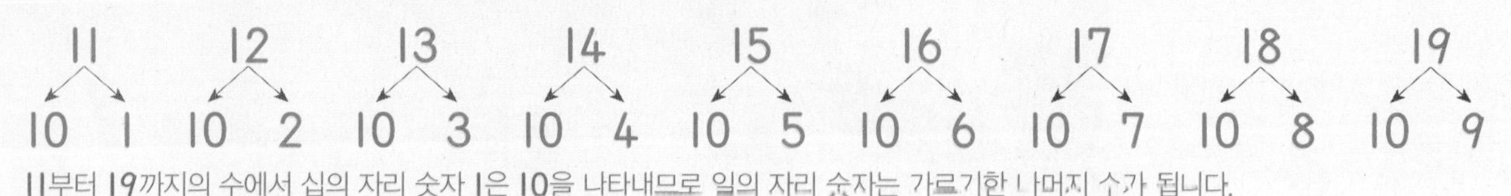

11부터 19까지의 수에서 십의 자리 숫자 1은 10을 나타내므로 일의 자리 숫자는 가르기한 나머지 수가 됩니다.

실전 개념

① 여러 가지 방법으로 계산하기

• $6+9$의 계산

$6+9$ ↓+1 $6+10=16$ ➡ $6+9=15$ ↓+1 ↑−1 $6+10=16$

1을 더 더했으므로 다시 1을 뺍니다.

$9=10-1$이므로 $6+9=6+10-1=16-1=15$입니다.

1 □ 안에 알맞은 수를 써넣으세요.

(1)

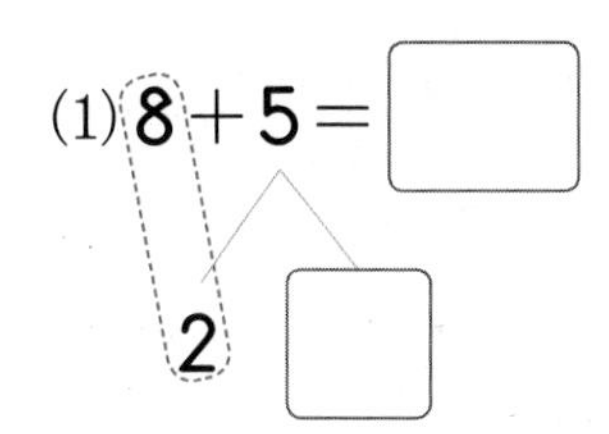

(2) 6+9=□

5 □

2 덧셈을 해 보세요.

(1) 6+5

(2) 6+7

(3) 5+8

(4) 7+8

3 □ 안에 알맞은 수를 써넣으세요.

(1) 3+8=10+□=□

(2) 4+9=10+□=□

(3) 7+7=10+□=□

(4) 8+8=10+□=□

4 윤정이는 지난주에 책을 4권 읽었고 이번 주에는 7권 읽었습니다. 윤정이가 지난주와 이번 주에 읽은 책은 모두 몇 권일까요?

(　　　　　　)

5 계산 결과를 비교하여 ○ 안에 >, =, <를 알맞게 써넣으세요.

(1) 6+7 ○ 7+6

(2) 8+7 ○ 8+6

(3) 4+8 ○ 5+8

6 □ 안에 알맞은 수를 써넣으세요.

(1) 9+6=□

(2) 9+6>10+□

2 뺄셈하기

① 뺄셈

• $13-5$의 계산
10을 만들어 뺍니다.

방법1 5를 3과 2로 가르기

$13-5=10-2=8$ (5를 3과 2로 가르기)

5를 3과 2로 가르기하여 13에서 3을 먼저 뺍니다.

방법2 13을 10과 3으로 가르기

$13-5=5+3=8$ (13을 10과 3으로 가르기)

13을 10과 3으로 가르기하여 10에서 5를 먼저 뺍니다.

실전 개념

① 여러 가지 방법으로 계산하기

• $16-9$의 계산

$16-9$ → (+1) $16-10=6$ → $16-9=7$ (+1)

1을 더 뺐으므로 다시 1을 더합니다.

$16-9=16-10+1=6+1=7$

② 수 카드로 뺄셈식 만들기

13 5 9 14

수 카드로 덧셈식 만들기

• 2장의 수 카드의 합이 주어진 수 카드 중에 있는지 찾아봅니다.
• 5, 9, 14로 덧셈식을 만들 수 있습니다. ➡ $5+9=14$

➡

뺄셈식으로 고치기

• 덧셈식을 뺄셈식으로 고쳐 봅니다.

$5+9=14$ ➡ $14-5=9$, $14-9=5$

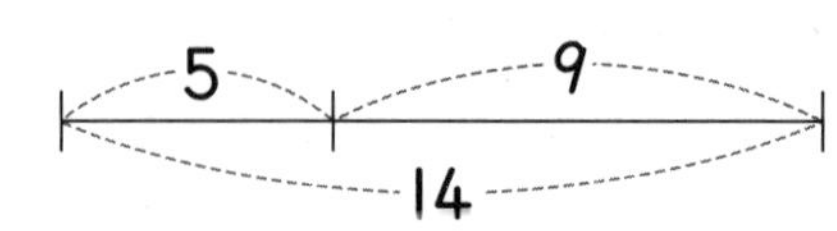

③ 모양이 나타내는 수 구하기

• ●－■＝4, ■＋5＝12

모르는 수가 한 개인 식에서 구하기

■＋5＝12
➡ 12－5＝■
➡ ■＝7

➡

구한 수를 이용하여 나머지 수 구하기

●－■＝4의 ■ 안에 7을 넣습니다.

●－7＝4 ➡ 4＋7＝● ➡ ●＝11

BASIC TEST

1 □ 안에 알맞은 수를 써넣으세요.

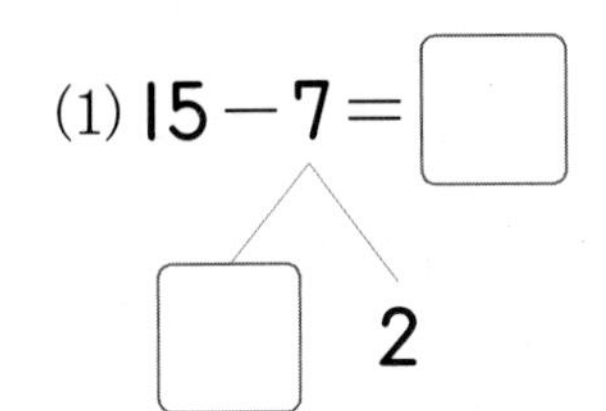

(2) 13−8=□

10 □

2 뺄셈을 해 보세요.

(1) 12−7

(2) 14−8

(3) 13−6

(4) 15−8

3 □ 안에 알맞은 수를 써넣으세요.

(1) 15−6=10−□=□

(2) 11−4=10−□=□

4 차가 7인 뺄셈식을 모두 찾아 기호를 써 보세요.

㉠ 11−8	㉡ 12−5
㉢ 16−8	㉣ 13−6

(　　　　　　)

5 옆으로 또는 아래로 뺄셈식이 되는 세 수를 찾아 (□−□=□)표 하세요.

13	4	12	15	9	6
9	6	4	16	7	9
4	1	8	17	2	13
6	4	7	2	10	6
15	7	8	13	9	7

6 주차장에 자동차가 12대 주차되어 있었습니다. 잠시 후 3대가 나갔습니다. 지금 주차장에 있는 자동차는 몇 대일까요?

(　　　　　　)

BASIC CONCEPT

3 덧셈과 뺄셈

❶ 덧셈 규칙

$6+5=11$
$6+6=12$
$6+7=13$
$6+8=14$

같은 수에 1씩 커지는 수를 더하면 합은 1씩 커집니다.

$9+4=13$
$8+4=12$
$7+4=11$
$6+4=10$

1씩 작아지는 수에 같은 수를 더하면 합은 1씩 작아집니다.

$6+7=13$
$7+6=13$

두 수를 서로 바꾸어 더해도 합은 같습니다.

❷ 뺄셈 규칙

$11-5=6$
$11-6=5$
$11-7=4$
$11-8=3$

같은 수에서 1씩 커지는 수를 빼면 차는 1씩 작아집니다.

$13-7=6$
$14-7=7$
$15-7=8$
$16-7=9$

1씩 커지는 수에서 같은 수를 빼면 차는 1씩 커집니다.

$13-4=9$
$14-5=9$
$15-6=9$
$16-7=9$

1씩 커지는 수에서 1씩 커지는 수를 빼면 차는 같습니다.

연결 개념 (덧셈과 뺄셈)

❶ 규칙 찾아 계산하기

• $7+6=13$을 이용하여 계산하기

$7+6=13$ → (+10, +10) → $17+6=23$

왼쪽 수가 10만큼 더 커지므로 합도 10만큼 더 커집니다.

$7+6=13$ → (+10, +10) → $7+16=23$

오른쪽 수가 10만큼 더 커지므로 합도 10만큼 더 커집니다.

$7+6=13$ → (+10, +10, +20) → $17+16=33$

왼쪽 수와 오른쪽 수가 모두 10씩 커지므로 합은 20만큼 더 커집니다.

• $14-5=9$를 이용하여 계산하기

$14-5=9$ → (+5, +5) → $19-5=14$

왼쪽 수(빼지는 수)가 5만큼 더 커지므로 차도 5만큼 더 커집니다.

$14-5=9$ → (+5, −5) → $14-10=4$

오른쪽 수(빼는 수)가 5만큼 더 커지므로 차는 5만큼 더 작아집니다.

$14-5=9$ → (+10, +10) → $24-15=9$

왼쪽 수와 오른쪽 수가 모두 10씩 커지므로 차는 같습니다.

BASIC TEST

1 더하는 규칙을 찾아 잘못된 곳을 바르게 고치고, 계산해 보세요.

$6+4=\square$
$6+5=\square$
$6+6=\square$
$6+\overset{7}{\cancel{2}}=\square$
$6+8=\square$
$6+9=\square$

$4+4=\square$
$5+5=\square$
$6+6=\square$
$7+7=\square$
$8+3=\square$
$9+9=\square$

2 빼는 규칙을 찾아 잘못된 곳을 바르게 고치고, 계산해 보세요.

$14-4=\square$
$14-5=\square$
$14-\overset{6}{\cancel{10}}=\square$
$14-7=\square$
$14-8=\square$
$14-9=\square$

$11-2=\square$
$12-3=\square$
$13-4=\square$
$14-5=\square$
$15-6=\square$
$16-9=\square$

3 표에서 ★이 있는 칸에 들어갈 덧셈식과 합이 같은 덧셈식을 2개 만들어 보세요.

7+5 12	7+6 13	7+7 14
8+5 13	★	8+7 15
9+5 14	9+6 15	9+7 16

식 ____________ , ____________

4 옆으로 또는 아래로 덧셈식이 되는 세 수를 찾아 (□+□=□)표 하세요.

3	1	7	4	11	12
+ 8	6	5	9	14	4
= 11	9	18	13	2	7
8	6	7	13	10	8
5	6	11	15	14	15

5 계산 결과를 비교하여 ○ 안에 >, =, <를 알맞게 써넣으세요.

(1) $13-5$ ○ $13-7$

(2) $15-7$ ○ $16-8$

(3) $14-8$ ○ $15-8$

수 카드로 뺄셈식 만들기

4장의 수 카드 중에서 3장을 골라 뺄셈식을 만들어 보세요.

● 생각하기 덧셈식을 먼저 만든 다음 뺄셈식을 만들어 봅니다.

● 해결하기 1단계 수 카드로 덧셈식 만들기

2장의 카드의 수의 합이 주어진 수 카드 중에 있는지 찾아보면 7, 9, 16 이므로 이 3장의 수 카드로 덧셈식을 만들 수 있습니다. ➡ $7+9=16$

2단계 뺄셈식 만들기

덧셈식을 보고 뺄셈식을 만듭니다.

$7+9=16$ ➡ $16-7=9$ 또는 $16-9=7$

답 $16-7=9$ 또는 $16-9=7$

1-1 4장의 수 카드 중에서 3장을 골라 뺄셈식을 만들어 보세요.

14 8 6 13

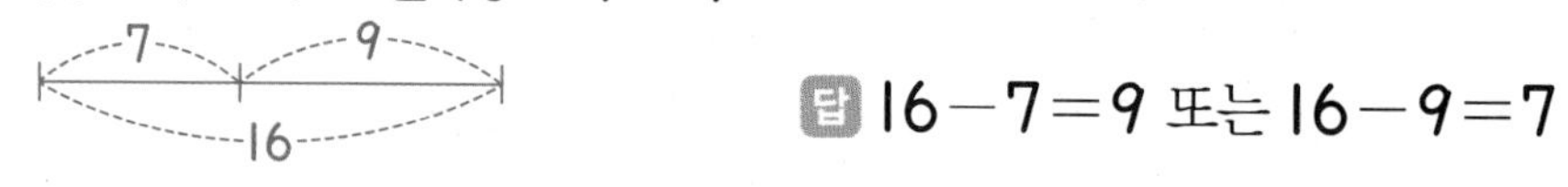

1-2 4장의 수 카드 중에서 3장을 골라 뺄셈식을 만들어 보세요.

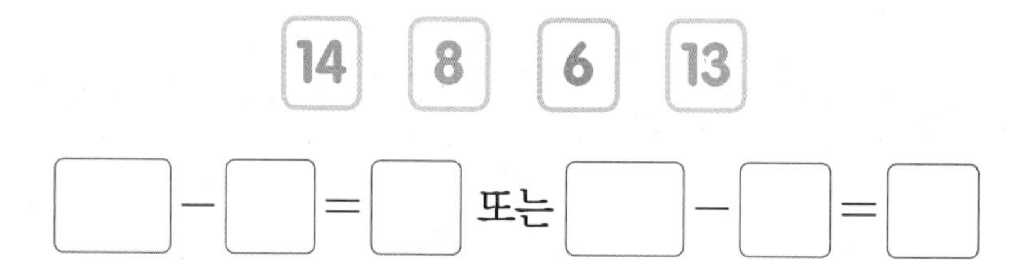

1-3 4장의 수 카드 중에서 3장을 골라 뺄셈식을 만들어 보세요.

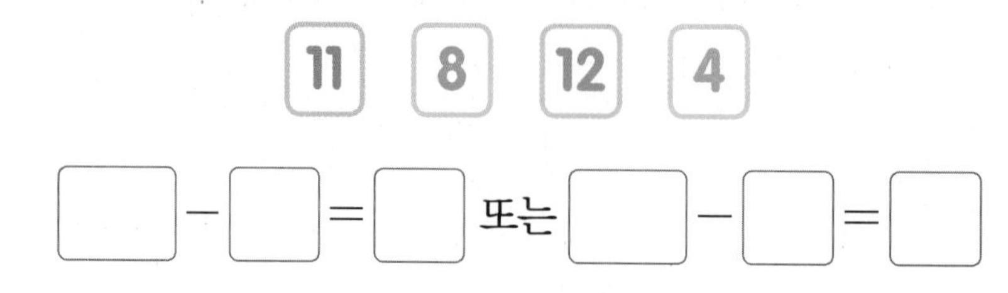

정답과 풀이 38쪽

심화유형 2 □ 안에 들어갈 수 있는 수 구하기

1부터 9까지의 수 중에서 □ 안에 들어갈 수 있는 수를 구해 보세요.

$6+7<5+\square$

● 생각하기 부등호(<)를 등호(=)로 바꾸어 □ 안에 들어갈 수 있는 수를 구해 봅니다.

● 해결하기 1단계 왼쪽 식 계산하기

$6+7=13$입니다.

2단계 부등호(<)를 등호(=)로 바꾸어 □ 안에 들어갈 수 있는 수 구하기

$13<5+\square$에서 $13=5+\square$일 때 □ 안에 들어갈 수를 구하면

$13-5=\square$, $\square=8$입니다.

3단계 $13<5+\square$를 만족하는 □ 안에 들어갈 수 있는 수 구하기

$13=5+8$이므로 $5+\square$가 13보다 크려면 □는 8보다 커야 합니다.

따라서 □ 안에 들어갈 수 있는 수는 9입니다.

답 9

2-1 1부터 9까지의 수 중에서 □ 안에 들어갈 수 있는 수를 모두 구해 보세요.

$9+3>7+\square$

( )

2-2 0부터 9까지의 수 중에서 □ 안에 들어갈 수 있는 수를 모두 구해 보세요.

$11-\square<14-9$

( )

2-3 0부터 9까지의 수 중에서 □ 안에 들어갈 수 있는 수를 모두 구해 보세요.

$13-5<12-\square$

( )

MATH TOPIC 3 심화유형

모양이 나타내는 수

같은 모양은 같은 수를 나타냅니다. ●에 알맞은 수를 구해 보세요.

$$■+■=10$$
$$●-■=9$$

● 생각하기 ■를 먼저 구한 다음 ●를 구합니다.

● 해결하기 1단계 ■에 알맞은 수 구하기

같은 수를 두 번 더하여 10이 되는 경우를 알아봅니다.

➡ ■+■=5+5=10이므로 ■=5입니다.

2단계 ●에 알맞은 수 구하기

●−■=9에서 ■=5이므로 ●−5=9, 9+5=●, ●=14입니다.

답 14

3-1 같은 모양은 같은 수를 나타냅니다. ★에 알맞은 수를 구해 보세요.

●+6=10
★−●=8

(　　　　　　　　)

3-2 같은 모양은 같은 수를 나타냅니다. ■에 알맞은 수를 구해 보세요.

3+▲=10
■−▲=6

(　　　　　　　　)

3-3 같은 모양은 같은 수를 나타냅니다. ◉−▲는 얼마인지 구해 보세요.

◉+2=10
▲+◉=15

(　　　　　　　　)

정답과 풀이 38쪽

모양이 나타내는 계산

다음은 어떤 수를 더하거나 빼는 것을 모양으로 나타낸 것입니다. 각 모양의 규칙을 찾아 □ 안에 알맞은 수를 구해 보세요.

5●=12   13■=8   7●■=□

● 생각하기 ●와 ■의 규칙을 찾습니다.

● 해결하기 1단계 ●와 ■의 규칙 찾기

●의 규칙: 5보다 등호(=)의 오른쪽 수가 커졌으므로 어떤 수를 더한 것입니다.
5+□=12, 12−5=□, □=7이므로 ●는 7을 더하는 규칙입니다.

■의 규칙: 13보다 등호(=)의 오른쪽 수가 작아졌으므로 어떤 수를 뺀 것입니다.
13−□=8, 13−8=□, □=5이므로 ■는 5를 빼는 규칙입니다.

2단계 7●■의 수 구하기

7●■=7+7−5=14−5=9입니다.

답 9

4-1 다음은 어떤 수를 더하거나 빼는 것을 모양으로 나타낸 것입니다. 각 모양의 규칙을 찾아 □ 안에 알맞은 수를 써넣으세요.

7♥=11   12⊙=8   10⊙♥=□

4-2 다음은 어떤 수를 더하거나 빼는 것을 모양으로 나타낸 것입니다. 각 모양의 규칙을 찾아 □ 안에 알맞은 수를 써넣으세요.

16♦=7   3◈=8   6◈♦=□

4-3 다음은 어떤 수를 더하거나 빼는 것을 모양으로 나타낸 것입니다. 각 모양의 규칙을 찾아 □ 안에 알맞은 수를 써넣으세요.

4▲=13   15★=7   7▲★★=□

MATH TOPIC

심화유형 5

덧셈과 뺄셈의 활용

책꽂이에 위인전은 6권 꽂혀 있고, 동화책은 위인전보다 7권 더 많이 꽂혀 있습니다. 과학책이 동화책보다 9권 더 적게 꽂혀 있다면 과학책은 몇 권 꽂혀 있을까요?

● 생각하기 책꽂이에 꽂혀 있는 동화책의 수를 먼저 구해 봅니다.

● 해결하기 1단계 책꽂이에 꽂혀 있는 동화책의 수 구하기

(책꽂이에 꽂혀 있는 동화책의 수)=(책꽂이에 꽂혀 있는 위인전의 수)+7

=6+7=13(권)

2단계 책꽂이에 꽂혀 있는 과학책의 수 구하기

(책꽂이에 꽂혀 있는 과학책의 수)=(책꽂이에 꽂혀 있는 동화책의 수)−9

=13−9=4(권)

답 4권

5-1 상자에 빨간 색종이는 8장 들어 있고, 파란 색종이는 빨간 색종이보다 3장 더 많이 들어 있습니다. 노란 색종이가 파란 색종이보다 6장 더 적게 들어 있다면 노란 색종이는 몇 장 들어 있을까요?

( )

5-2 돼지저금통에 500원짜리 동전은 7개 들어 있고, 100원짜리 동전은 500원짜리 동전보다 7개 더 많이 들어 있습니다. 10원짜리 동전이 100원짜리 동전보다 5개 더 적게 들어 있다면 10원짜리 동전은 몇 개 들어 있을까요?

( )

5-3 은성이가 바구니에 농구공을 6개 넣었고, 야구공은 농구공보다 9개 더 많이 넣었습니다. 배구공을 야구공보다 7개 더 적게 넣었다면 배구공은 몇 개 넣었을까요?

( )

수 바꾸기

가와 나에서 수를 한 개씩 선택한 다음, 서로 바꾸어 가와 나의 세 수의 합을 같게 만들려고 합니다. 바꾸어야 하는 두 수를 차례로 써 보세요.

● 생각하기 가와 나의 세 수의 합을 각각 구한 다음 차를 알아봅니다.

● 해결하기 1단계 가와 나의 세 수의 합 구하기

가의 합: $3+4+6=13$ 나의 합: $2+5+8=15$

1만큼 더 큰 수, 1만큼 더 작은 수
13 (가의 합), ⑭, 15 (나의 합)

2단계 같게 되는 세 수의 합 구하기

가의 합과 나의 합의 차가 2이므로 가의 합과 나의 합을 14로 같게 만들어야 합니다.

3단계 바꾸어야 하는 수 찾기

가의 합이 14가 되려면 1만큼 더 커져야 하고, 나의 합이 14가 되려면 1만큼 더 작아져야 합니다. 따라서 바꾸어야 하는 두 수는 4와 5입니다.

(가의 수보다 1만큼 더 큰 수와 바꿉니다.) (나의 수보다 1만큼 더 작은 수와 바꿉니다.)

바꾼 다음 가의 합: $3+⑤+6=14$, 바꾼 다음 나의 합: $2+④+8=14$

답 4, 5

6-1

가와 나에서 수를 한 개씩 선택한 다음, 서로 바꾸어 가와 나의 세 수의 합을 같게 만들려고 합니다. 바꾸어야 하는 두 수를 차례로 써 보세요.

3 5 8	1 6 7
가	나

(,)

6-2

가와 나에서 수를 한 개씩 선택한 다음, 서로 바꾸어 가와 나의 세 수의 합을 같게 만들려고 합니다. 바꾸어야 하는 두 수를 차례로 써 보세요.

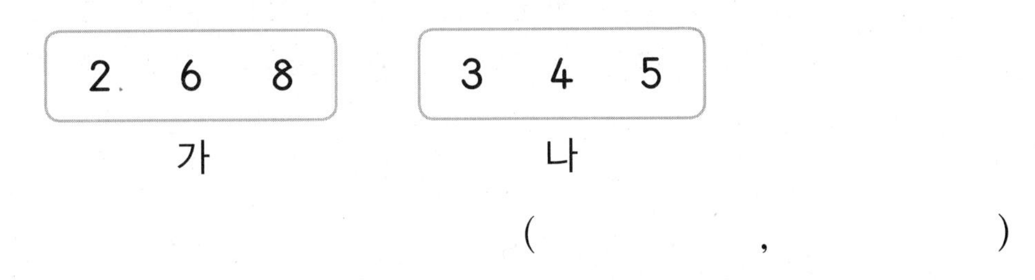

(,)

정답과 풀이 38쪽

덧셈과 뺄셈을 활용한 교과통합유형

STE AM형

수학+사회

국기는 나라를 상징하는 깃발입니다. 나라마다 국기에 그려진 모양은 여러 가지가 있는데, 별이 그려진 나라는 우즈베키스탄, 중국, 싱가포르, 베트남, 미국 등이 있습니다. 오른쪽은 우즈베키스탄의 국기입니다.

우즈베키스탄의 국기

중국 국기에 그려진 별의 수는 우즈베키스탄 국기의 별의 수보다 7개 더 적고, 중국 국기의 별의 수와 싱가포르 국기의 별의 수의 합은 10개입니다. 싱가포르 국기에 그려진 별은 몇 개일까요?

● 생각하기 중국 국기의 별의 수를 구한 다음 싱가포르 국기의 별의 수를 구합니다.

● 해결하기 **1단계** 중국 국기의 별의 수 구하기

우즈베키스탄 국기에 그려진 별의 수는 12개입니다.

(중국 국기의 별의 수)$=$(우즈베키스탄 국기의 별의 수)$-7=12-7=5$(개)

2단계 싱가포르 국기의 별의 수 구하기

(중국 국기의 별의 수)$+$(싱가포르 국기의 별의 수)$=10$이므로 싱가포르 국기의 별의 수를 □라고 하면 $5+□=10$, $10-5=□$, $□=$ □ 입니다.

따라서 싱가포르 국기에 그려진 별은 □ 개입니다.

답 □ 개

수학+음악

7-1 음표는 음의 길이 또는 높이를 나타내는 기호로 온음표, 2분음표, 4분음표, 8분음표 등이 있습니다. 다음은 동요 「달」 악보입니다. □ 안에서 8분음표는 4분음표보다 몇 개 더 많을까요?

그림	이름	박자	리듬 표시
𝅝	온음표	4박자	∨∨∨∨
𝅗𝅥	2분음표	2박자	∨∨
♩	4분음표	1박자	∨
♪	8분음표	반 박자	\

〈음표〉

(   )

LEVEL UP TEST

정답과 풀이 40쪽

1 덧셈과 뺄셈을 계산한 것입니다. □ 안에 알맞은 수를 써넣으세요.

(1) $6 + 9 = \square$

↓+1 ↑−1

$6 + \square = \square$

(2) $17 - 8 = \square$

↓+2 ↑+2

$17 - \square = \square$

수학+국어

STEAM형 **2** 다음은 「신데렐라」 동화책의 일부분입니다. 열두 시를 알리는 시계의 종이 7번 울렸다면 신데렐라는 종이 몇 번 더 울리기 전에 나와야 할까요?

> 요정은 신데렐라에게 유리 구두를 건네며 말했어요.
> "신데렐라야, 열두 시가 되면 마법이 풀리기 시작한단다. 너는 열두 시를 알리는 종이 모두 울리기 전에 그곳에서 나와야 해."
> (• 열두 시에는 시계의 종이 12번 울립니다.)
> 신데렐라는 요정에게 열두 시 종이 모두 울리기 전에 꼭 나오겠다고 약속하고 마차에 탔어요.

(　　　　　　)

3 어떤 수에서 5를 빼야 할 것을 잘못하여 더했더니 13이 되었습니다. 바르게 계산하면 얼마일까요?

(　　　　　　)

서술형 **4**

오렌지 맛 사탕 8개, 딸기 맛 사탕 6개, 키위 맛 사탕 2개가 있습니다. 그중에서 9개를 먹었다면 남은 사탕은 몇 개인지 풀이 과정을 쓰고 답을 구해 보세요.

풀이 ....

....

....

답 ....

5

□ 안에 들어갈 수 있는 수 중에서 가장 작은 수를 구해 보세요.

$$3+8+2<4+7+\square$$

(   )

서술형 **6**

경석이는 연필을 6자루 가지고 있고, 호영이는 11자루 가지고 있습니다. 호영이가 경석이에게 연필을 몇 자루 주었더니 경석이의 연필이 13자루가 되었습니다. 호영이에게 남아 있는 연필은 몇 자루인지 풀이 과정을 쓰고 답을 구해 보세요.

풀이 ....

....

....

답 ....

7 영호, 규진, 민영이가 동화책을 읽었습니다. 영호가 14권 읽었고, 규진이는 영호보다 5권 더 적게 읽었고, 민영이는 규진이보다 7권 더 많이 읽었습니다. 영호와 민영이 중 누가 동화책을 몇 권 더 많이 읽었을까요?

(,)

8 같은 모양은 같은 수를 나타냅니다. ◆와 ●에 알맞은 수를 구해 보세요.

◆＋◆＋●＝14
◆＋●＝9

◆ ( )
● ( )

STEAM형

9 수학+사회

설날은 새해의 첫날을 기리는 우리나라의 명절입니다. 설날에는 조상들께 차례를 지내고 어른들께 세배를 합니다. 설날에 하는 놀이로는 윷놀이, 연날리기, 제기차기 등이 있습니다. 설날에 모인 친척 15명이 윷놀이, 연날리기, 제기차기를 하고 있습니다. 윷놀이 또는 제기차기를 하는 사람은 10명, 연날리기 또는 제기차기를 하는 사람은 9명입니다. 윷놀이 또는 연날리기를 하는 사람은 모두 몇 명일까요? (단, 친척들은 윷놀이, 연날리기, 제기차기 중 반드시 하나만 합니다.)

( )

10 지은이가 젤리 몇 개를 가지고 있었습니다. 가지고 있는 젤리의 반을 지수에게 주고, 나머지의 반을 현수에게 주었더니 4개가 남았습니다. 지은이가 처음에 가지고 있던 젤리는 몇 개일까요?

( )

11 다음 표에 1부터 9까지의 수를 한 번씩 써넣어 가로, 세로로 놓인 세 수의 합이 모두 같게 만들려고 합니다. 빈칸에 알맞은 수를 써넣으세요.

1	6	
	7	3
	2	

12 채아와 연우가 다음과 같은 수 카드를 가지고 있습니다. 수 카드 중 한 장씩을 선택한 다음 서로 바꾸어 각자 가진 수 카드의 합을 같게 만들려고 합니다. 바꾸어야 하는 두 수를 차례로 써 보세요.

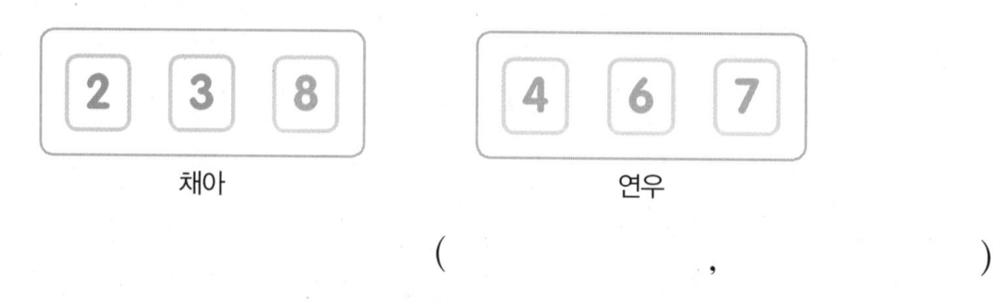

(,)

정답과 풀이 44쪽

1 보기 와 같이 수 사이에 $+$, $-$, $=$를 넣어 식을 완성해 보세요. (단, $+$, $-$, $=$를 모두 사용하거나 수 사이에 반드시 넣을 필요는 없고, 여러 번 사용할 수 있습니다.)

보기

$12 - 3 - 4 = 5$

1 1 3 4 4

2 1부터 6까지의 수를 한 번씩 사용하여 한 줄에 있는 세 수의 합이 각각 12가 되도록 만들어 보세요.

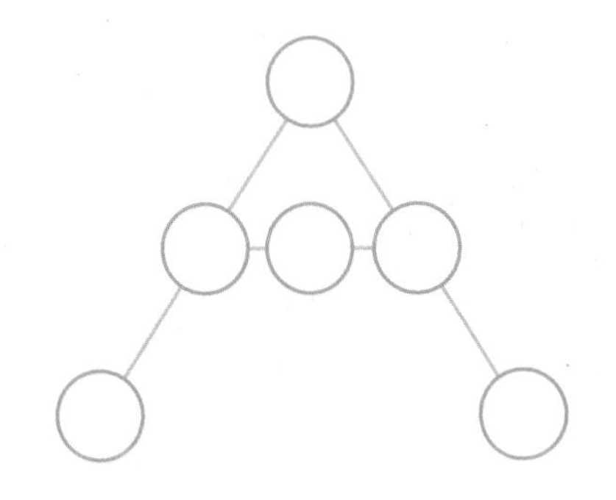

연필 없이 생각 톡

오려서 펼친 모양을 찾아보세요.

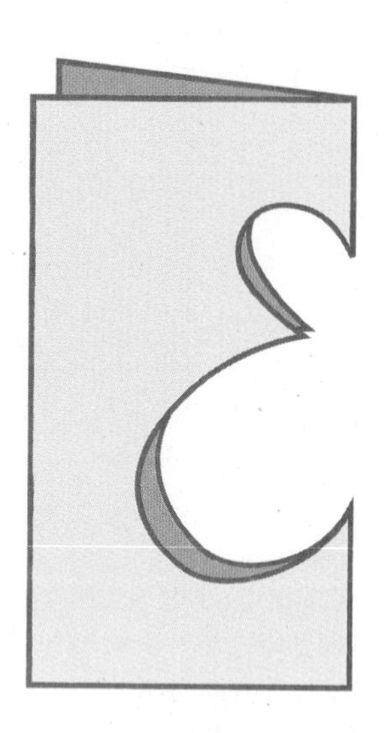

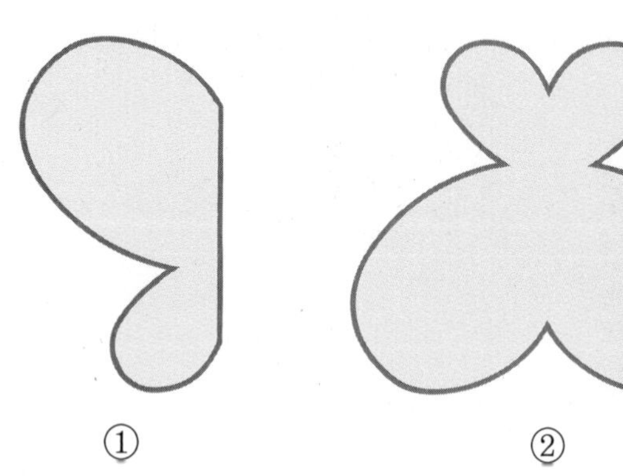

① ② ③

규칙 찾기

대표심화유형

1 수 배열표에서 ■에 알맞은 수 구하기
2 찢어진 벽지에 있던 무늬의 수 구하기
3 규칙에 따라 색칠하기
4 바둑돌의 규칙 찾기
5 두 가지 또는 세 가지가 바뀌는 규칙
6 수의 규칙 찾기
7 규칙 찾기를 활용한 교과통합유형

시계와 번호의 규칙

그림자를 읽는 해시계

아주 오래 전 고대인들은 태양이 뜨고 지는 것을 관찰하여 하루를 밤과 낮으로 구분했어요. 그리고 해가 동쪽에서 떠서 서쪽으로 진다는 사실을 알게 됐죠. 이렇게 태양의 규칙적인 현상을 활용해 시간을 재기 시작했어요. 최초의 해시계는 땅에다 막대를 꽂은 다음 반원형 모양으로 주변에 몇 개의 돌을 놓은 것이었어요. 해가 동쪽에서 서쪽으로 이동할 때 막대의 그림자는 반대로 서쪽에서 동쪽으로 움직여요. 이때 막대의 그림자가 몇째 돌에 드리워지는지로 대략의 시각을 파악했지요.

해시계는 다양한 형태로 만들어져 이후 2000년 동안이나 널리 쓰였어요. 우리나라에서도 해시계를 만들어 사용했는데, 조선 시대의 '앙부일구'가 대표적이에요. 오목한 솥단지 모양을 한 앙부일구는 그림자를 만드는 영침, 그림자가 드리워지는 시반, 시반을 받치고 있는 받침대로 이루어져 있어요. 시반에는 시각선과 절기선이 표시되어 있는데, 사람들은 영침의 그림자 끝이 가리키는 선을 보고 시각과 날짜를 알 수 있었어요.

지역을 나타내는 전화번호

유선 전화번호는 시내 전화번호와 시외 전화번호로 나눌 수 있는데 각 숫자에는 특별한 규칙이 있어요.

시내 전화번호: 2345-6789
국번 가입자 번호

시외 전화번호: 051-2345-6789
지역 번호 국번 가입자 번호

같은 시나 도내에서 전화를 걸 때 사용하는 지역 전화번호는 국번과 가입자 번호로만 이루어져 있어요. 하지만 다른 시나 도로 전화를 걸 때는 시내 전화번호 앞에 2~3자리의 지역 번호를 붙여야 해요. 지역 번호는 항상 0으로 시작하는데 이 0을 시외 식별 번호라고 불러요. 각 도나 시별로 고유한 지역 번호가 있는데 서울은 2번, 대전은 42번, 부산은 51번이지요.

시내 전화번호나 시외 전화번호에 공통으로 있는 국번에도 규칙이 있어요. 시 안에서 동네별로 번호를 구분하여 붙인답니다. 서울시에서 3150번대 국번의 전화번호를 사용하고 있으면 마포구에서 신청한 전화번호이고, 500번대 국번의 전화번호를 사용하고 있으면 강남구에서 신청한 전화번호예요. 그래서 지역 번호와 국번을 보면 지역을 짐작할 수 있답니다.

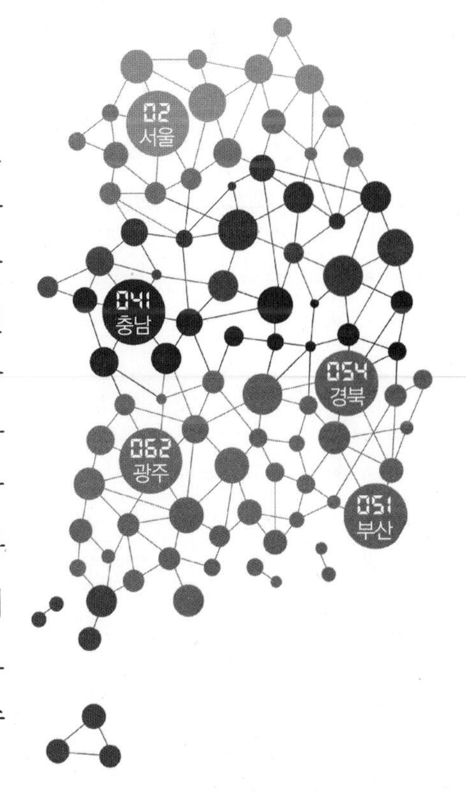

*** 앙부일구**

BASIC CONCEPT

1 규칙 찾기(1)

❶ 규칙을 찾고 말하기

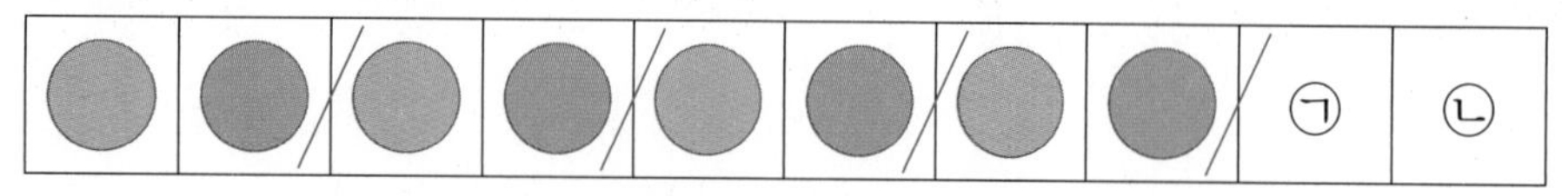

초록색과 보라색이 되풀이되는 규칙입니다.
따라서 ㉠에는 초록색이, ㉡에는 보라색이 들어갑니다.

❷ 규칙을 만들어 무늬 꾸미기

• 로 규칙을 만들어 무늬 꾸미기

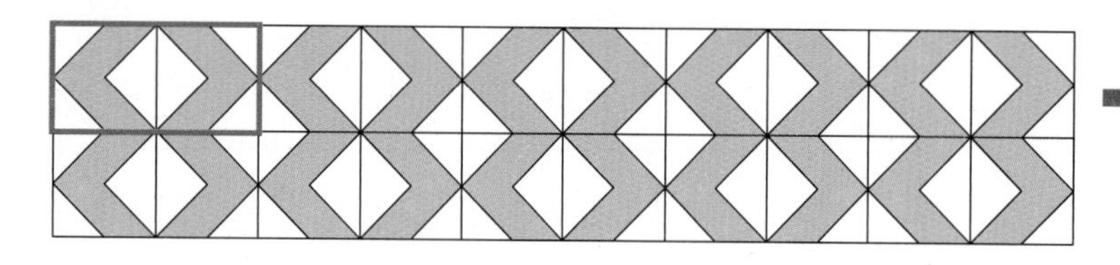

➡ , 모양이 되풀이되는 규칙입니다.

❸ 규칙을 찾아 여러 가지 방법으로 나타내기

0	5	5	0	5	5	0	5	5	0	5

바위, 보, 보가 되풀이되는 규칙입니다.
바위를 0, 보를 5라고 할 때, 0 5 5 0 5 5 0 5 5 0 5로 나타낼 수 있습니다.

실전 개념

❶ 여러 가지 규칙 알아보기

• 위치가 바뀌는 규칙

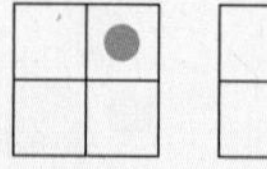
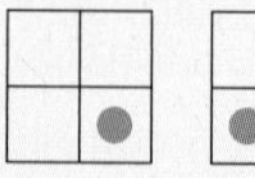
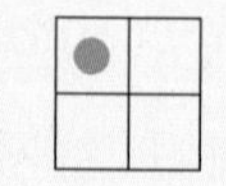
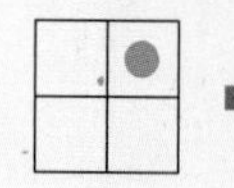
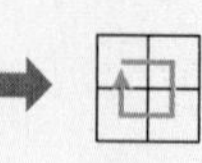

➡ 방향으로 ●가 움직이는 규칙입니다.

• 일정하게 넓어지는 규칙

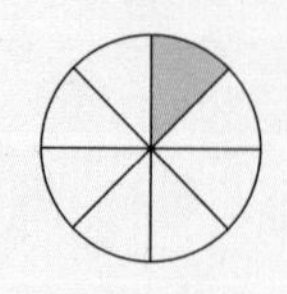
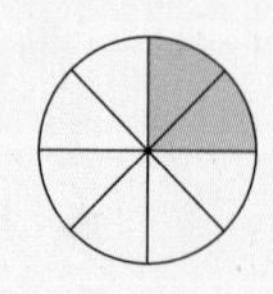
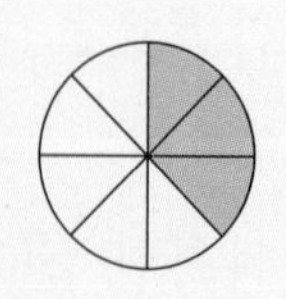
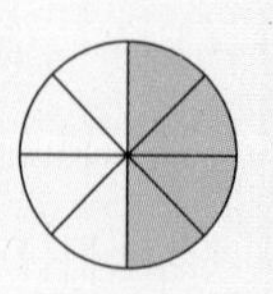
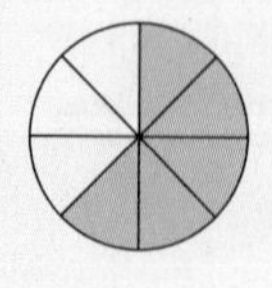

➡ 방향으로 색칠된 칸이 한 칸씩 늘어나는 규칙입니다.

• 규칙이 두 가지인 경우

• 수: 3개, 2개, 1개가 되풀이되는 규칙
• 색깔: 주황색, 초록색이 되풀이되는 규칙

BASIC TEST

[1~2] 규칙에 따라 빈칸에 알맞은 모양을 그려 보세요.

1 

2 ◀ ▶ ▶ □ ▶ ▶ ◀

3 규칙에 따라 □와 ○로 나타내 보세요.

□	○	○				

4 규칙을 바르게 말한 사람을 찾아 써 보세요.

● ○ ● ● ○ ● ● ○

지수: 검은색 바둑돌과 흰색 바둑돌이 한 개씩 되풀이되는 규칙이야.

정환: 검은색, 흰색, 검은색 바둑돌이 되풀이되는 규칙이야.

(   )

5 규칙에 따라 빈칸을 알맞게 색칠해 보세요.

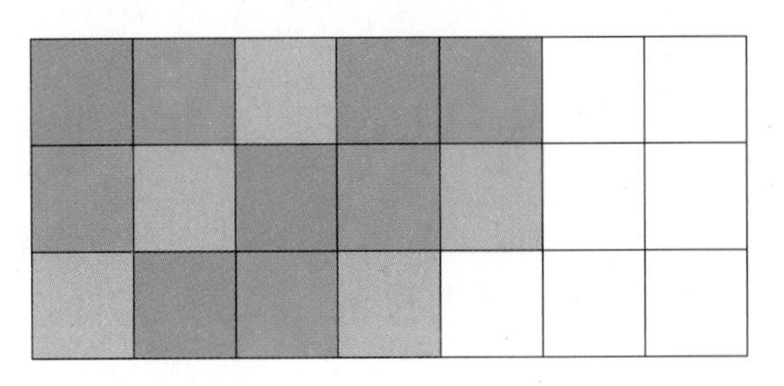

6 규칙에 따라 동물을 늘어놓을 때, ㉠과 ㉡에 들어갈 동물의 다리는 모두 몇 개일까요?

(   )

7 규칙에 따라 긴바늘과 짧은바늘을 그리고, 규칙을 써 보세요.

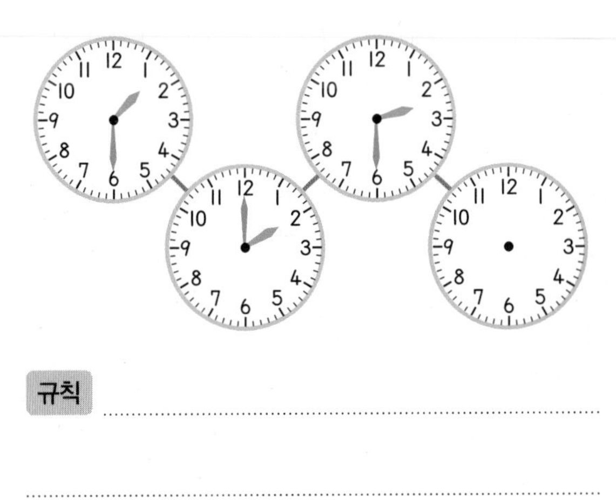

규칙 ....

....

2 규칙 찾기(2)

❶ 수 배열에서 규칙 찾기

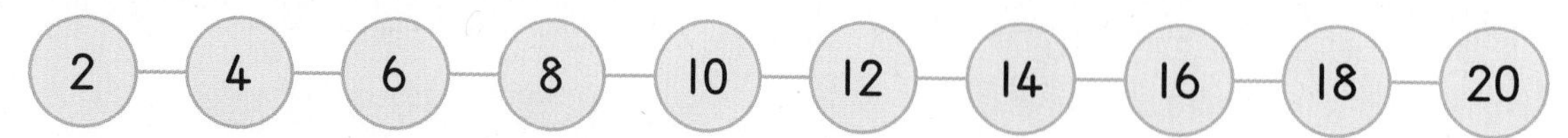

2에서 시작하여 2씩 커지는 규칙입니다.

❷ 수 배열표에서 규칙 찾기

오른쪽으로 한 칸 갈 때마다 1씩 커집니다.

보라색 칸은 ↙ 방향으로 9씩 커집니다.

51	52	53	54	55	56	57	58	59	60
61	62	63	64	65	66	67	68	69	70
71	72	73	74	75	76	77	78	79	80
81	82	83	84	85	86	87	88	89	90
91	92	93	94	95	96	97	98	99	100

아래쪽으로 한 칸 갈 때마다 10씩 커집니다.

초록색 칸은 ↘ 방향으로 11씩 커집니다.

실전 개념

❶ 다양한 수의 규칙

커지는 수가 일정한 규칙	1 5 9 13 17 … (+4 +4 +4 +4)
커지는 수가 일정하게 늘어나는 규칙	1 2 4 7 11 16 … (+1 +2 +3 +4 +5)
홀수째 수와 짝수째 수의 규칙이 다른 경우	①, △2, ②, △4, ③, △6, ④, △8 … (○: +1, △: +2)

연결 개념 — 시각과 시간

❶ 달력의 규칙

일	월	화	수	목	금	토
			1	2	3	4
5	6	7	8	9	10	11
12	13	14	15	16	17	18
19	20	21	22	23	24	25
26	27	28	29	30		

- 오른쪽으로 한 칸 갈 때마다 1씩 커집니다.
- 아래쪽으로 한 칸 갈 때마다 7씩 커집니다.
- 같은 요일은 7일마다 반복됩니다.
- 9에서 같은 크기만큼 떨어져 있는 두 수의 합은 모두 9를 두 번 더한 수인 18로 같습니다.
  ➡ 예 $1+17=18$, $2+16=18$, $3+15=18$, $8+10=18$

BASIC TEST

[1~2] 규칙에 따라 빈칸에 알맞은 수를 써넣으세요.

1 3씩 커지는 규칙

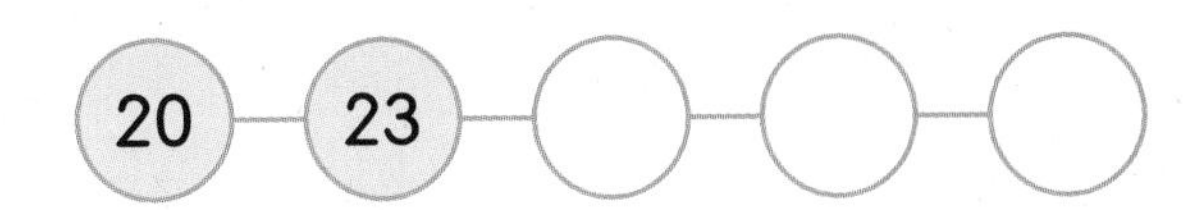

2 4씩 작아지는 규칙

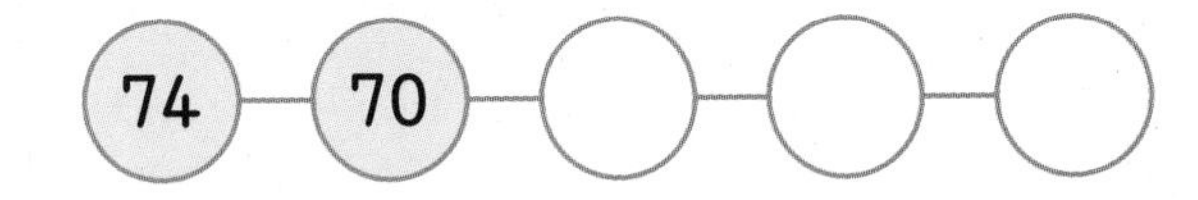

3 규칙에 따라 빈칸에 알맞은 수를 써넣으세요.

49	56	63		77	

4 다음과 같은 규칙에 따라 수를 놓으려고 합니다. ㉠에 알맞은 수는 얼마일까요?

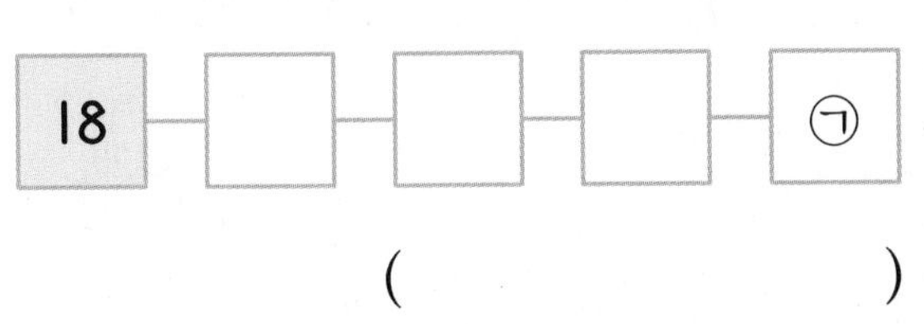

(　　　　　　)

[5~6] 수 배열표를 보고 물음에 답하세요.

41	42	43	44	45	46	47	48	49	50
51	52	53	54	55	56	57	58	59	60
61	62	63	64	65	66	67	68	69	70
71	72	73	74	75	76	77	78	79	80

5 분홍색으로 색칠한 수들은 ↙ 방향으로 어떤 규칙이 있을까요?

규칙 ....

....

6 71부터 2씩 커지는 수들을 찾아 수 배열표의 칸에 색칠해 보세요.

7 색칠한 규칙에 따라 나머지 부분을 색칠하고, 규칙을 써 보세요.

51	52	53	54	55	56	57	58	59	60
61	62	63	64	65	66	67	68	69	70
71	72	73	74	75	76	77	78	79	80
81	82	83	84	85	86	87	88	89	90

규칙 ....

....

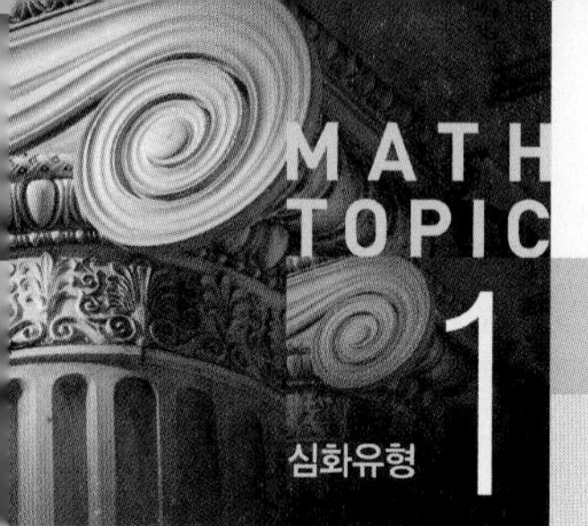

수 배열표에서 ■에 알맞은 수 구하기

수 배열표의 일부분이 찢어진 것입니다. ■에 알맞은 수는 얼마일까요?

46	47	48	
56		58	
			■

● 생각하기 가로줄(→)과 세로줄(↓)의 규칙을 찾습니다.

● 해결하기 1단계 ㉠에 알맞은 수 구하기

오른쪽으로 한 칸 갈 때마다 1씩 커지므로
㉠은 58보다 1만큼 더 큰 수인 59입니다.

46	47	48	
56		58	㉠
			■

2단계 ■에 알맞은 수 구하기

아래쪽으로 한 칸 갈 때마다 10씩 커지므로 ■는 ㉠ 59보다 10만큼 더 큰 수인 69입니다.

답 69

1-1 수 배열표의 일부분이 찢어진 것입니다. ■에 알맞은 수는 얼마일까요?

53	54	55				59
60	61	62	63			
					■	

( )

1-2 수 배열표의 일부분이 찢어진 것입니다. ■에 알맞은 수는 얼마일까요?

75		77	78	79	
83	84	85			
			■		

( )

찢어진 벽지에 있던 무늬의 수 구하기

심화유형 2

규칙에 따라 딸기와 바나나가 그려진 벽지의 일부분이 찢어졌습니다. 찢어진 부분에 있던 딸기는 모두 몇 개일까요?

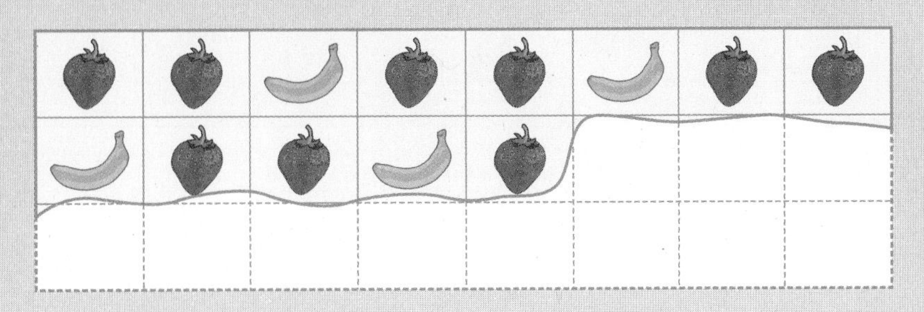

● 생각하기 벽지의 규칙을 찾고 찢어진 부분을 그려 본 후 딸기의 수를 세어 봅니다.

● 해결하기 1단계 벽지의 규칙 찾기

벽지의 일부분을 보고 규칙을 찾아보면 딸기, 딸기, 바나나가 되풀이되는 규칙입니다.

2단계 찢어진 부분을 그려 찢어진 부분에 있던 딸기의 수 구하기

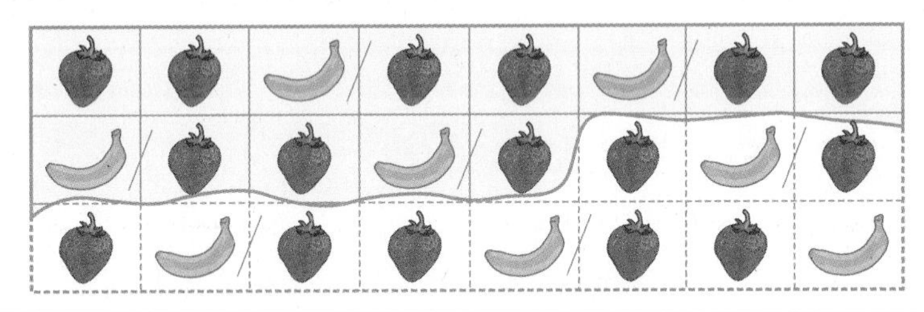

➡ 찢어진 부분에 있던 딸기를 세어 보면 모두 7개입니다.

답 7개

2-1 **규칙에 따라 ★, ♥, ●가 그려진 벽지의 일부분이 찢어졌습니다. 찢어진 부분에 있던 ●는 모두 몇 개일까요?**

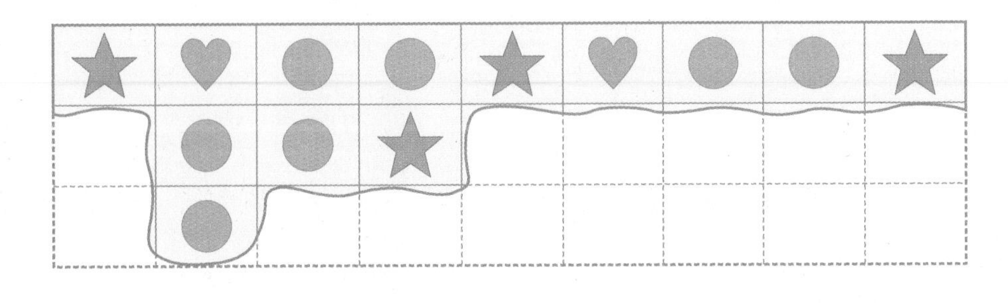

(　　　　　　　　)

MATH TOPIC

심화유형 3

규칙에 따라 색칠하기

규칙에 따라 알맞게 색칠해 보세요.

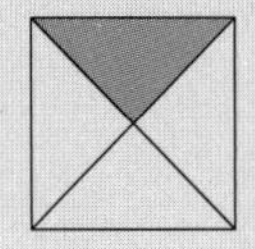 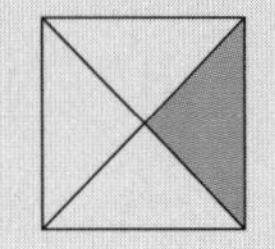 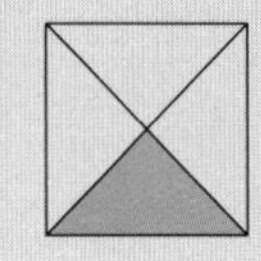 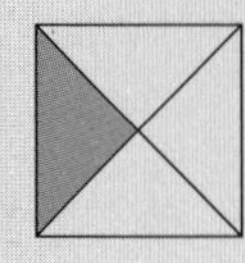 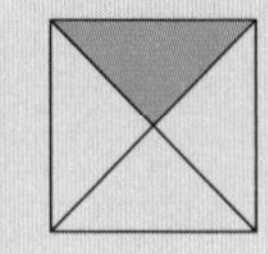 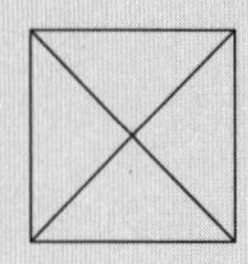 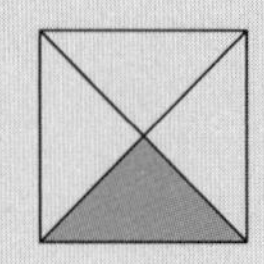

● 생각하기 색칠되는 칸과 색깔의 규칙을 각각 알아봅니다.

● 해결하기 1단계 색칠되는 칸 알아보기

시계 방향(㉠ → ㉣ → ㉢ → ㉡)으로 한 칸씩 돌아가며 색칠되는 규칙이므로 색칠되는 칸은 ㉣입니다.

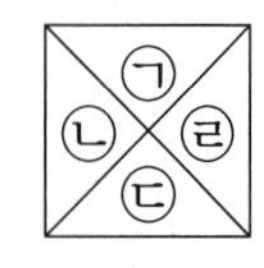

2단계 색칠되는 색깔 알아보기

빨간색, 파란색, 초록색이 되풀이되는 규칙이므로 색칠되는 색깔은 초록색입니다.

답 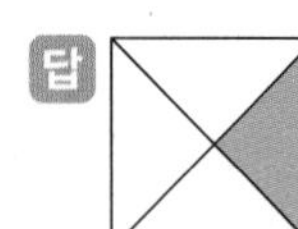

3-1

규칙에 따라 알맞게 색칠해 보세요.

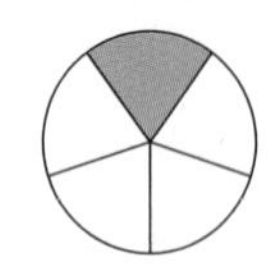 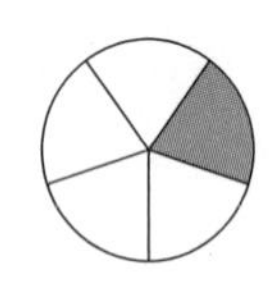 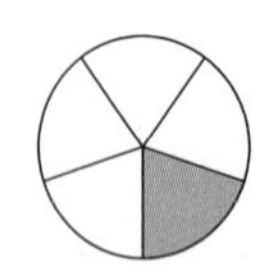 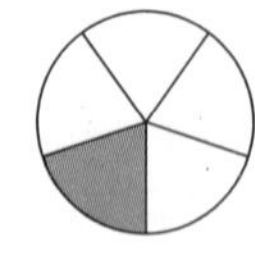 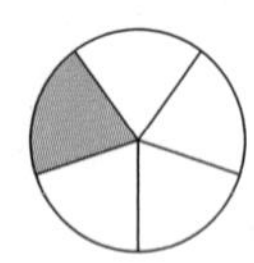 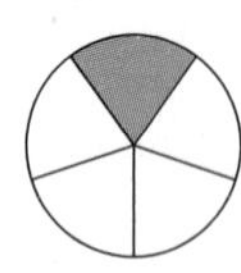 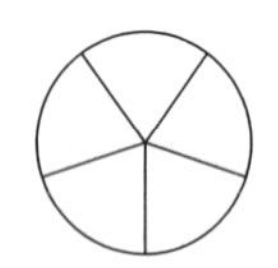

3-2

규칙에 따라 알맞게 색칠해 보세요.

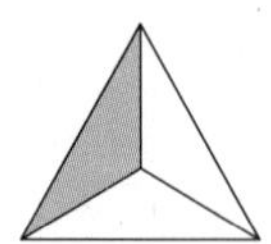 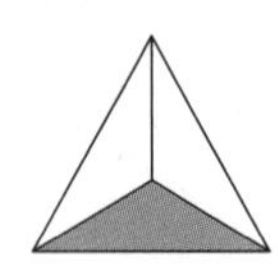 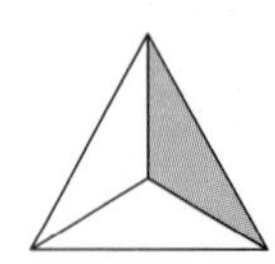 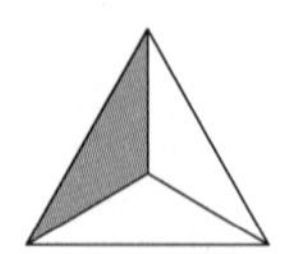 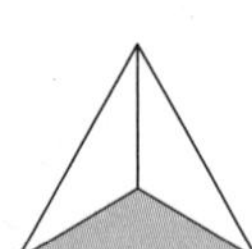 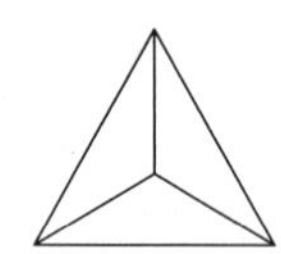 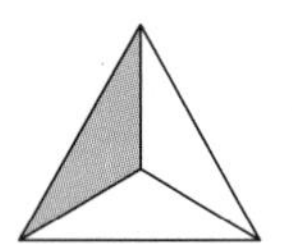

3-3

규칙에 따라 알맞게 색칠해 보세요.

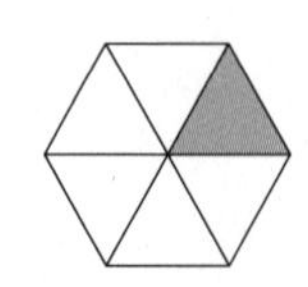 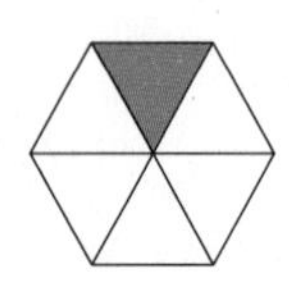 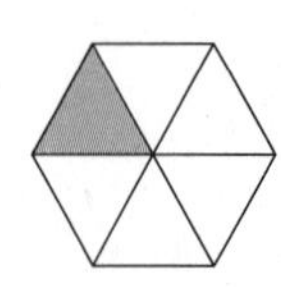 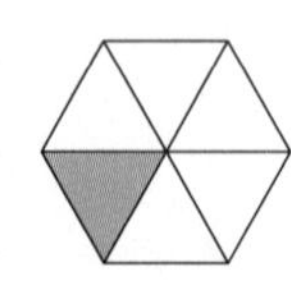 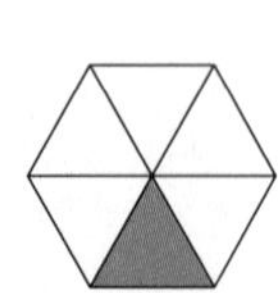 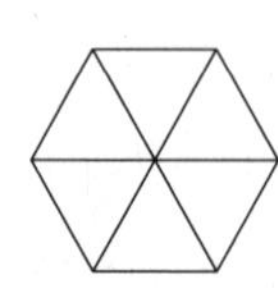 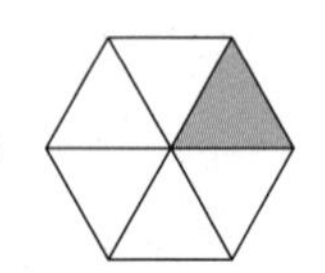

MATH TOPIC 4 심화유형 바둑돌의 규칙 찾기

규칙에 따라 바둑돌을 놓았습니다. 여섯째에 놓일 바둑돌은 몇 개일까요?

● 생각하기 늘어놓은 바둑돌의 규칙을 알아봅니다.

● 해결하기 1단계 규칙 찾기

바둑돌의 수를 세어 보면 1개, 3개, 6개, 10개, ...로 2개, 3개, 4개, ... 늘어나는 규칙입니다.

첫째	둘째	셋째	넷째	다섯째	여섯째
1개	3개	6개	10개	15개	21개

+2 +3 +4 +5 +6

2단계 여섯째에 놓일 바둑돌의 수 구하기

따라서 여섯째에 놓일 바둑돌은 21개입니다.

답 21개

4-1 규칙에 따라 바둑돌을 놓았습니다. 일곱째에 놓일 바둑돌은 몇 개일까요?

( )

4-2 규칙에 따라 바둑돌을 놓았습니다. 여섯째에 놓일 바둑돌은 몇 개일까요?

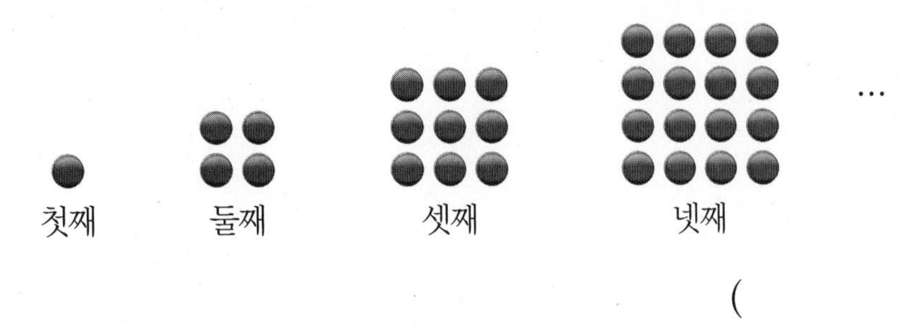

( )

두 가지 또는 세 가지가 바뀌는 규칙

규칙에 따라 빈칸에 알맞은 모양을 그려 보세요.

생각하기 수와 색깔의 규칙을 알아봅니다.

해결하기 1단계 수의 규칙 찾기

수는 1개, 2개가 되풀이되는 규칙입니다.

2단계 색깔의 규칙 찾기

색깔은 빨간색, 노란색, 파란색이 되풀이되는 규칙입니다.

3단계 빈칸에 알맞은 모양 그리기

	첫째	둘째	셋째	넷째	다섯째	여섯째	일곱째	여덟째
수	1개	2개	1개	2개	1개	2개	1개	2개
색깔	빨간색	노란색	파란색	빨간색	노란색	파란색	빨간색	노란색

따라서 빈칸에 알맞은 모양의 수는 2개, 색깔은 노란색입니다.

답 

5-1 **규칙에 따라 빈칸에 알맞은 모양을 그려 보세요.**

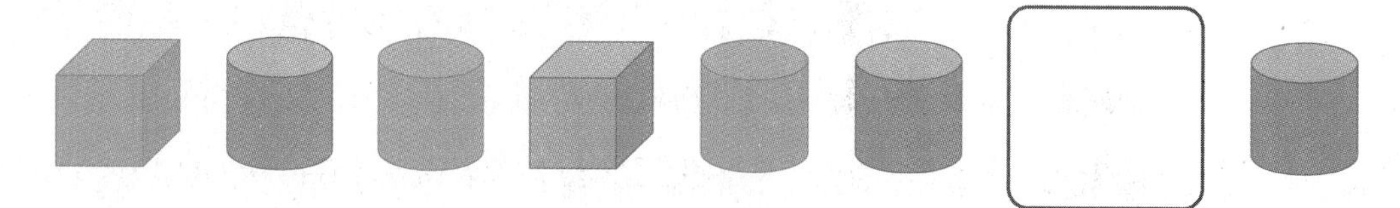

5-2 **규칙에 따라 빈칸에 알맞은 모양을 그려 보세요.**

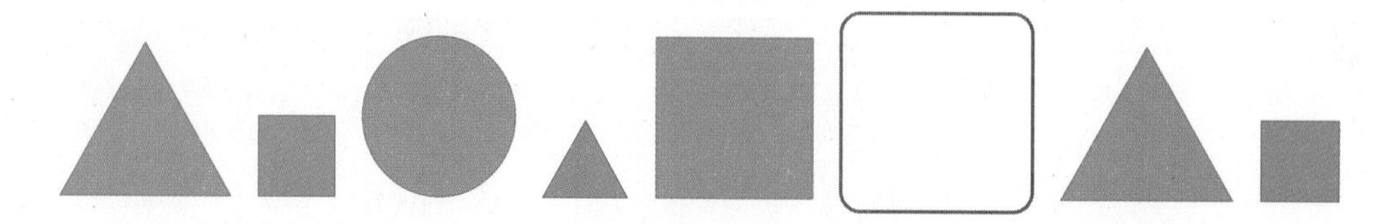

수의 규칙 찾기

수를 규칙을 정하여 늘어놓았습니다. 10째에 놓이는 수를 구해 보세요.

● 생각하기 늘어놓은 수의 규칙을 알아봅니다.

● 해결하기 1단계 규칙 찾기

수가 번갈아 가며 1씩, 2씩 커지는 규칙입니다. 10 11 13 14 16 17 ...

+1 +2 +1 +2 +1

2단계 10째에 놓이는 수 구하기

첫째	둘째	셋째	넷째	다섯째	여섯째	일곱째	여덟째	아홉째	10째
10	11	13	14	16	17	19	20	22	23

+1 +2 +1 +2 +1 +2 +1 +2 +1

규칙에 따라 10째에 놓이는 수를 구하면 23입니다.

답 23

6-1 수를 규칙을 정하여 늘어놓았습니다. 아홉째에 놓이는 수를 구해 보세요.

15 13 16 14 17 15 ...

( )

6-2 수를 규칙을 정하여 늘어놓았습니다. 10째에 놓이는 수를 구해 보세요.

3 3 4 5 5 7 6 9 ...

( )

6-3 수를 규칙을 정하여 늘어놓았습니다. 12째에 놓이는 수를 구해 보세요.

2 3 5 8 12 17 ...

( )

MATH TOPIC

심화유형 7

규칙 찾기를 활용한 교과통합유형

STEAM형

수학+체육

학교에서 학생들의 건강 유지 및 발달, 협동심 등을 위한 활동으로 운동회를 합니다. 다미네 학교의 운동회에서 1반과 2반이 규칙에 따라 청기 홍기 경기를 했습니다. ▣는 청기를 들고 △는 홍기를 듭니다. 1반과 2반이 동시에 홍기를 드는 때는 모두 몇 번인지 구해 보세요.

(청기: 푸른 깃발, 홍기: 붉은 깃발)

	1회	2회	3회	4회	5회	6회	7회	8회	9회	10회
1반	△	▣	△	△	▣	△		▣	△	
2반	▣	△	△	▣	▣	△	△	▣		

● 생각하기 빈칸을 완성하고 위와 아래의 칸이 동시에 △인 칸을 찾습니다.

● 해결하기 1단계 규칙에 따라 빈칸 완성하기

	1회	2회	3회	4회	5회	6회	7회	8회	9회	10회
1반	△	▣	△	△	▣	△	△	▣	△	△
2반	▣	△	△	▣	▣	△	△	▣	▣	△

2단계 위와 아래의 칸이 동시에 △인 칸 찾기

위와 아래의 칸이 동시에 △인 칸은 3회, 6회, ☐, 10회입니다. 따라서 1반과 2반이 동시에 홍기를 드는 때는 모두 ☐번입니다.

답 ☐번

수학+음악

7-1 **음계는 일정한 음정의 순서로 음을 차례로 늘어놓은 것으로 '도레미파솔라시'의 7음 음계를 기초로 합니다. 지우가 피아노를 규칙에 따라 쳤습니다. 오른손은 '도미솔'을 반복하고 왼손은 '도솔'을 반복하며 동시에 각각 10개의 음을 쳤습니다. 지우가 오른손과 왼손으로 동시에 같은 이름의 음을 모두 몇 번 쳤을까요?**

( )

LEVEL UP TEST

정답과 풀이 49쪽

1 규칙에 따라 빈칸에 들어갈 모양과 같은 모양의 물건을 모두 찾아 기호를 써 보세요.

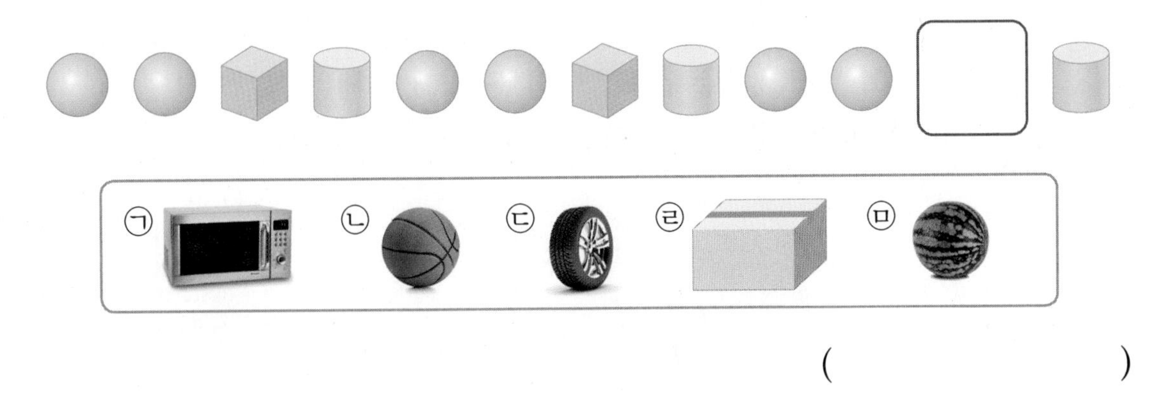

( )

2 규칙을 찾아 ♥와 ◆에 알맞은 수나 말을 구해 보세요.

96	여든아홉	82	일흔다섯		♥	◆

♥ ( ), ◆ ( )

3 규칙에 따라 □ 안에 들어갈 모양이 다른 하나를 찾아 기호를 써 보세요.

( )

수학+미술

STEAM형 **4** 테셀레이션이란 보도블록이나 화장실의 타일처럼 도형을 겹치지 않고 빈틈없이 덮는 것을 말합니다. 이것은 벽지나 옷의 무늬에도 다양하게 사용되고 있습니다. 다음은 테셀레이션을 이용하여 윤희가 만든 무늬입니다. 규칙에 맞게 완성한다면 빈칸에 빨간색은 몇 번 더 나올까요?

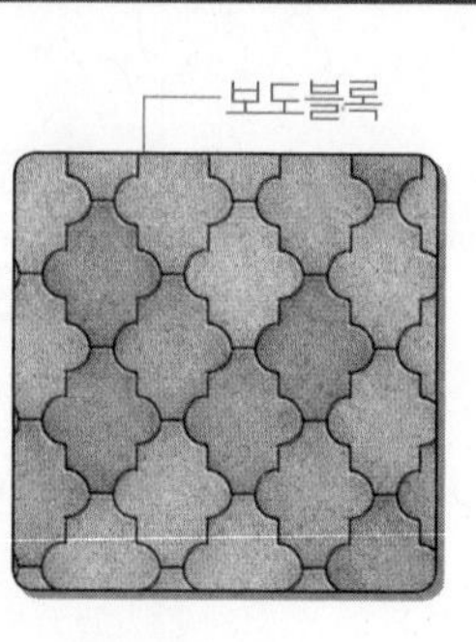

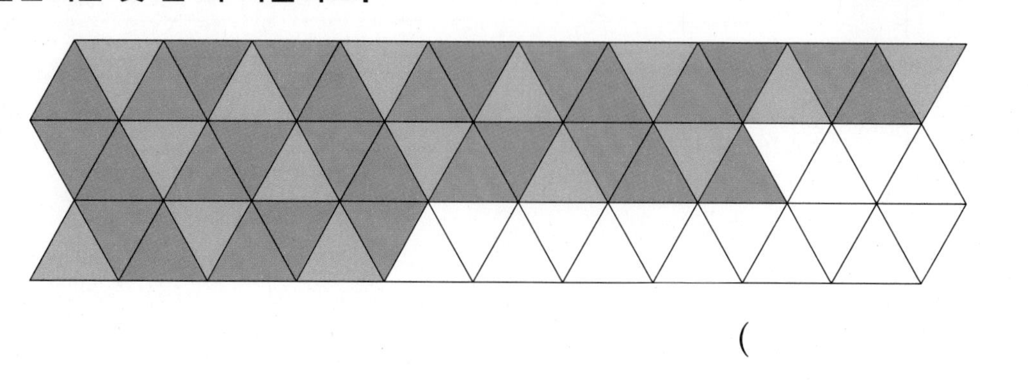

( )

5 규칙에 따라 시각을 나타낸 것입니다. 여섯째에 올 시각은 몇 시 몇 분일까요?

첫째

둘째

셋째

넷째

…

( )

서술형 **6** 규칙에 따라 □ 안에 알맞은 모양과 색깔을 알아보려고 합니다. 풀이 과정을 쓰고 답을 구해 보세요.

빨간색 파란색 노란색 초록색

풀이

답 모양: , 색깔:

7 규칙에 따라 가위바위보를 늘어놓았습니다. 14째에 펼친 손가락의 수와 19째에 펼친 손가락의 수의 차는 몇 개일까요?

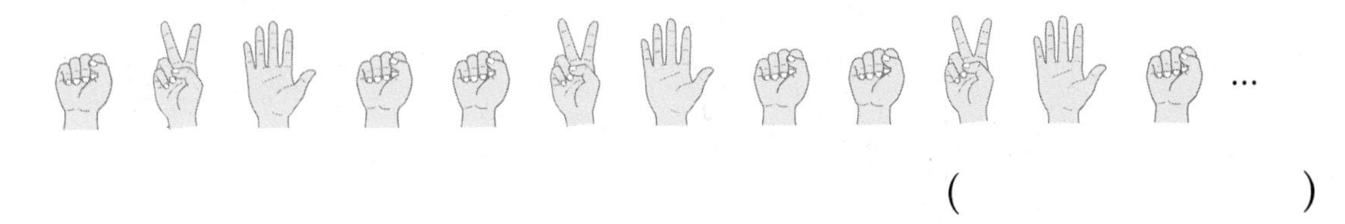

(　　　　　　　　)

8 다음과 같은 방법으로 수수깡 19개를 늘어놓으려고 합니다. ▲ 모양은 몇 개 만들어질까요?

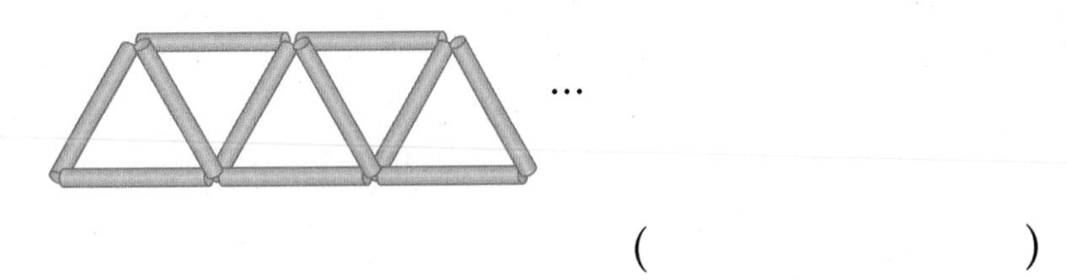

(　　　　　　　　)

9 다음은 수를 몇씩 뛰어 센 것입니다. ㉠에 알맞은 수를 구해 보세요.

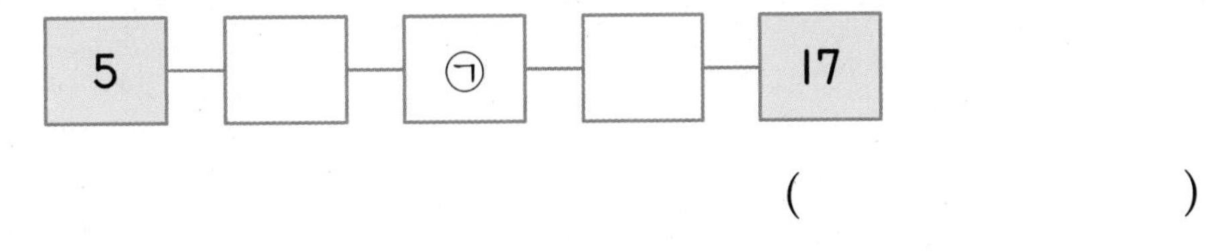

(　　　　　　　　)

10 수를 일정한 규칙으로 늘어놓았습니다. 아홉째에 알맞은 수를 구해 보세요.

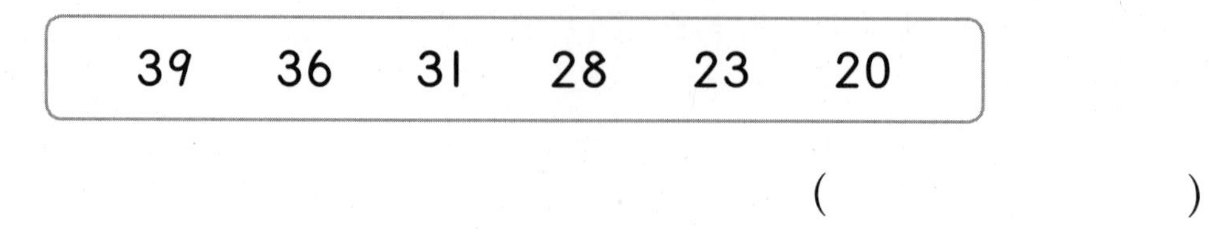

( )

11 1부터 99까지의 수 배열표에 물감이 묻어 일부분이 보이지 않습니다. 물감이 묻은 부분의 수의 규칙에 따라 나머지 부분을 색칠했을 때 색칠한 수 중 가장 큰 수를 구해 보세요.

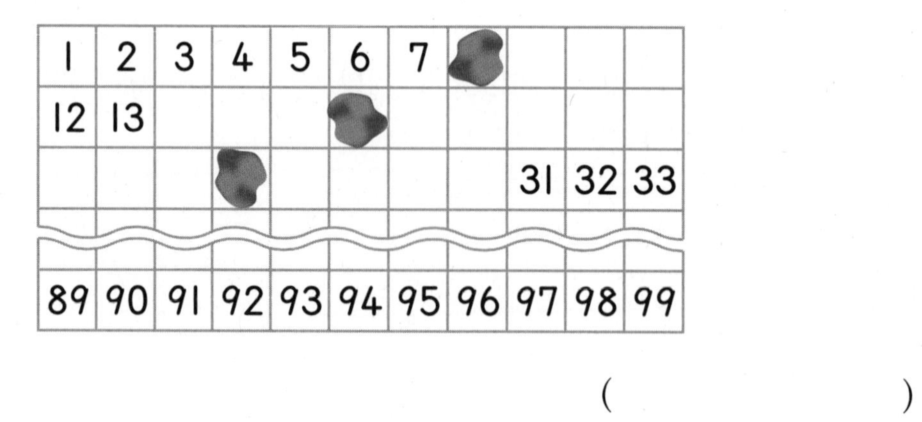

( )

12 다음은 30일까지 있는 어느 달 달력의 일부분입니다. 이달 화요일의 날짜를 모두 써 보세요.

목	금	토
2	3	4
9	10	11

( )

HIGH LEVEL

정답과 풀이 52쪽

1 규칙에 따라 빈칸에 알맞게 색칠해 보세요.

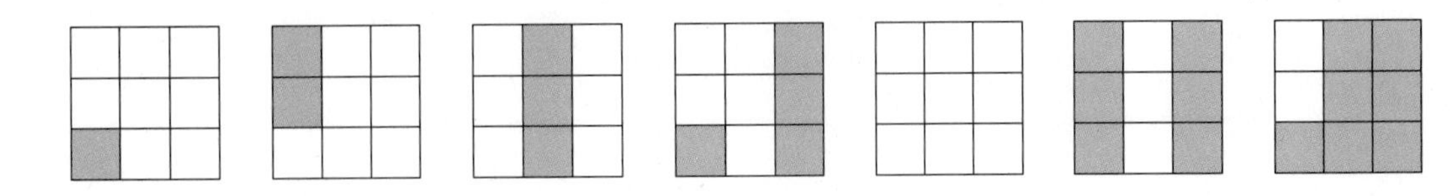

2 일정한 규칙으로 다음과 같이 바둑돌을 놓았습니다. 10째 모양은 흰색 바둑돌과 검은색 바둑돌 중 어느 바둑돌이 몇 개 더 많은지 구해 보세요.

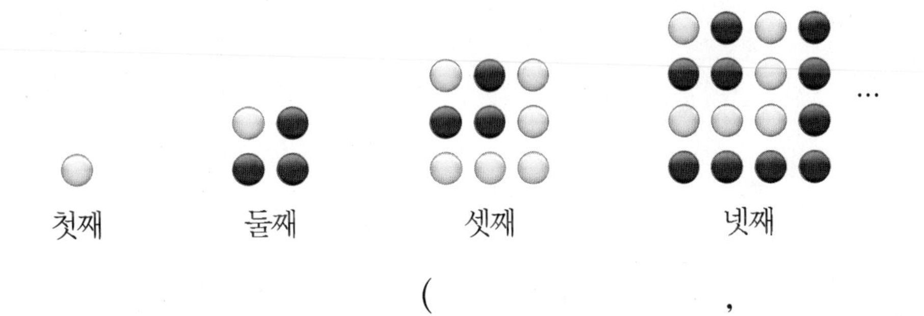

(,)

연필 없이 생각 톡

다음과 같은 모양의 그림을 찾아보세요.

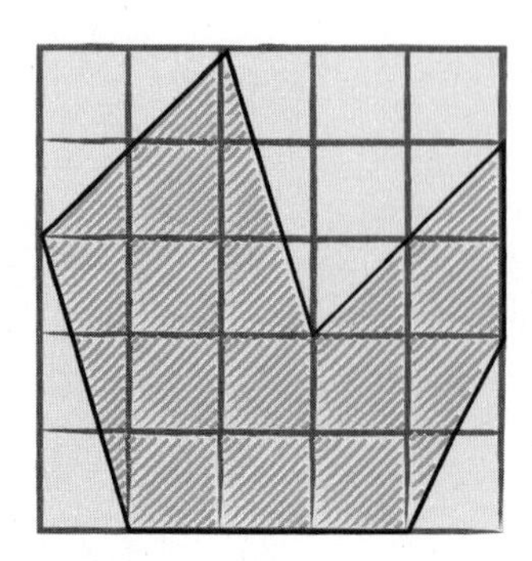

①

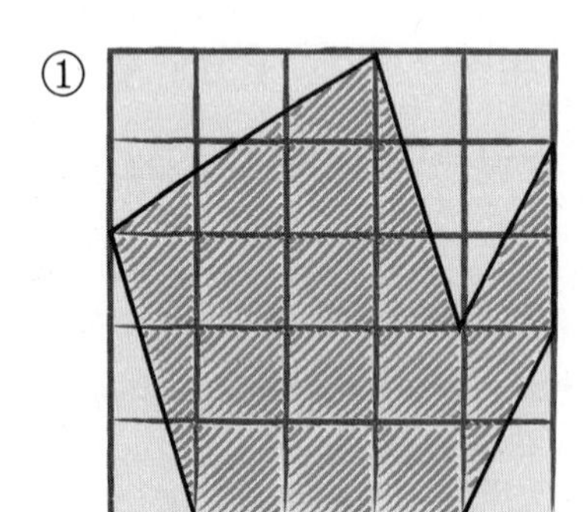

②

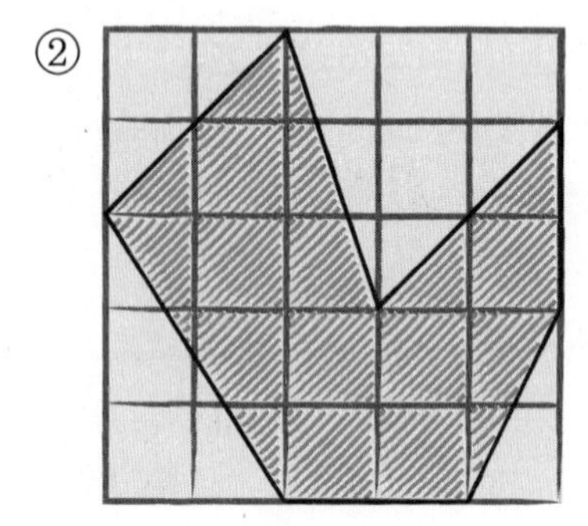

③

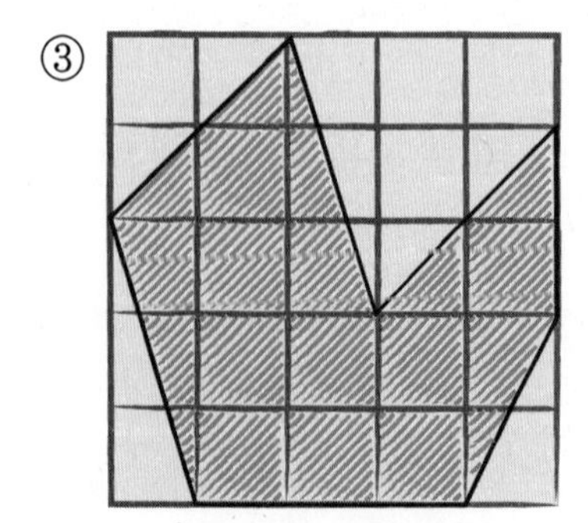

④

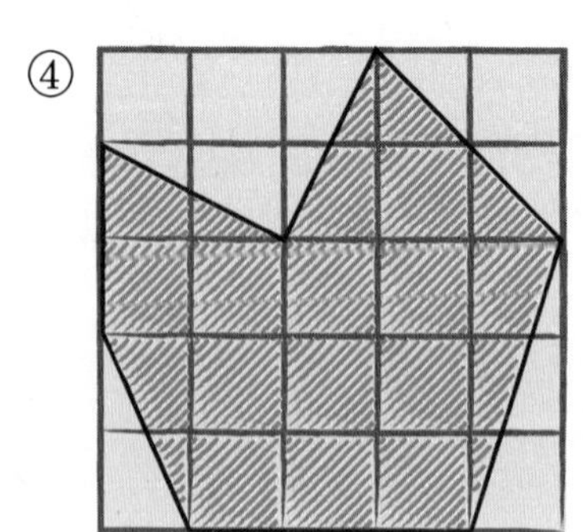

덧셈과 뺄셈(3)

대표심화유형

1 세로셈에서 모르는 수 구하기

2 덧셈과 뺄셈의 활용

3 수 카드로 만든 수의 합, 차 구하기

4 □ 안에 들어갈 수 있는 수 구하기

5 모양이 나타내는 수

6 바르게 계산한 값 구하기

7 덧셈과 뺄셈을 활용한 교과통합유형

마법의 수 마방진

'낙서'의 마방진

우리는 지루한 시간을 보내기 위해 퍼즐을 하곤 하는데, 퍼즐 중 '마방진'이라는 것이 있어요. 마방진이란 가로, 세로, 대각선의 합이 모두 같도록 수를 배열하는 것을 말해요. 마방진. 조금 특이한 이름이죠? 마방진은 영어의 Magic Square를 번역한 말로 마술과 같은 특성을 지닌 사각형의 수 배열이에요.

마방진을 누가 처음 만들었는지는 정확하게 알 수 없지만 다음과 같은 이야기가 전해지고 있어요. 중국 하나라의 우임금이 어느 날 홍수가 자주 발생하던 황하의 물길을 정비하던 중 강에서 등에 이상한 그림이 새겨진 거북이를 발견했어요. '낙서'라고 불리는 이 그림에는 1부터 9까지의 수가 배열돼 있었는데, 어느 방향으로 더해도 합이 15가 되는 마방진이였어요.

판화 속 마방진

서양에서의 최초의 마방진은 독일 화가인 알브레히트 뒤러의 판화 작품 「멜랑콜리아」에서 등장해요. 「멜랑콜리아」에는 마방진뿐 아니라 많은 수학적인 물건들이 있어요. 다면체, 구, 컴퍼스, 저울 등 수학에서 없어서는 안 될 것들이죠. 「멜랑콜리아」에 있는 마방진은 가로, 세로, 대각선에 있는 수의 합이 34로 일정하고, 맨 아랫줄 가운데 두 칸의 수는 15와 14로 판화를 제작한 해 1514년을 나타내요.

종교 속 마방진

스페인 바르셀로나에 있는 성가족 성당에도 마방진이 새겨져 있어요. 이 마방진에는 1부터 16까지의 수 중 10과 14는 두 번씩 들어 있고, 12와 16은 포함되어 있지 않아요. 하지만 가로, 세로, 대각선에 있는 수의 합이 33이 된다는 점에는 마방진의 특징과 같답니다. 합이 33이 되도록 만든 것에는 여러 가지 설이 있는데 그중 하나는 예수님이 죽은 나이 33을 기리기 위한 것이라는 것이 가장 설득력이 있어요.

16+3+2+13=34

16+5+9+4=34

16+10+7+1=34

1 덧셈하기

❶ 덧셈 ─• 십의 자리 수는 십의 자리 수끼리, 일의 자리 수는 일의 자리 수끼리 더합니다.

• 35 + 4의 계산

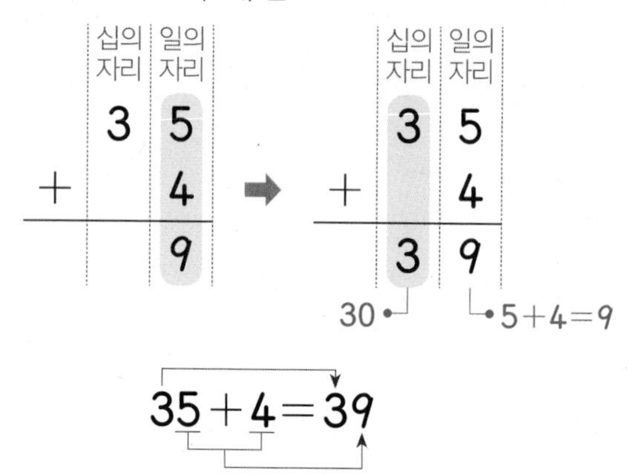

• 24 + 31의 계산

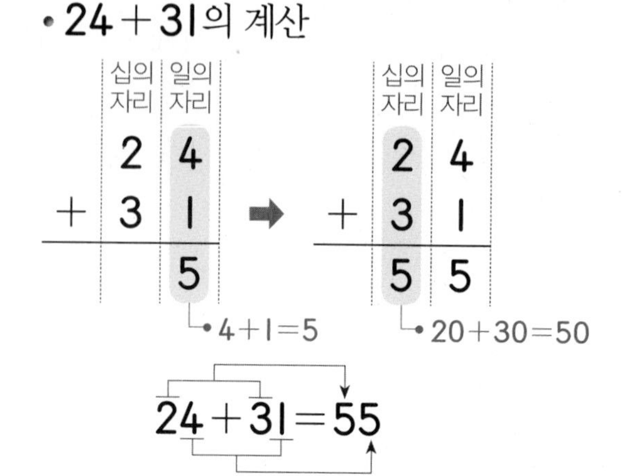

실전 개념

❶ 덧셈의 성질

두 수를 바꾸어 더해도 계산 결과는 같습니다. ㉮ 2 + 20 = 22 ⟺ 20 + 2 = 22

❷ 합이 가장 크게 또는 가장 작게 되도록 덧셈식 만들기

1 3 4 2 ➡ □□ + □□

• 합이 가장 큰 덧셈식

① 십의 자리에 가장 큰 수 4와 둘째로 큰 수 3을 각각 놓습니다. ➡ 4□ + 3□

└• 높은 자리일수록 큰 수를 나타내므로 십의 자리에 큰 수를 놓습니다.

② 나머지 수 1과 2를 일의 자리에 놓습니다. ➡ 41 + 32 = 73

42 + 31로 만들어도 결과는 73으로 같습니다.

• 합이 가장 작은 덧셈식

① 십의 자리에 가장 작은 수 1과 둘째로 작은 수 2를 놓습니다. ➡ 1□ + 2□

② 나머지 수 3과 4를 일의 자리에 놓습니다. ➡ 13 + 24 = 37

14 + 23으로 만들어도 결과는 37로 같습니다.

연결 개념 덧셈과 뺄셈

❶ 받아올림이 있는 덧셈

같은 자리 수끼리의 합이 10이거나 10보다 크면 바로 윗자리로 1을 받아올림합니다.

• 25 + 7의 계산

	십의 자리	일의 자리
	1	
	2	5
+		7
		2

➡

	십의 자리	일의 자리
	1	
	2	5
+		7
	3	2

• 18 + 26의 계산

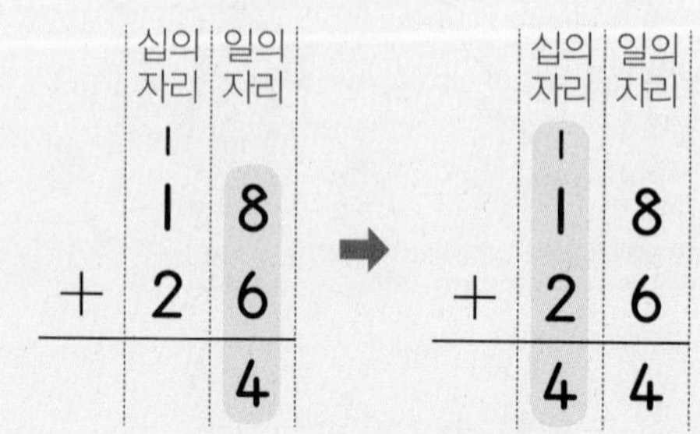

BASIC TEST

1 덧셈을 해 보세요.

(1) $3+4$
$23+4$

(2) $6+1$
$46+11$

2 덧셈을 해 보세요.

$34+10=\square$ | $58+1=\square$
$34+20=\square$ | $56+3=\square$
$34+30=\square$ | $54+5=\square$
$34+40=\square$ | $52+7=\square$

3 □ 안에 알맞은 수를 써넣으세요.

(1) 46 —(+23)→ □
46 —(+20)→ □ —(+3)→ □

(2) 52 —(+34)→ □
52 —(+4)→ □ —(+30)→ □

4 □ 안에 알맞은 수를 써넣으세요.

(1) $80=30+\square$

(2) $64=\square+14$

5 가장 큰 수와 가장 작은 수의 합을 구해 보세요.

38	81	46	15

( )

6 다희가 밤을 어제는 26개 주웠고 오늘은 33개 주웠습니다. 다희가 어제와 오늘 주운 밤은 모두 몇 개일까요?

( )

7 □ 안에 알맞은 수를 써넣으세요.

(1) $10+50=30+\square$

(2) $50+9>57+\square$

2 뺄셈하기

① 뺄셈 — 십의 자리 수는 십의 자리 수끼리, 일의 자리 수는 일의 자리 수끼리 뺍니다.

• 46 − 4의 계산

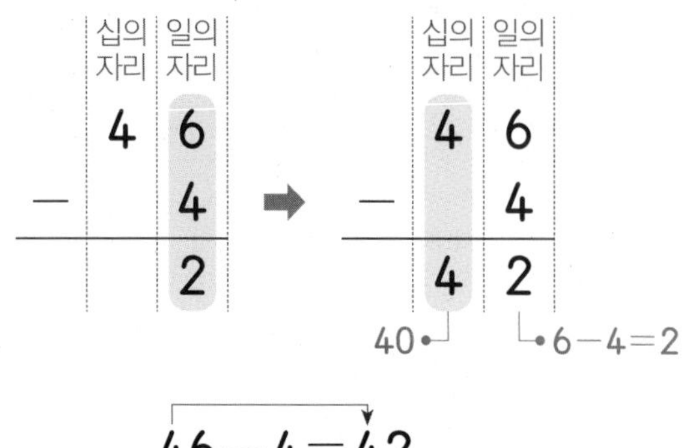

• 35 − 12의 계산

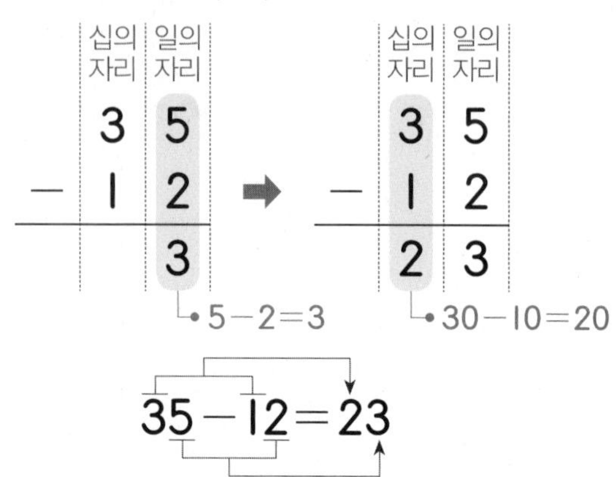

실전 개념

① 차가 가장 크게 또는 가장 작게 되도록 뺄셈식 만들기

1 1 4 7 ➡ □□−□□

차가 가장 큰 뺄셈식	차가 가장 작은 뺄셈식
① 차가 가장 큰 두 수 7과 1을 각각 십의 자리에 놓습니다. ➡ 7 ㉠ − 1 ㉡ (가장 큰 수 7에서 가장 작은 수 1을 빼야 차가 가장 큽니다.) ② 나머지 수 중 더 큰 수 4를 ㉠에 놓고, 더 작은 수 1을 ㉡에 놓습니다. ➡ 74 − 11 = 63	① 차가 가장 작은 두 수 1과 1을 각각 십의 자리에 놓습니다. ➡ 1 ㉠ − 1 ㉡ (두 수의 차가 가장 작은 경우를 찾습니다.) ② 나머지 수 중 더 큰 수 7을 ㉠에 놓고, 더 작은 수 4를 ㉡에 놓습니다. ➡ 17 − 14 = 3

연결 개념 덧셈과 뺄셈

① 받아내림이 있는 뺄셈

일의 자리 수끼리 뺄 수 없으면 바로 윗자리에서 10을 받아내림합니다.

• 35 − 7의 계산

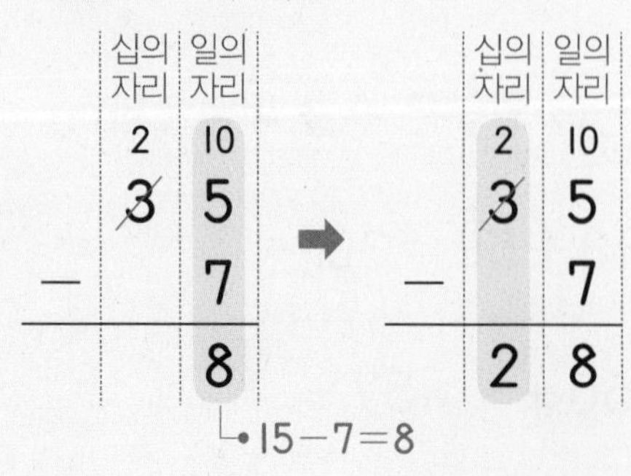

• 42 − 16의 계산

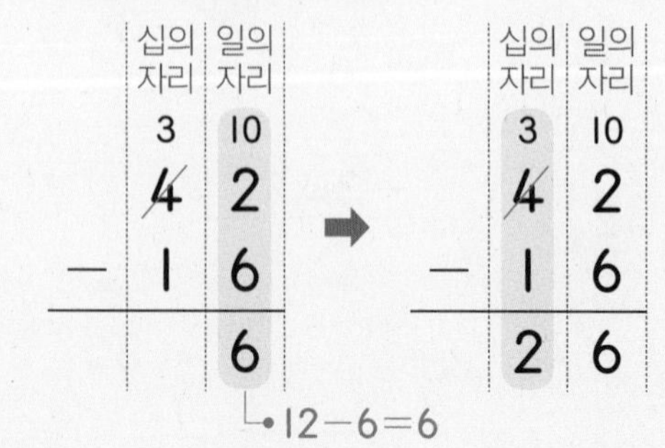

BASIC TEST

1 뺄셈을 해 보세요.

$59-32=\square$ $75-41=\square$

$57-32=\square$ $76-42=\square$

$55-32=\square$ $77-43=\square$

$53-32=\square$ $78-44=\square$

2 □ 안에 알맞은 수를 써넣으세요.

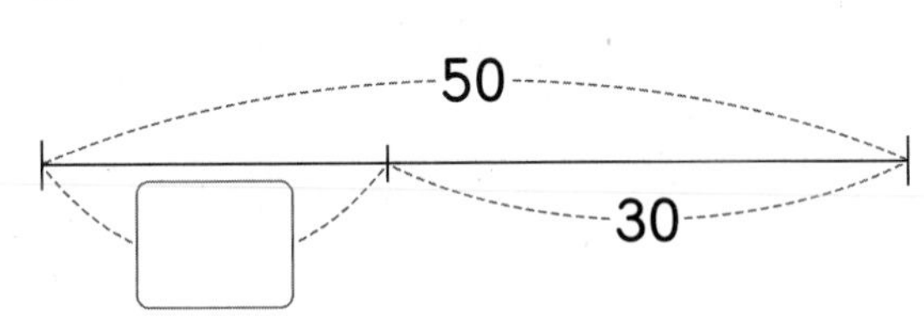

3 □ 안에 알맞은 수를 써넣으세요.

(1) 57 —(−23)→ □
57 —(−20)→ □ —(−3)→ □

(2) 48 —(−26)→ □
48 —(−20)→ □ —(−6)→ □

4 크기를 비교하여 ○ 안에 >, =, <를 알맞게 써넣으세요.

(1) $62-2$ ○ 61

(2) $15-10$ ○ $55-50$

5 가장 큰 수와 가장 작은 수의 차를 구해 보세요.

42 30 67 88

(　　　　　　)

6 우리 반 학생은 모두 28명입니다. 5명이 안경을 썼다면 안경을 쓰지 않은 학생은 몇 명일까요?

(　　　　　　)

7 꽃집에 장미가 66송이, 백합이 53송이 있습니다. 장미와 백합 중에서 어느 것이 몇 송이 더 많을까요?

(　　　　　　,　　　　　　)

3 덧셈과 뺄셈의 관계

❶ 덧셈식과 뺄셈식 만들기

두 수로 덧셈식과 뺄셈식을 만들 수 있습니다.

32 46 ➡ 덧셈식 $32+46=78$ $46+32=78$ • 두 수를 바꾸어 더해도 계산 결과는 같습니다.

뺄셈식 $46-32=14$

• 큰 수에서 작은 수를 빼야 하므로 두 수를 바꿀 수 없습니다.

❷ 덧셈과 뺄셈의 관계

전체와 부분을 나타내는 세 수로 네 가지 식을 만들 수 있습니다.

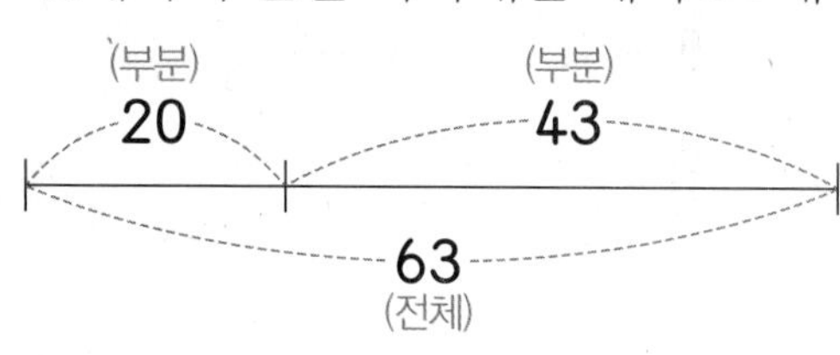

덧셈식

$20+43=63$

$43+20=63$

부분과 부분을 더하면 전체가 됩니다.

뺄셈식

$63-20=43$

$63-43=20$

전체에서 한 부분을 덜어 내면 다른 부분이 남습니다.

❶ □에 알맞은 수 구하기

모르는 수가 답이 되도록 식을 바꾸어 □를 구합니다.

• 더한 수를 모르는 경우

35, 10, □

$10+\square=35$

$35-10=\square$

$\square=25$

• 뺀 수를 모르는 경우

28, 20, □

$28-\square=20$

$28-20=\square$

$\square=8$

• 빼기 전의 수를 모르는 경우

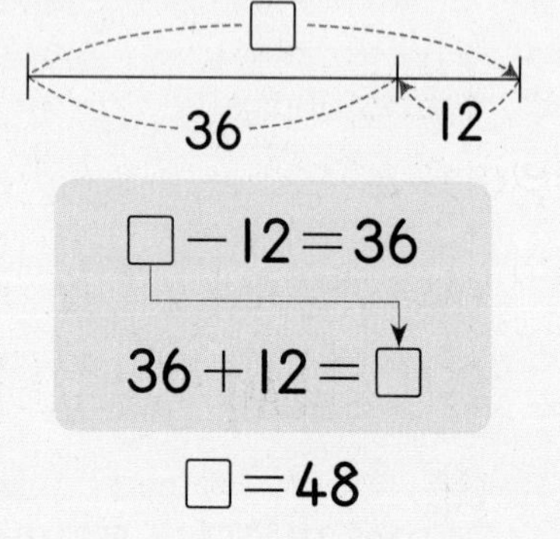

$\square=48$

❷ 크기를 비교하여 모르는 수 구하기

• $15-\square>12$에서 □ 안에 들어갈 수 있는 수 구하기

$15-\square=12$일 때 □ 구하기

$15-\square=12$

$15-12=\square$

$\square=3$

➡

$15-\square>12$일 때 □ 모두 구하기

$15-\boxed{3}=12$이므로 $15-\square$가 12보다 크려면 □는 3보다 작아야 합니다.

따라서 □ 안에 들어갈 수 있는 수는 0, 1, 2입니다.

BASIC TEST

1 주어진 수를 한 번씩 사용하여 덧셈식과 뺄셈식을 만들어 보세요.

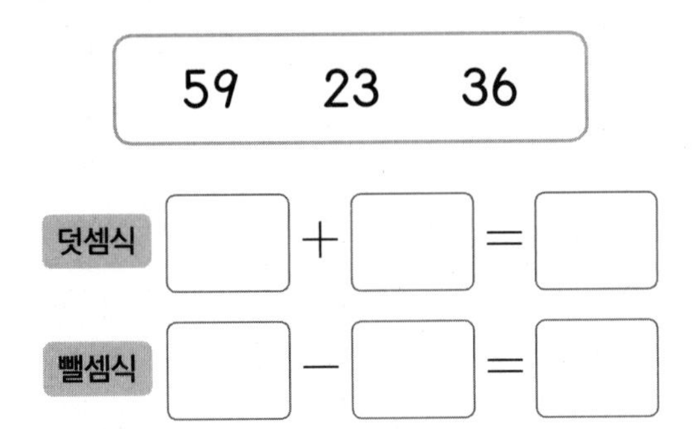

2 □ 안에 +, −를 알맞게 써넣으세요.

(1) 43 □ 12 = 55

(2) 56 □ 23 = 33

[3~4] 운동장에 여자 어린이가 21명, 남자 어린이가 47명 있습니다. 물음에 답하세요.

3 여자 어린이와 남자 어린이는 모두 몇 명인지 덧셈식을 쓰고, 답을 구해 보세요.

식 ....

답 ....

4 남자 어린이는 여자 어린이보다 몇 명 더 많은지 뺄셈식을 쓰고, 답을 구해 보세요.

식 ....

답 ....

5 덧셈식을 보고 뺄셈식을 2개 만들어 보세요.

$43+14=57$

뺄셈식 ....

....

6 □ 안에 알맞은 수를 써넣으세요.

(1) $95-33=60+$□

(2) $50+$□$=86-36$

7 같은 모양은 같은 수를 나타냅니다. 모양이 나타내는 수를 구해 보세요.

20 + 1 = ●
● + ● = ▲
▲ − 11 = ■

● □ ▲ □ ■ □

8 덧셈식을 이용하여 □ 안에 알맞은 수를 써넣으세요.

□ $-45=24$

세로셈에서 모르는 수 구하기

㉠과 ㉡에 알맞은 수를 구해 보세요.

$$\begin{array}{r} 4\ \boxed{㉠} \\ +\ \boxed{㉡}\ 6 \\ \hline 8\ 9 \end{array}$$

● 생각하기 일의 자리를 먼저 계산하고 십의 자리를 계산합니다.

● 해결하기 1단계 ㉠에 들어갈 수 구하기

일의 자리 계산에서 ㉠$+6=9$ ➡ $9-6=$㉠, ㉠$=3$입니다.

2단계 ㉡에 들어갈 수 구하기

십의 자리 계산에서 $4+$㉡$=8$ ➡ $8-4=$㉡, ㉡$=4$입니다.

답 ㉠: 3, ㉡: 4

1-1 ㉠과 ㉡에 알맞은 수를 구해 보세요.

$$\begin{array}{r} \boxed{㉠}\ 3 \\ +\ 7\ \boxed{㉡} \\ \hline 9\ 6 \end{array}$$

㉠ ( )

㉡ ( )

1-2 ㉠과 ㉡에 알맞은 수를 구해 보세요.

$$\begin{array}{r} \boxed{㉠}\ 8 \\ -\ 5\ \boxed{㉡} \\ \hline 4\ 7 \end{array}$$

㉠ ( )

㉡ ( )

1-3 ㉠과 ㉡에 알맞은 수의 합을 구해 보세요.

$$\begin{array}{r} 9\ \boxed{㉠} \\ -\ \boxed{㉡}\ 4 \\ \hline 8\ 1 \end{array}$$

( )

정답과 풀이 55쪽

심화유형 2

덧셈과 뺄셈의 활용

유림이네 반 학생은 34명이고, 상수네 반 학생은 유림이네 반 학생보다 2명 더 적습니다. 유림이네 반과 상수네 반 학생은 모두 몇 명일까요?

● 생각하기 상수네 반 학생 수를 구해 봅니다.

● 해결하기 1단계 상수네 반 학생 수 구하기

(상수네 반 학생 수) = (유림이네 반 학생 수) − 2
= 34 − 2 = 32(명)

2단계 유림이네 반 학생 수와 상수네 반 학생 수의 합 구하기

유림이네 반과 상수네 반 학생은 모두 34 + 32 = 66(명)입니다.

답 66명

2-1 동물원에 원숭이가 44마리 있고, 홍학은 원숭이보다 3마리 더 적게 있습니다. 동물원에 있는 원숭이와 홍학은 모두 몇 마리일까요?

( )

2-2 과일 가게에 멜론은 47통 있고, 수박은 멜론보다 5통 더 적게 있습니다. 과일 가게에 있는 멜론과 수박은 모두 몇 통일까요?

( )

2-3 상자에 축구공이 26개 들어 있고, 야구공은 축구공보다 4개 더 적게 들어 있습니다. 상자에 들어 있는 축구공과 야구공은 모두 몇 개일까요?

( )

수 카드로 만든 수의 합, 차 구하기

심화유형 3

수 카드 중 2장을 골라 두 자리 수를 만들려고 합니다. 만들 수 있는 수 중에서 십의 자리 수가 3인 가장 큰 수와 가장 작은 수의 합을 구해 보세요.

● 생각하기 십의 자리 수가 3인 두 자리 수는 3■입니다.

● 해결하기 1단계 십의 자리 수가 3인 가장 큰 두 자리 수와 가장 작은 두 자리 수 만들기

십의 자리 수가 3인 두 자리 수를 3■라고 하면 만들 수 있는 가장 큰 수는 38이고, 가장 작은 수는 31입니다.

2단계 가장 큰 수와 가장 작은 수의 합 구하기

가장 큰 수와 가장 작은 수의 합은 $38+31=69$입니다.

답 69

3-1 수 카드 중 2장을 골라 두 자리 수를 만들려고 합니다. 만들 수 있는 수 중에서 십의 자리 수가 2인 가장 큰 수와 가장 작은 수의 합을 구해 보세요.

6 7 2 1 4

(　　　　　　)

3-2 수 카드 중 2장을 골라 두 자리 수를 만들려고 합니다. 만들 수 있는 수 중에서 일의 자리 수가 4인 가장 큰 수와 가장 작은 수의 합을 구해 보세요.

4 5 3 1 0

(　　　　　　)

3-3 수 카드 중 2장을 골라 두 자리 수를 만들려고 합니다. 만들 수 있는 수 중에서 일의 자리 수가 7인 가장 큰 수와 가장 작은 수의 차를 구해 보세요.

0 7 2 9 4

(　　　　　　)

정답과 풀이 55쪽

심화유형 4

□ 안에 들어갈 수 있는 수 구하기

1부터 9까지의 수 중에서 □ 안에 들어갈 수 있는 수를 모두 구해 보세요.

$31+14 > □6$

● 생각하기 부등호(>)의 왼쪽 식을 간단히 나타냅니다.

● 해결하기 1단계 31 + 14 계산하기

31 + 14 = 45입니다.

2단계 45 > □6에서 □ 안에 들어갈 수 있는 수 구하기

십의 자리 수를 비교하면 4 > □이므로 □ 안에 들어갈 수 있는 수는 1, 2, 3입니다.
일의 자리 수를 비교하면 5 < 6이므로 □ 안에 4는 들어갈 수 없습니다.
따라서 □ 안에 들어갈 수 있는 수는 1, 2, 3입니다.

답 1, 2, 3

4-1 1부터 9까지의 수 중에서 □ 안에 들어갈 수 있는 수를 모두 구해 보세요.

$67-16 > □4$

( )

4-2 1부터 9까지의 수 중에서 □ 안에 들어갈 수 있는 수를 모두 구해 보세요.

$78-25 < □7$

( )

4-3 1부터 9까지의 수 중에서 □ 안에 들어갈 수 있는 수를 모두 구해 보세요.

$12+63 < □9-3$

( )

MATH TOPIC

심화유형 5

모양이 나타내는 수

같은 모양은 같은 수를 나타냅니다. ■에 알맞은 수를 구해 보세요.

$30+40=$ ●
■ $-$ ● $=13$

● 생각하기 ●를 먼저 구한 다음 ■를 구합니다.

● 해결하기 1단계 ●에 알맞은 수 구하기

$30+40=$ ● ➡ ● $=70$

2단계 ■에 알맞은 수 구하기

■ $-$ ● $=13$에서 ● $=70$이므로 ■ $-70=13$입니다.
$13+70=$ ■, ■ $=83$입니다.

답 83

5-1 같은 모양은 같은 수를 나타냅니다. ◉에 알맞은 수를 구해 보세요.

$20+30=$ ◆
◉ $-$ ◆ $=38$

( )

5-2 같은 모양은 같은 수를 나타냅니다. ♥에 알맞은 수를 구해 보세요.

$50+13=$ ★
♥ $-$ ★ $=24$

( )

5-3 같은 모양은 같은 수를 나타냅니다. ◈에 알맞은 수를 구해 보세요.

$14+51=$ ▲
◈ $-$ ▲ $=12$

( )

MATH TOPIC

심화유형 6

바르게 계산한 값 구하기

어떤 수에서 14를 빼야 할 것을 잘못하여 더했더니 49가 되었습니다. 바르게 계산하면 얼마일까요?

● 생각하기 어떤 수를 □라고 하여 식을 만듭니다.

● 해결하기 1단계 어떤 수 구하기

어떤 수를 □라고 하여 잘못 계산한 식을 만들면 □ $+ 14 = 49$입니다.

$49 - 14 =$ □, □ $= 35$입니다.

□ $+ 14 = 49$
$49 - 14 =$ □

2단계 바르게 계산한 값 구하기

어떤 수가 35이므로 바르게 계산하면 $35 - 14 = 21$입니다.

답 21

6-1 어떤 수에서 22를 빼야 할 것을 잘못하여 더했더니 67이 되었습니다. 바르게 계산하면 얼마일까요?

( )

6-2 어떤 수에 43을 더해야 할 것을 잘못하여 뺐더니 11이 되었습니다. 바르게 계산하면 얼마일까요?

( )

6-3 어떤 수에 32를 더해야 할 것을 잘못하여 뺐더니 23이 되었습니다. 바르게 계산하면 얼마일까요?

( )

덧셈과 뺄셈을 활용한 교과통합유형

STEAM형

수학+과학

새들은 알을 낳고 일정한 기간 동안 알을 품으면 새끼가 알을 깨고 나오는데 이를 부화라고 합니다. 부화 기간이 병아리는 21일, 칠면조는 28일 정도입니다. 닭과 칠면조가 알을 낳은 날짜가 각각 다음과 같을 때, 부화된 날짜는 병아리와 칠면조 중 어느 것이 며칠 더 느릴까요? (단, 닭의 알은 21일, 칠면조의 알은 28일 후 정확히 부화되었습니다.)

● 생각하기 부화된 날짜는 알을 낳은 날짜에 부화 기간을 더해서 구합니다.

● 해결하기 **1단계** 병아리와 칠면조가 부화된 날짜 각각 구하기

병아리가 부화된 날짜는 3월 7일+21일=3월 28일입니다.

칠면조가 부화된 날짜는 3월 1일+28일=3월 29일입니다.

2단계 부화된 날짜는 어느 것이 며칠 더 느린지 구하기

28<29이므로 부화된 날짜는 [　　]가 29−28=[　　](일) 더 느립니다.

답 [　　], [　　]일

수학+사회

7-1

투호 놀이는 우리나라 고유의 민속 놀이입니다. 이 놀이는 항아리에 화살을 던져 더 많이 넣는 편이 이깁니다. 다음은 은정이네 편과 성호네 편이 투호 놀이를 하여 각각 항아리에 넣은 화살의 수입니다. 누구네 편이 화살을 몇 개 더 많이 넣어 이겼을까요?

은정이네 편		성호네 편	
은정	철규	성호	미영
12개	13개	10개	17개

(　　　　　　,　　　　　　)

LEVEL UP TEST

정답과 풀이 57쪽

1 43보다 10만큼 더 큰 수는 65보다 몇만큼 더 작은 수일까요?

(   )

2 차가 23인 두 수를 찾아 ○표 하세요.

13	46	54	85	30	62

서술형 3 경수는 88쪽짜리 동화책을 어제는 42쪽 읽고, 오늘은 35쪽 읽었습니다. 이 동화책을 다 읽으려면 몇 쪽을 더 읽어야 하는지 풀이 과정을 쓰고 답을 구해 보세요.

풀이 ....

....

....

답 ....

4 주어진 수 중에서 3개를 골라 덧셈식과 뺄셈식을 만들어 보세요.

덧셈식 ....

뺄셈식 ....

5 수 카드 중 4장을 골라 한 번씩 사용하여 두 자리 수를 2개 만들려고 합니다. 만든 두 수의 차가 가장 크게 될 때, 그 차는 얼마일까요?

6     4

(   )

6 아래의 ◯ 안의 두 수를 더하여 위의 ◯ 안에 쓰는 규칙으로 수를 쓸 때, ㉠에 알맞은 수를 구해 보세요.

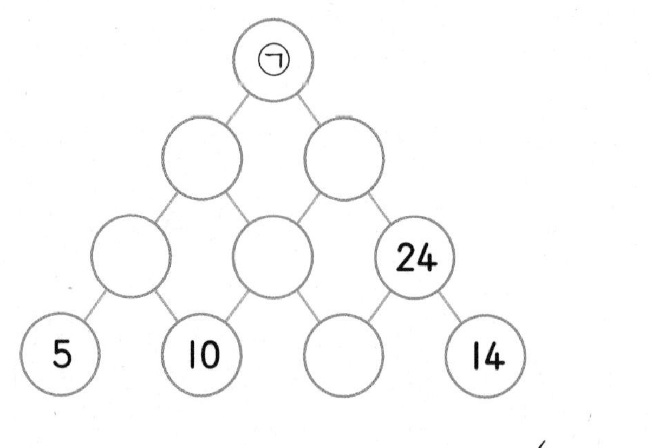

(   )

서술형 **7** 같은 모양은 같은 수를 나타냅니다. ★에 알맞은 수는 얼마인지 풀이 과정을 쓰고 답을 구해 보세요.

78－●＝25
●＋23＝★

풀이 ....

....

....

답 ....

8 보기 와 같이 주어진 수를 같은 수들의 합으로 나타내 보세요.

보기
30＝10＋10＋10

(1) 69＝☐＋☐＋☐

(2) 48＝☐＋☐＋☐＋☐

9 수 카드 중 4장을 골라 한 번씩 사용하여 합이 가장 작은 (두 자리 수)＋(두 자리 수)를 만들려고 합니다. 덧셈식을 완성하고, 계산해 보세요.

0 1 2 3 4 5

☐☐＋☐☐＝☐

STEAM형 **10**

수학+미술

데칼코마니는 종이의 반쪽에 물감으로 그림을 그린 후 반을 접었다 펴서 똑같은 무늬를 만드는 미술 기법입니다. 다음과 같이 종이의 반쪽에 물감으로 여러 가지 모양을 그린 후 반을 접었다 펴서 데칼코마니를 완성했을 때, ♡, ○, △ 모양 중 가장 많은 모양은 가장 적은 모양보다 몇 개 더 많은지 식으로 써 보세요.

□ − □ = □ (개)

11

0부터 8까지의 수 중에서 □ 안에 들어갈 수 있는 수는 모두 몇 개일까요?

$35 > 11 + 2\square$

(　　　　　)

12

딱지를 지원이는 43개, 문영이는 27개 가지고 있었습니다. 문영이가 딱지를 지원이에게 13개 주고, 다시 지원이는 문영이에게 딱지를 22개 주었습니다. 누가 딱지를 몇 개 더 많이 가지고 있을까요?

(　　　　　,　　　　　)

1 보기 와 같이 수 카드 2장을 서로 바꾸어 올바른 식을 만들어 보세요.

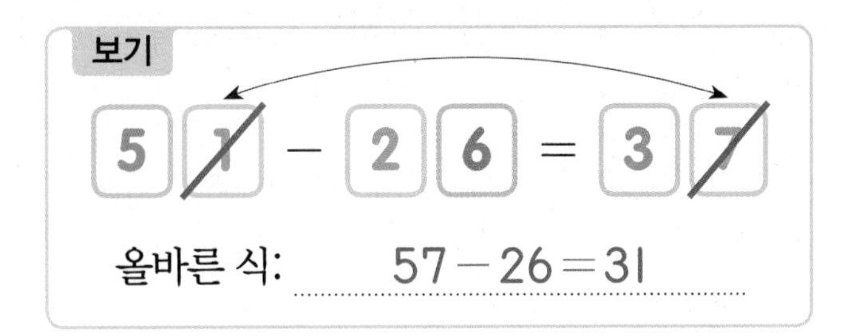

8 1 − 3 4 = 5 3

올바른 식: ______________

2 합이 67이고 차가 25인 두 수를 구해 보세요.

(,)

연필 없이 생각 톡

서로 짝이 맞는 것을 골라 보세요.

①

②

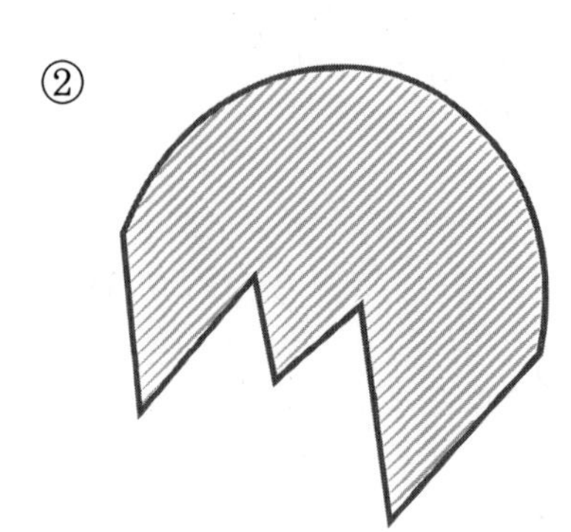

③

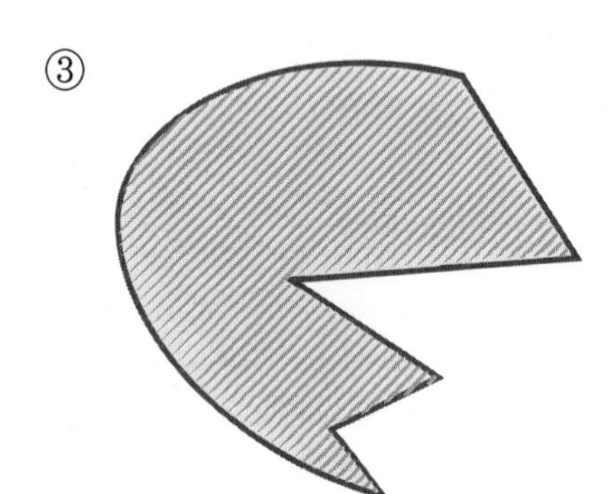

④

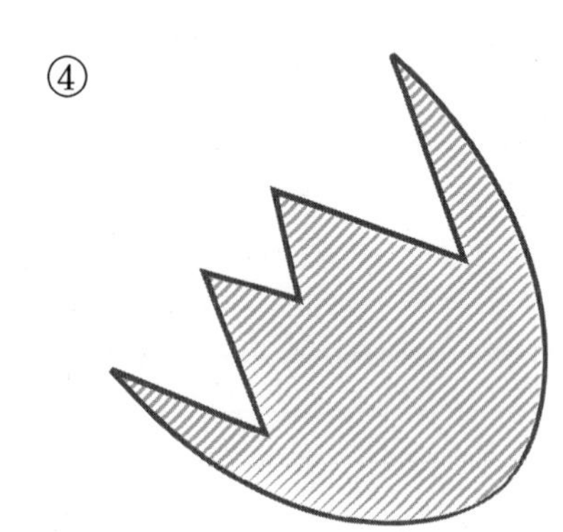

⑤

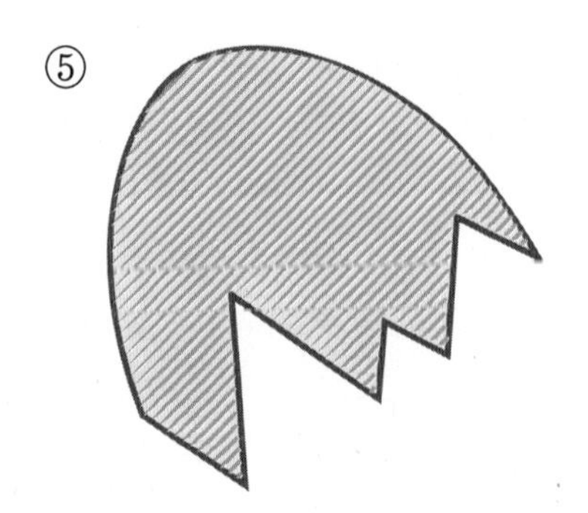

⑥

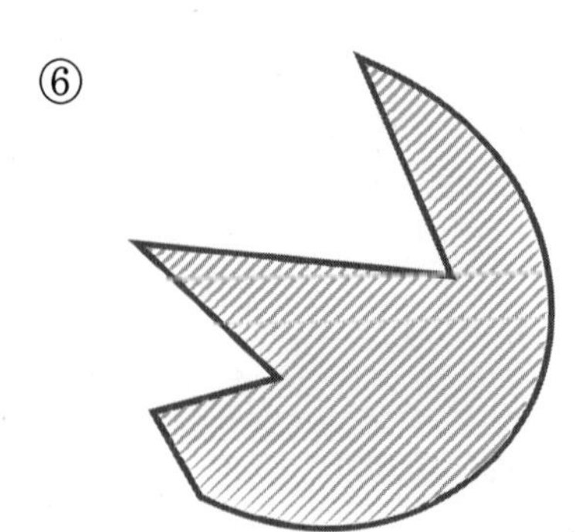

최상위 수학

교내 경시 1단원 100까지의 수

이름　　　　점수

01 모두 몇인지 세어 두 가지 방법으로 읽어 보세요.

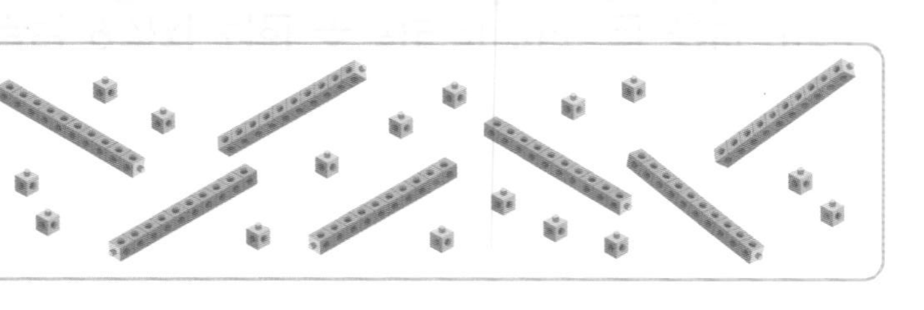

(　　　　　　,　　　　　　)

02 74명의 어린이가 한 줄로 서 있습니다. 68째에 서 있는 어린이 뒤에는 몇 명의 어린이가 서 있을까요?

(　　　　　　)

03 큰 수부터 차례로 기호를 써 보세요.

06 혜주는 사탕을 10개씩 7봉지와 낱개 13개를 가지고 있고, 준서는 여든여섯 개를 가지고 있습니다. 혜주와 준서 중 누가 사탕을 더 많이 가지고 있을까요?

(　　　　　　)

[07~08] 다음은 1부터 100까지의 수를 차례로 써넣은 수 배열표의 일부분입니다. 물음에 답하세요.

1	2	3	4	5	6	7	8	9	10
11	12	13	14	15	16	17	18	19	20
21	22	23	24	25	26	27	28	29	30

07 규칙을 찾아 ㉠, ㉡, ㉢, ㉣에 알맞은 수를 써 보세요.

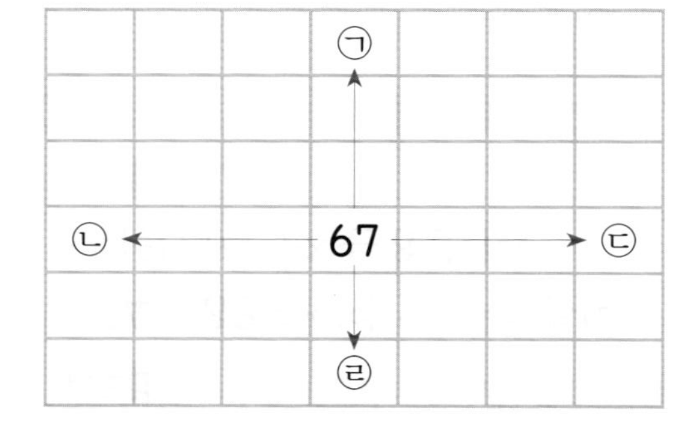

㉠ 78과 80 사이의 수
㉡ 72보다 5만큼 더 큰 수
㉢ 10개씩 묶음 6개와 낱개 21개

(　　　　　　　　)

04 계산 결과가 홀수인 것은 어느 것일까요? (　　　　)

① 10+4　② 5+7　③ 3+53
④ 16+21　⑤ 62+22

05 딸기를 현영이는 78개, 주희는 84개 땄습니다. 두 사람이 딴 딸기를 각각 10개씩 상자에 넣어 포장하려고 합니다. 포장하지 못하고 남는 딸기가 더 많은 사람은 누구일까요?

(　　　　　　　　)

㉠ (　　　　) ㉡ (　　　　)
㉢ (　　　　) ㉣ (　　　　)

08 규칙에 따라 잘못 들어간 수를 찾아 ○표 하고, 바르게 고쳐 보세요.

(1)

45	46	47
55	47	57

(　　　　)

(2)

53
63
73
43
93

(　　　　)

09 똑같은 동화책을 미라는 86쪽부터 92쪽까지 읽었고, 태호는 62쪽부터 70쪽까지 읽었습니다. 미라와 태호 중 누가 동화책을 더 많이 읽었을까요?

(　　　　　　　　)

10 일흔여덟 장의 색종이를 한 사람에게 10장씩 6명에게 나누어 준다면 색종이는 몇 장이 남을까요?

(　　　　　　　　)

계산이 아닌 개념을 깨우치는

수학을 품은 연산

디딤돌 연산은 수학이다.

1~6학년(학기용)

수학 공부의 새로운 패러다임

정답과 풀이

초등 1·2

초등 1·2

상위권의 기준

최상위 수학

새 교육과정 반영

수학 좀 한다면

디딤돌

SPEED 정답 체크

1 100까지의 수

BASIC TEST

1 99까지의 수 11쪽

1 ㉣　　2 (1) 4 (2) 9　　3 80
4 (1) 50 (2) 90 (3) 2　　5 칠십오, 일흔다섯
6 (위에서부터) 15, 7　　7 89개
8 1묶음

2 수의 순서 13쪽

1 (1) 94 (2) 86 (3) 63

2

51	52	53	54	55	56	57	58
59	60	61	62	63	64	65	66
67	68	69	70	71	72	73	74
75	76	77	78	79	80	81	82
83	84	85	86	87	88	89	90

3 ⑤

4 58, 71　　5 (1) 70 (2) 77 (3) 58, 59, 60, 61
6 예 (수직선) 50, 51, 60, 63, 68, 70　　7 81

3 수의 크기 비교, 짝수와 홀수 15쪽

1 (1) > (2) <　　2 16, 짝수
3 서희　　4 (77에 ○표) 71 (69에 △표) 75
5 53, 55　　6 (1) 8 (2) 예 9
7 (5 , 6 , (7), (8), (9))　　8 ㉠, ㉡

MATH TOPIC 16~22쪽

1-1 76　　1-2 60　　1-3 35
2-1 64개　　2-2 61개　　2-3 72개
3-1 9개　　3-2 7개　　3-3 8벌
4-1 54　　4-2 91　　4-3 65
5-1 85, 86, 87, 90, 91, 92
5-2 78, 79　　5-3 53, 62, 71, 80
6-1 6　　6-2 1, 2, 3　　6-3 8, 9

심화7 토끼, 말, 기린 / 토끼, 말, 기린
7-1 전기로 인한 사고, 가스로 인한 사고

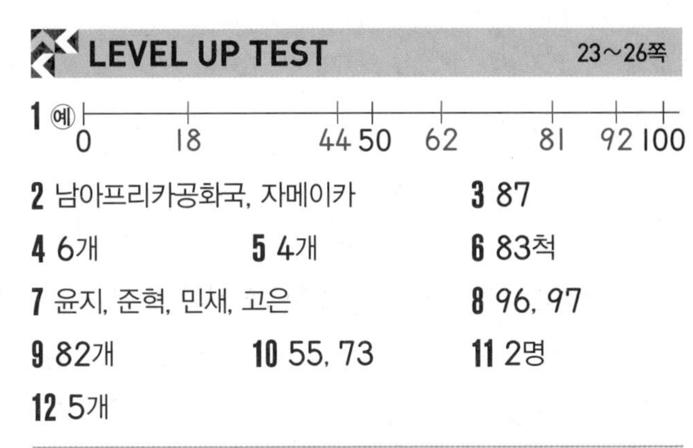

LEVEL UP TEST 23~26쪽

1 예 (수직선) 0, 18, 44, 50, 62, 81, 92, 100
2 남아프리카공화국, 자메이카　　3 87
4 6개　　5 4개　　6 83척
7 윤지, 준혁, 민재, 고은　　8 96, 97
9 82개　　10 55, 73　　11 2명
12 5개

HIGH LEVEL 27쪽

1 62　　2 71, 73, 75, 77, 79　　3 80개

2 덧셈과 뺄셈(1)

BASIC TEST

1 세 수의 덧셈과 뺄셈 33쪽

1 (1) 7 (2) 9　　2 (1) 3 (2) 3　　3 7
4 (위에서부터) 4, 8 / 8, 4
5 예 $2+2+5=9$, 9마리
6 예 $7-3-2=2$, 2개　　7 2, 4, 3

2 10이 되는 더하기, 10에서 빼기 35쪽

1 5　　2 (1) 4 (2) 5

3

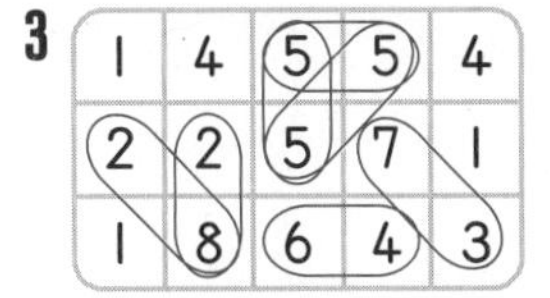

4 (　　) (○)

5 (1) 6 (2) 5 (3) 예 7, 3　　6 8개

3 10을 만들어 더하기 37쪽

1 (1) (1+9)+3=13 (2) 8+(5+5)=18
2 (1) 3, 15 (2) 6, 11 (3) 4, 17 3 15
4 (1) < (2) > (3) =
5 예 4+3+6=13, 13개 6 20

MATH TOPIC 38~44쪽

1-1 4, 3, 6 1-2 4, 8, 2 1-3 3, 5, 7
2-1 2개 2-2 6개, 4개 2-3 7
3-1 3 3-2 2 3-3 3
4-1 +, − 4-2 −, + 4-3 2, 6, 8, 12
5-1 예 5+4−1=3+7−2=8
5-2 8−5+4=9−3+1=7
6-1 (위) 2, (가운데 줄) 1 – 3 – 5, (아래) 4
6-2 (위) 3, (가운데 줄) 4 – 5 – 6, (아래) 7
심화7 5, 5 / 5 7-1 4명

LEVEL UP TEST 45~48쪽

1 ㉠, ㉢, ㉡, ㉣ 2 −, +, + 3 9개
4 9 5 3가지 6 2개
7 0, 1, 2 8 9−5~~+3~~+6=10
9 7개 10 (1) 예 2+8−3 (2) 예 4+6−1
11 (1) 2 (3) (4) (5) (6) 7 8 (9)
12 3개

HIGH LEVEL 49쪽

1 3가지 2 4

3 모양과 시각

BASIC TEST

1 여러 가지 모양(1) 55쪽

1 ㉡, ㉢, ㉤ 2 1개 3 (선 잇기)
4 ■, ▲에 ○표 5 ④
6 ㉣ 7 ㉢, ㉤ 8 ㉠, ㉡, ㉥

2 여러 가지 모양(2) 57쪽

1 3개, 5개, 7개 2 나
3 2, 1, 3 4 가
5 예

6 예

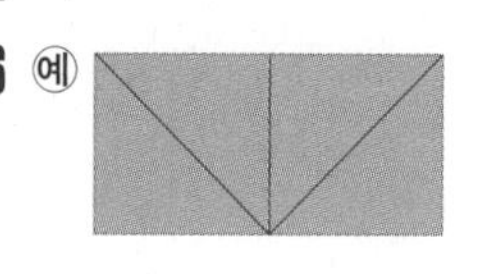

3 몇 시 알아보기 59쪽

1

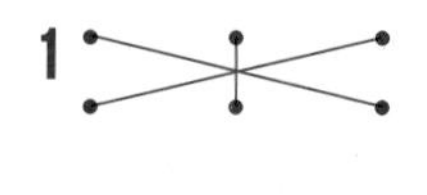

2 (시계), 1시
3 (시계) 4 (시계), 예 나는 아침 9시에 운동을 하고 싶습니다.
5 예 긴바늘이 12를 가리킵니다. 6 태우

4 몇 시 30분 알아보기 61쪽

1 (1) 7시 30분 (2) (○) 2 (시계)
3 (   ) (○) (   )
4 ㉢ 5 6
6 1시간

MATH TOPIC 62~71쪽

1-1 ● 모양 1-2 ▲ 모양
2-1 가
3-1 1, 2, 3, 4 3-2 11 3-3 9, 10, 11

4-1 5시 30분　4-2 3시 30분
5-1 4개　5-2 8개
6-1 6개, 7개　6-2 2개
7-1 11시 30분　7-2 5시　7-3 12시 30분
8-1 4개　8-2 9개
9-1 6개　9-2 8개　9-3 12개
심화10 운동 / 운동
10-1 숙제

LEVEL UP TEST　72~76쪽

1 　2 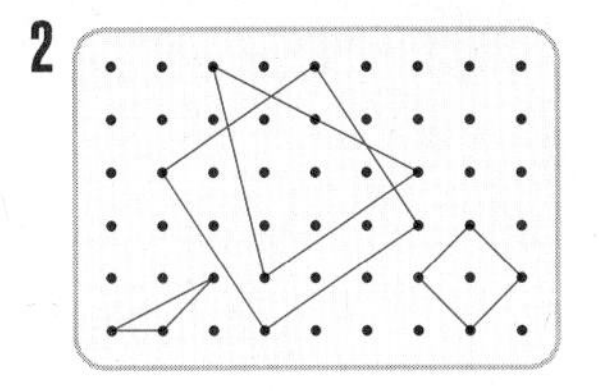

3 (시계), 예 긴바늘과 짧은바늘의 위치가 바뀌어서 잘못되었습니다.

4 남주　5 옆, 위, 앞　6 4개
7 2개　8 2개
9 예 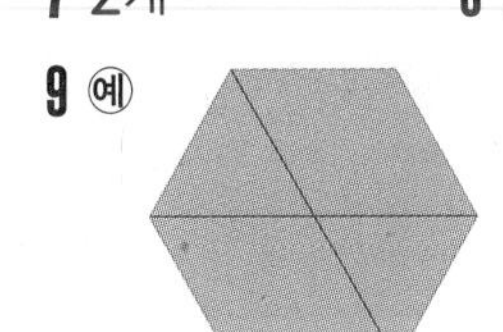　10 6개
11 수학 숙제, 국어 숙제, 과학 숙제, 영어 숙제
12 1시　13 2개, 5개　14 예 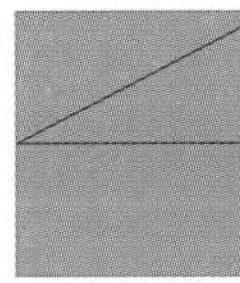
15 5시

HIGH LEVEL　77쪽

1 예 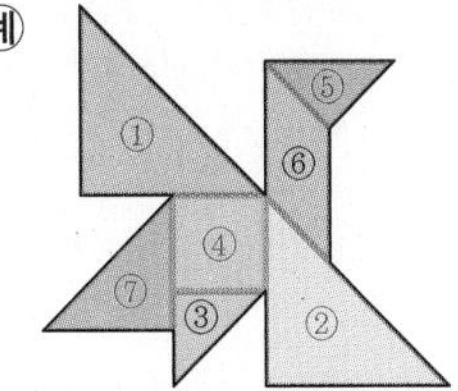

2 16개

4 덧셈과 뺄셈(2)

BASIC TEST

1 덧셈하기　83쪽

1 (위에서부터) (1) 13, 3 (2) 15, 1
2 (1) 11 (2) 13 (3) 13 (4) 15
3 (1) 1, 11 (2) 3, 13 (3) 4, 14 (4) 6, 16
4 11권　5 (1) = (2) > (3) <
6 (1) 15 (2) 예 1

2 뺄셈하기　85쪽

1 (위에서부터) (1) 8, 5 (2) 5, 3
2 (1) 5 (2) 6 (3) 7 (4) 7
3 (1) 1, 9 (2) 3, 7　4 ㉡, ㉣
5

13	4	12	15 −	9 =	6
9	6	4	16 −	7 =	9
4	1	8	17	2	13
6	4	7	2	10	6
15 −	7 =	8	13	9	7

6 9대

3 덧셈과 뺄셈　87쪽

1 6+2(→7) / 10, 11, 12, 13, 14, 15 /
8+3(→8) / 8, 10, 12, 14, 16, 18
2 14−10(→6) / 10, 9, 8, 7, 6, 5 /
16−9(→7) / 9, 9, 9, 9, 9, 9
3 예 9+5=14, 7+7=14
4

3	1	7 +	4 =	11	12
8	6	5 +	9 =	14	4
11	9	18	13	2	7
8	6 +	7 =	13	10	8
5 +	6 =	11	15	14	15

5 (1) > (2) = (3) <

MATH TOPIC　88~94쪽

1-1 14, 8, 6 / 14, 6, 8　1-2 13, 6, 7 / 13, 7, 6
1-3 12, 8, 4 / 12, 4, 8
2-1 1, 2, 3, 4　2-2 7, 8, 9　2-3 0, 1, 2, 3

3-1 12　3-2 13　3-3 1
4-1 10　4-2 2　4-3 0
5-1 5장　5-2 9개　5-3 8개
6-1 8, 7　6-2 6, 4
심화 7 5, 5 / 5　7-1 9개

LEVEL UP TEST　95~98쪽

1 (1) (위에서부터) 15 / 10, 16 (2) (위에서부터) 9 / 10, 7
2 5번　3 3　4 7개
5 3　6 4자루　7 민영, 2권
8 5, 4　9 11명　10 16개
11

1	6	8
5	7	3
9	2	4

12 2, 4

HIGH LEVEL　99쪽

1 ⓔ 11−3−4=4　2 ⓔ

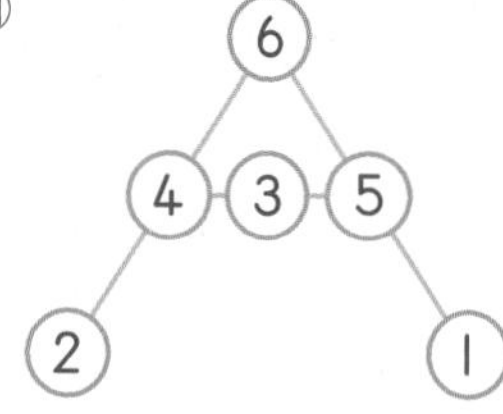

5 규칙 찾기

BASIC TEST

1 규칙 찾기(1)　105쪽

1 ◆　2 ◀
3 □○○□○○□
4 정환
5
6 6개
7 / ⓔ 긴바늘이 반 바퀴씩 움직이는 규칙입니다.

2 규칙 찾기(2)　107쪽

1 

2 

3

49	56	63	70	77	84

4 30　5 ⓔ 47부터 9씩 커집니다.
6

41	42	43	44	45	46	47	48	49	50
51	52	53	54	55	56	57	58	59	60
61	62	63	64	65	66	67	68	69	70
71	72	73	74	75	76	77	78	79	80

7

51	52	53	54	55	56	57	58	59	60
61	62	63	64	65	66	67	68	69	70
71	72	73	74	75	76	77	78	79	80
81	82	83	84	85	86	87	88	89	90

/ ⓔ 54부터 4씩 커집니다.

MATH TOPIC　108~114쪽

1-1 72　1-2 94
2-1 6개
3-1　3-2　3-3
4-1 19개　4-2 36개
5-1　5-2
6-1 19　6-2 11　6-3 68
심화 7 7회, 4 / 4
7-1 3번

LEVEL UP TEST 115~118쪽

1 ㉠, ㉣ 2 예순하나, 54 3 ㉡
4 6번 5 11시 30분 6 △, 빨간색
7 3개 8 9개 9 11
10 7 11 98
12 7일, 14일, 21일, 28일

HIGH LEVEL 119쪽

1 (그림) 2 검은색 바둑돌, 10개

6 덧셈과 뺄셈(3)

BASIC TEST

1 덧셈하기 125쪽

1 (1) 7, 27 (2) 7, 57
2 44, 54, 64, 74 / 59, 59, 59, 59
3 (1) (위에서부터) 69, 66 (2) (위에서부터) 86, 56
4 (1) 50 (2) 50 5 96 6 59개
7 (1) 30 (2) 예 1

2 뺄셈하기 127쪽

1 27, 25, 23, 21 / 34, 34, 34, 34 2 20
3 (1) (위에서부터) 34, 37 (2) (위에서부터) 22, 28
4 (1) $<$ (2) $=$ 5 58 6 23명
7 장미, 13송이

3 덧셈과 뺄셈의 관계 129쪽

1 예 23, 36, 59 / 예 59, 23, 36
2 (1) $+$ (2) $-$ 3 예 $21+47=68$, 68명
4 $47-21=26$, 26명
5 $57-43=14$ / $57-14=43$ 6 (1) 2 (2) 0
7 21, 42, 31 8 69

MATH TOPIC 130~136쪽

1-1 2, 3 1-2 9, 1 1-3 6
2-1 85마리 2-2 89통 2-3 48개
3-1 48 3-2 68 3-3 70
4-1 1, 2, 3, 4 4-2 5, 6, 7, 8, 9
4-3 7, 8, 9
5-1 88 5-2 87 5-3 77
6-1 23 6-2 97 6-3 87
심화7 칠면조, 1 / 칠면조, 1
7-1 성호네 편, 2개

LEVEL UP TEST 137~140쪽

1 12 2 85, 62에 ○표 3 11쪽
4 $16+23=39$ 또는 $23+16=39$ /
$39-16=23$ 또는 $39-23=16$
5 66 6 79 7 76
8 (1) 23, 23, 23 (2) 12, 12, 12, 12
9 예 $10+23=33$ 10 23, 10, 13
11 4개 12 문영, 2개

HIGH LEVEL 141쪽

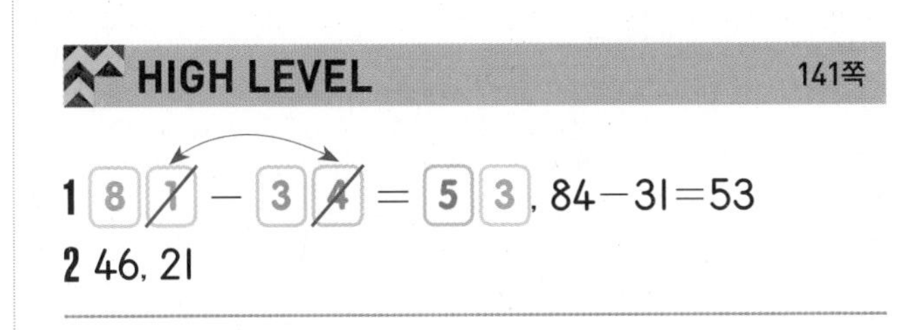

1 $84-31=53$
2 46, 21

교내 경시 문제

1. 100까지의 수
1~2쪽

01 팔십육, 여든여섯 02 6명
03 ㉢, ㉠, ㉡ 04 ④ 05 현영
06 준서 07 ㉠ 37 ㉡ 64 ㉢ 70 ㉣ 87
08 (1)

45	46	47
55	㊼	57

, 56 (2)

53
63
73
㊸
93

, 83
09 태호
10 18장 11 78 12 95개
13 5개 14 8개 15 96
16 79 17 1, 6 18 21번
19 3개 20 6

2. 덧셈과 뺄셈(1)
3~4쪽

01 노란색 02 ㉡, ㉠, ㉣, ㉢
03 민지, 시현, 창수 04 2, 8
05 0, 1, 2, 3, 4 06 4가지 07 3마리
08 9 09 5 10 5, 8, 7
11 5개 12 예 6, 4, 3, 5 13 3, 8
14 5송이
15 ① ② ③ ④ ⑤ ⑥ 7 8 9
16 7개 17 4, 8 18 6가지
19 2가지 20 10

3. 모양과 시각
5~6쪽

01
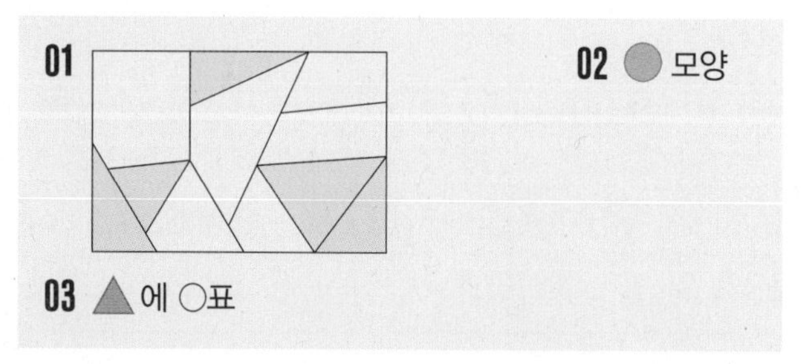
02 ● 모양
03 ▲에 ○표

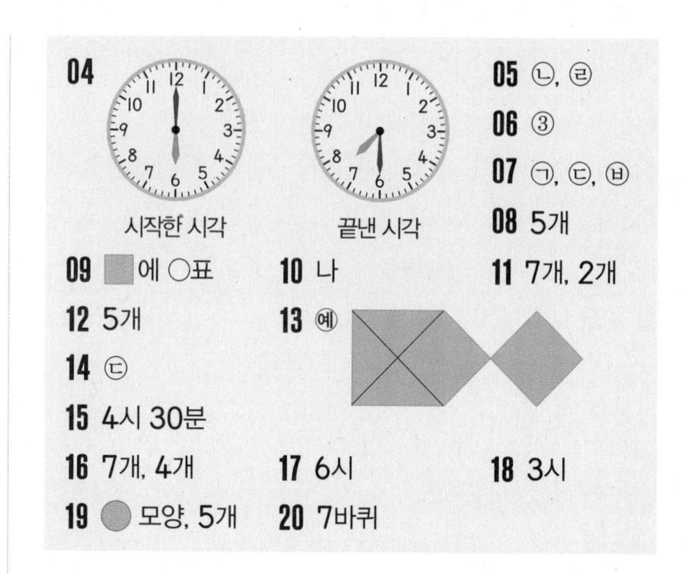
04 시작한 시각 / 끝낸 시각
05 ㉡, ㉣
06 ③
07 ㉠, ㉢, ㉥
08 5개
09 ■에 ○표 10 나 11 7개, 2개
12 5개 13 예
14 ㉢
15 4시 30분
16 7개, 4개 17 6시 18 3시
19 ● 모양, 5개 20 7바퀴

4. 덧셈과 뺄셈(2)
7~8쪽

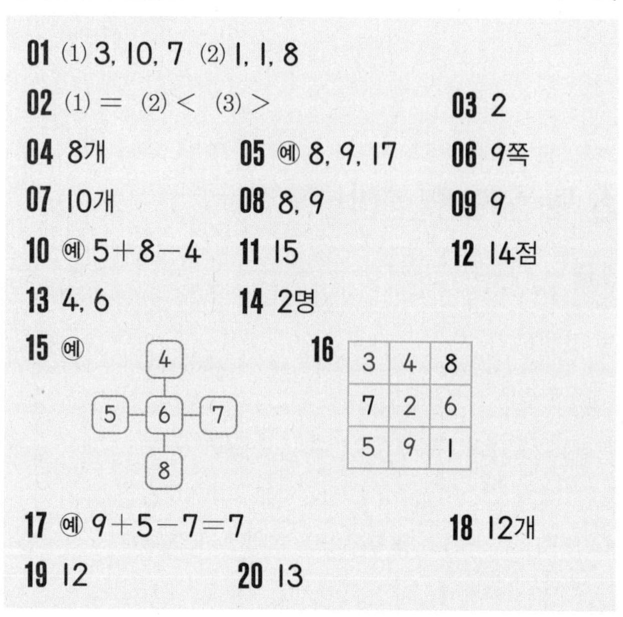
01 (1) 3, 10, 7 (2) 1, 1, 8
02 (1) = (2) < (3) > 03 2
04 8개 05 예 8, 9, 17 06 9쪽
07 10개 08 8, 9 09 9
10 예 $5+8-4$ 11 15 12 14점
13 4, 6 14 2명
15 예 4, 5, 6, 7, 8
16

3	4	8
7	2	6
5	9	1

17 예 $9+5-7=7$ 18 12개
19 12 20 13

5. 규칙 찾기
9~10쪽

01 5 02 6 03 8칸
04 64 05 06
07 9시 30분 08 60, 75 09 51
10 11 1 12 22
13 75

14 ㉮ 20부터 시계 방향으로 2씩 작아지는 규칙입니다.
/ ㉮ 안쪽에서 바깥쪽으로 1씩 커지는 규칙입니다.

15 5 **16** 15개 **17** 7시

18 6 **19** 8번 **20** 26개

6. 덧셈과 뺄셈(3)

11~12쪽

01 87 **02** ㉡, ㉣, ㉢, ㉠ **03** 79개

04 23, 45 **05** 23장 **06** 45, 31

07 6, 7, 8, 9 **08** 2명 **09** 73

10 14명 **11** 69개 **12** 7

13 76 **14** 성진, 15개

15 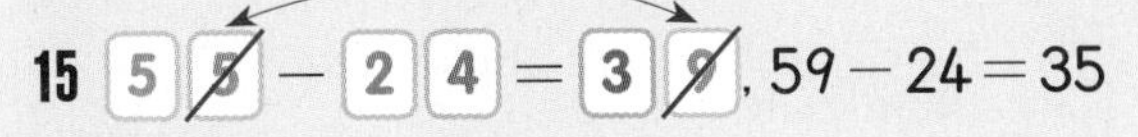

16 12장 **17** 46, 12 **18** 33개

19 88 **20** 33

수능형 사고력을 기르는 2학기 TEST

1회

13~14쪽

01 (1) < (2) = **02** 57, 66, 55

03 ㉮ 30+51=81 **04** 18

05 가 **06** 14−9=5, 14−5=9

07 ▢ 모양 **08** 7 **09** 7시

10

11 5가지

12 16, 34, 52, 70

13 7개 **14** 7, 8, 9 **15** 5개

16 58 **17** 1명 **18** 3가지

19 59 **20** 5시

2회

15~16쪽

01 (1) > (2) > **02** ㉮ 훌라후프, 탬버린

03 42 **04** ◯에 ○표 **05** 4개

06 69명 **07** (위에서부터) 34, 51, 57

08 (1)

38	39	40
48	(47)	50

, 49 (2)

67	68
(76)	78

, 77

09 ◯ 모양, 1개 **10** 19 **11** 16

12 4바퀴 **13** ㉣ **14** 10개

15 ㉮

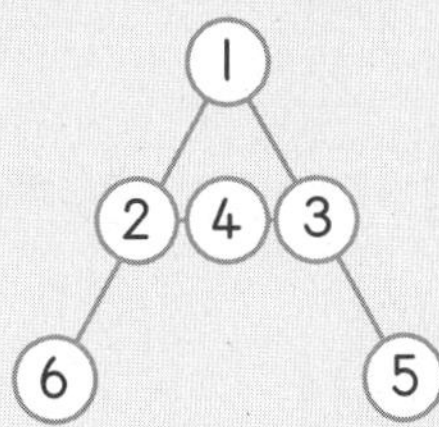

16 2, 7 / 3, 8 / 4, 9 / 5, 10 / 6, 11 **17** 64개

18 9 **19** 93 **20** 6

정답과 풀이

1 100까지의 수

BASIC TEST

1 99까지의 수 11쪽

1 ㉣ **2** (1) 4 (2) 9 **3** 80
4 (1) 50 (2) 90 (3) 2
5 칠십오, 일흔다섯 **6** (위에서부터) 15, 7
7 89개 **8** 1묶음

1 ㉠, ㉡, ㉢: 90 ㉣: 70

보충 개념
70 ➡ 칠십, 일흔

2 (1) 64는 60과 4이므로 10개씩 묶음 6개와 낱개 4개인 수입니다.
(2) 96은 90과 6이므로 10개씩 묶음 9개와 낱개 6개인 수입니다.

해결 전략
●▲는 10개씩 묶음 ●개와 낱개 ▲개인 수입니다.

3 85는 80과 5이므로 10개씩 묶음 8개와 낱개 5개인 수입니다. 따라서 8은 80을 나타냅니다.

보충 개념
수는 양이나 순서를 나타낸 것이고, 숫자는 수를 나타낼 때 사용하는 기호입니다. 85는 숫자 8과 5로 이루어진 수입니다.

4 (1)

10개씩 묶음	낱개
5	9

➡ 50+9
└50을 나타냅니다.

(2)

10개씩 묶음	낱개
9	8

➡ 90+8
└90을 나타냅니다.

(3)

10개씩 묶음	낱개
7	2

➡ 70+2
└70을 나타냅니다.

5 10개씩 묶음 6개와 낱개 15개입니다. 낱개 15개는 10개씩 묶음 1개와 낱개 5개와 같습니다. 따라서 연결 모형은 10개씩 묶음 6+1=7(개)와 낱개 5개와 같으므로 모두 75개입니다. 75를 두 가지 방법으로 읽으면 칠십오 또는 일흔다섯입니다.

주의
75는 '칠십오' 또는 '일흔다섯'이라고 읽어야 하는데 '칠십다섯' 또는 '일흔오'라고 읽으면 안 됩니다. '일, 이, 삼, ...'으로 읽는 것과 '하나, 둘, 셋, ...'으로 읽는 것을 섞어 읽지 않도록 합니다.

6 65는 10개씩 묶음 6개와 낱개 5개인 수이고, 이것은 10개씩 묶음 5개와 낱개 10+5=15(개)인 수와 같습니다.
82는 10개씩 묶음 8개와 낱개 2개인 수이고, 이것은 10개씩 묶음 7개와 낱개 10+2=12(개)인 수와 같습니다.

보충 개념
10개씩 묶음 1개 ➡ 낱개 10개

7 배가 10개씩 7상자와 낱개 9개가 있고 10개(1상자)를 더 사왔으므로 배는 모두 10개씩 7+1=8(상자)와 낱개 9개입니다. 10개씩 8상자와 낱개 9개는 80과 9이므로 89개입니다.

8 57은 50과 7이므로 10장씩 묶음 5개와 낱개 7장이고, 67은 60과 7이므로 10장씩 묶음 6개와 낱개 7장입니다. 57과 67은 낱개의 수가 같으므로 10장씩 묶음 1개가 더 있어야 67장이 됩니다.

2 수의 순서 13쪽

1 (1) 94 (2) 86 (3) 63

2

51	52	53	54	55	56	57	58
59	60	61	62	63	64	65	66
67	68	69	70	71	72	73	74
75	76	77	78	79	80	81	82
83	84	85	86	87	88	89	90

3 ⑤

4 58, 71 **5** (1) 70 (2) 77 (3) 58, 59, 60, 61

6 예 51
50 60 63 68 70

7 81

1 (1) 93보다 1만큼 더 큰 수는 93 바로 뒤의 수인 94입니다.

(2) 87보다 1만큼 더 작은 수는 87 바로 앞의 수인 86입니다.

(3) 62와 64 사이에 있는 수는 62보다 1만큼 더 크고 64보다 1만큼 더 작은 수인 63입니다.

2 51부터 수를 순서대로 써넣습니다.

> **해결 전략**
> 가로 한 줄이 8칸으로 되어 있으므로 8개의 수가 들어갑니다. 따라서 아래쪽으로 한 칸 갈 때마다 8씩 커집니다.

3 ①, ②, ③, ④: 100 ⑤: 91

4

수직선의 작은 눈금 한 칸은 1을 나타냅니다. 60에서 왼쪽으로 거꾸로 세면 ㉠에 알맞은 수는 58이고, 60에서 오른쪽으로 이어 세면 ㉡에 알맞은 수는 71입니다.

> **다른 풀이**
> 74에서 왼쪽으로 거꾸로 세면 ㉡에 알맞은 수는 71입니다.

5 (1) 69 바로 뒤의 수는 69보다 1만큼 더 큰 수이므로 70입니다.

(2) 78보다 1만큼 더 작은 수는 78 바로 앞의 수인 77입니다.

(3) 57부터 62까지의 수를 순서대로 쓰면 (57), 58, 59, 60, 61, (62)이므로 57과 62 사이에 있는 수는 58, 59, 60, 61입니다.

6 50부터 수를 순서대로 쓰면 50, 51, ..., 60, 61, 62, 63, ..., 68, 69, 70, ...이므로 51은 50과 60 사이에, 63과 68은 60과 70 사이에 순서대로 나타냅니다.

> **지도 가이드**
> 수직선에 표시된 수보다 각각의 수들이 수의 순서에서 앞의 수인지 뒤의 수인지를 생각한 다음 수직선에 표시된 수와의 거리를 어림하여 표시해 보도록 지도해 주세요. 이 문제는 수의 순서뿐 아니라 수의 크기 비교와 수 사이의 거리까지 어림해 볼 수 있는 문제입니다.

7 수를 순서대로 수직선에 나타내 봅니다.

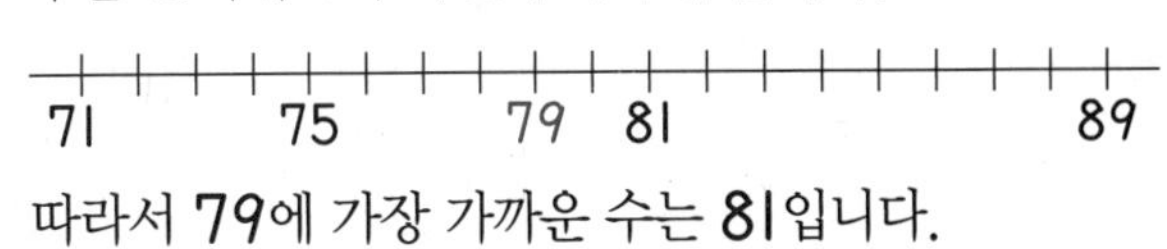

따라서 79에 가장 가까운 수는 81입니다.

3 수의 크기 비교, 짝수와 홀수 15쪽

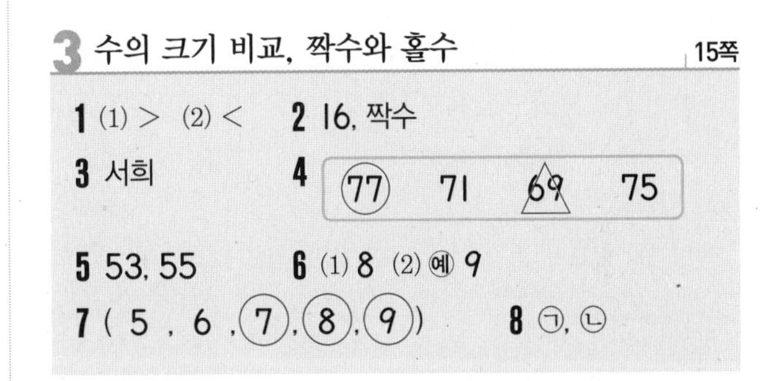

1 (1) > (2) < **2** 16, 짝수

3 서희 **4** (77) 71 △69 75

5 53, 55 **6** (1) 8 (2) 예 9

7 (5 , 6 , (7), (8), (9)) **8** ㉠, ㉡

1 10개씩 묶음의 수를 먼저 비교하고, 낱개의 수를 비교합니다.

(1) 10개씩 묶음의 수가 클수록 큰 수입니다.

70 > 66 (7 > 6)

(2) 10개씩 묶음의 수가 같으면 낱개의 수가 클수록 큰 수입니다. 85 < 89 (5 < 9)

2 사탕의 수는 16이고, 둘씩 짝을 지을 때 남는 것이 없으므로 짝수입니다.

3 65와 70의 크기를 비교합니다.

65 < 70이므로 서희가 우표를 더 많이 모았습니다. (6 < 7)

4 10개씩 묶음의 수(십의 자리 수)를 먼저 비교하면 69가 가장 작은 수입니다.

10개씩 묶음의 수(십의 자리 수)가 같으면 낱개의 수가 클수록 큰 수이므로 77이 가장 큰 수입니다.

> **다른 풀이**
> 수의 크기를 비교하면 69 < 71 < 75 < 77이므로 77이 가장 큰 수이고, 69가 가장 작은 수입니다.

5 52, 53, 54, 55, 56
52보다 크고 56보다 작은 수
53, 54, 55 중에서 홀수는 53, 55입니다.

> 해결 전략
> 52보다 크고 56보다 작은 수에 52와 56은 포함되지 않습니다.

6 (1) 88은 80과 8이므로 80+8과 같습니다.
(2) 88은 80+□보다 작으므로 □ 안에 들어갈 수 있는 수는 8보다 큰 수입니다.

7 십의 자리 수를 비교하면 7<□이므로 □ 안에 들어갈 수 있는 수는 8, 9입니다. 일의 자리 수를 비교하면 6<9이므로 □ 안에 7도 들어갈 수 있습니다. 따라서 □ 안에 들어갈 수 있는 수는 7, 8, 9입니다.

> 다른 풀이
> 76보다 크고 일의 자리 수가 9인 두 자리 수는 79, 89, 99입니다. 따라서 □ 안에 들어갈 수 있는 수는 7, 8, 9입니다.

8 ㉠ 23보다 1만큼 더 큰 수는 24이므로 짝수입니다.
㉡ 36보다 2만큼 더 큰 수는 38이므로 짝수입니다.
㉢ 48보다 3만큼 더 큰 수는 51이므로 홀수입니다.

MATH TOPIC 16~22쪽

1-1 76	1-2 60	1-3 35
2-1 64개	2-2 61개	2-3 72개
3-1 9개	3-2 7개	3-3 8벌
4-1 54	4-2 91	4-3 65
5-1 85, 86, 87, 90, 91, 92		
5-2 78, 79	5-3 53, 62, 71, 80	
6-1 6	6-2 1, 2, 3	6-3 8, 9
심화7 토끼, 말, 기린 / 토끼, 말, 기린		
7-1 전기로 인한 사고, 가스로 인한 사고		

1-1 수의 크기를 비교하면 7>6>4>3>2입니다. 따라서 가장 큰 수 7을 십의 자리 수로, 둘째로 큰 수 6을 일의 자리 수로 하여 가장 큰 두 자리 수를 만들면 76입니다.

1-2 수의 크기를 비교하면 0<6<7<8<9입니다. 두 자리 수가 되려면 0은 십의 자리에 올 수 없으므로 0을 제외한 가장 작은 수 6을 십의 자리 수로, 가장 작은 수 0을 일의 자리 수로 하여 가장 작은 두 자리 수를 만들면 60입니다.

1-3 수의 크기를 비교하면 3<4<5<6<9입니다. 가장 작은 수 3을 십의 자리 수로 하고, 홀수 5와 9 중 더 작은 수 5를 일의 자리 수로 하여 가장 작은 홀수를 만들면 35입니다.

> 해결 전략
> 두 자리 수 □㉠가 홀수이려면 일의 자리 수가 홀수이어야 합니다. 따라서 ㉠에 들어갈 수 있는 수는 3, 5, 9인데 3은 십의 자리에 사용했으므로 일의 자리에 사용할 수 없습니다.

> 주의
> 십의 자리 수를 결정한 다음 일의 자리 수를 결정합니다.

2-1 수아가 10개씩 2봉지를 현호에게 주었으므로 남은 사탕은 10개씩 8−2=6(봉지)와 낱개 4개입니다. 따라서 남은 사탕은 64개입니다.

2-2 준범이가 10개씩 묶음 1개와 낱개 1개를 잃어버렸으므로 남아 있는 공깃돌은 10개씩 묶음 7−1=6(개)와 낱개 2−1=1(개)입니다. 따라서 남아 있는 공깃돌은 61개입니다.

> 해결 전략
> 남은 10개씩 묶음의 수와 낱개의 수를 각각 구해 봅니다.

2-3 95개는 10개씩 묶음 9개와 낱개 5개입니다. 희진이가 10개씩 묶음 2개와 낱개 3개를 친구들에게 나누어 주었으므로 남은 지우개는 10개씩 묶음 9−2=7(개)와 낱개 5−3=2(개)입니다. 따라서 남은 지우개는 72개입니다.

> 해결 전략
> 95를 10개씩 묶음의 수와 낱개의 수로 나타내 남은 지우개 수를 구합니다.

3-1 낱개 38개는 10개씩 묶음 3개와 낱개 8개와 같으므로 수수깡은 모두 10개씩 묶음 $6+3=9$(개)와 낱개 8개와 같습니다. 탑 한 개를 만드는 데 수수깡이 10개 필요하므로 탑은 9개까지 만들 수 있습니다.

다른 풀이

• 10개씩 묶음 6개와 낱개 38개인 수:

	10개씩 묶음	낱개
10개씩 묶음 6개 →	6	0
낱개 38개 →	3	8

└ 탑을 $6+3=9$(개)까지 만들 수 있습니다.

3-2 낱개 24개는 10개씩 묶음 2개와 낱개 4개와 같으므로 달걀은 모두 10개씩 묶음 $5+2=7$(개)와 낱개 4개와 같습니다. 케이크 한 개를 만드는 데 달걀이 10개 필요하므로 케이크는 7개까지 만들 수 있습니다.

다른 풀이

• 10개씩 묶음 5개와 낱개 24개인 수:

	10개씩 묶음	낱개
10개씩 묶음 5개 →	5	0
낱개 24개 →	2	4

└ 케이크를 $5+2=7$(개)까지 만들 수 있습니다.

3-3 낱개 19개는 10개씩 묶음 1개와 낱개 9개와 같으므로 단추는 모두 10개씩 묶음 $7+1=8$(개)와 낱개 9개와 같습니다. 인형 옷 한 벌을 만드는 데 단추가 10개 필요하므로 인형 옷은 8벌까지 만들 수 있습니다.

다른 풀이

• 10개씩 묶음 7개와 낱개 19개인 수:

	10개씩 묶음	낱개
10개씩 묶음 7개 →	7	0
낱개 19개 →	1	9

└ 인형 옷을 $7+1=8$(벌)까지 만들 수 있습니다.

4-1 어떤 수보다 1만큼 더 큰 수는 56이므로 어떤 수는 56보다 1만큼 더 작은 수입니다. 따라서 어떤 수는 55입니다.

어떤 수 55보다 1만큼 더 작은 수는 54입니다.

해결 전략

어떤 수 —1만큼 더 큰 수→ 56

어떤 수 ←1만큼 더 작은 수— 56

지도 가이드

어떤 수를 구한 다음 어떤 수보다 1만큼 더 작은 수를 구할 수 있도록 지도해 주세요.

4-2 어떤 수보다 1만큼 더 작은 수는 89이므로 어떤 수는 89보다 1만큼 더 큰 수입니다. 따라서 어떤 수는 90입니다.

어떤 수 90보다 1만큼 더 큰 수는 91입니다.

해결 전략

89 —1만큼 더 큰 수→ 어떤 수

89 ←1만큼 더 작은 수— 어떤 수

4-3 어떤 수보다 2만큼 더 작은 수는 61이므로 어떤 수는 61보다 2만큼 더 큰 수입니다. 따라서 어떤 수는 63입니다.

어떤 수 63보다 2만큼 더 큰 수는 65입니다.

해결 전략

61 —2만큼 더 큰 수→ 어떤 수

61 ←2만큼 더 작은 수— 어떤 수

5-1 84보다 크고 93보다 작은 수는 85, 86, 87, 88, 89, 90, 91, 92입니다.

이 중에서 십의 자리 수가 일의 자리 수보다 큰 수는 85, 86, 87, 90, 91, 92입니다.

해결 전략

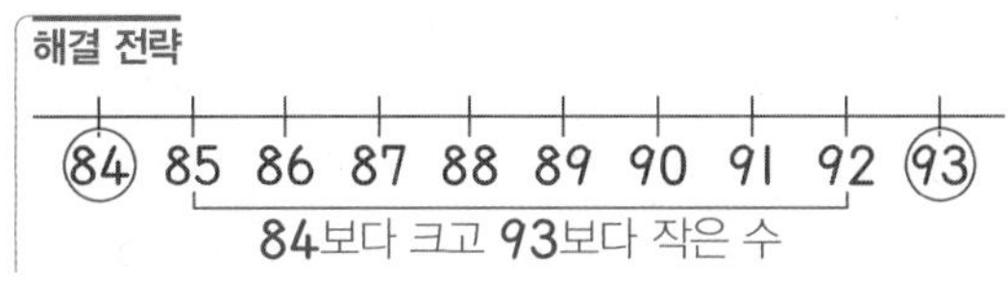

5-2 76보다 크고 83보다 작은 수는 77, 78, 79, 80, 81, 82입니다.

이 중에서 십의 자리 수가 일의 자리 수보다 작은 수는 78, 79입니다.

해결 전략

76 77 78 79 80 81 82 83

76보다 크고 83보다 작은 수

5-3 십의 자리 수와 일의 자리 수의 합이 8인 두 자리 수는 17, 26, 35, 44, 53, 62, 71, 80입니다.

이 중에서 50보다 큰 수는 53, 62, 71, 80입니다.

6-1 • 45 < 4□에서 십의 자리 수가 같으므로 일의 자리 수를 비교하면 5 < □입니다. □ 안에 들어갈 수 있는 수는 6, 7, 8, 9입니다.
• □6 < 73에서 십의 자리 수를 비교하면 □ < 7이므로 □ 안에 들어갈 수 있는 수는 1, 2, 3, 4, 5, 6입니다. 일의 자리 수를 비교하면 6 > 3이므로 □ 안에 7은 들어갈 수 없습니다.
따라서 공통으로 들어갈 수 있는 수는 6입니다.

해결 전략
□6 < 73처럼 십의 자리 수를 모르는 경우 십의 자리 수끼리 비교한 다음 일의 자리 수끼리도 비교하여 □ 안에 7이 들어갈 수 있는지 확인합니다.

6-2 • 7□ < 74에서 십의 자리 수가 같으므로 일의 자리 수를 비교하면 □ < 4입니다. □ 안에 들어갈 수 있는 수는 1, 2, 3입니다.
• 63 > □2에서 십의 자리 수를 비교하면 6 > □이므로 □ 안에 들어갈 수 있는 수는 1, 2, 3, 4, 5입니다. 일의 자리 수를 비교하면 3 > 2이므로 □ 안에 6도 들어갈 수 있습니다.
따라서 공통으로 들어갈 수 있는 수는 1, 2, 3입니다.

6-3 • 9□ > 96에서 십의 자리 수가 같으므로 일의 자리 수를 비교하면 □ > 6입니다. □ 안에 들어갈 수 있는 수는 7, 8, 9입니다.
• 78 < □3에서 십의 자리 수를 비교하면 7 < □이므로 □ 안에 들어갈 수 있는 수는 8, 9입니다. 일의 자리 수를 비교하면 8 > 3이므로 □ 안에 7은 들어갈 수 없습니다.
• 56 < 7□에서 십의 자리 수를 비교하면 5 < 7이므로 □ 안에는 0부터 9까지의 수가 모두 들어갈 수 있습니다.
따라서 공통으로 들어갈 수 있는 수는 8, 9입니다.

7-1 십의 자리 수가 다르면 일의 자리 수를 모르더라도 크기를 비교할 수 있습니다. 십의 자리 수를 비교하면 8 > 7 > 6 > 5이므로 십의 자리 수가 가장 큰 전기로 인한 사고가 가장 많고, 십의 자리 수가 가장 작은 가스로 인한 사고가 가장 적습니다.

LEVEL UP TEST

23~26쪽

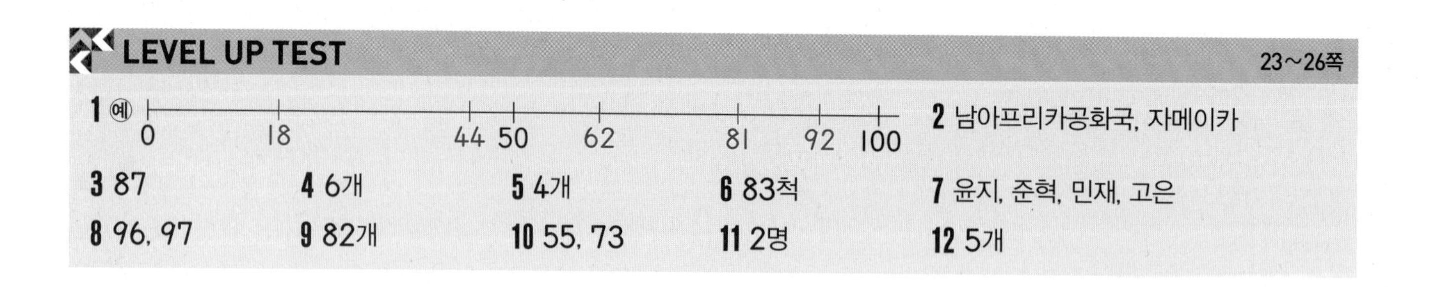

1 접근 ≫ 수의 크기를 비교하여 수직선에 나타냅니다.

수의 크기를 비교하여 작은 수부터 차례로 쓰면 18, 44, 62, 81, 92입니다. 수직선에서 오른쪽으로 갈수록 큰 수이므로 왼쪽에서부터 0, 18, 44, 50, 62, 81, 92, 100이 되도록 수직선에 나타냅니다.

지도 가이드
각각의 수를 수직선에 나타낼 때, 수직선에 표시된 수보다 각각의 수들이 큰지 작은지를 생각한 다음 수직선에 표시된 수와의 거리를 어림하여 표시해 보도록 지도해 주세요. 이 문제는 수의 크기 비교뿐 아니라 수 사이의 거리까지 어림하여 생각해 볼 수 있는 문제입니다.

보충 개념
두 자리 수의 크기 비교에서는 십의 자리 수가 클수록 큰 수예요. 십의 자리 수가 같은 경우 일의 자리 수가 클수록 큰 수예요.

2 접근 ≫ 축구 순위를 수의 크기 순서로 나타내 봅니다.

축구 순위를 비교하면 $10<23<44<50<55<66<75<84$입니다.
따라서 50위와 70위 사이에 있는 나라는 55위인 자메이카와 66위인 남아프리카 공화국입니다.

해결 전략
50위와 70위 사이의 순위에 50위와 70위는 포함되지 않아요.

3 접근 ≫ 10개씩 묶음 7개와 낱개 18개인 수를 먼저 알아봅니다.

10개씩 묶음 7개와 낱개 18개인 수는 10개씩 묶음 $7+1=8$(개)와 낱개 8개인 수와 같으므로 88입니다. 88보다 1만큼 더 작은 수는 87입니다.

4
21쪽 6번의 변형 심화 유형
접근 ≫ 십의 자리 수를 먼저 비교하고 일의 자리 수를 비교해 봅니다.

십의 자리 수를 비교하면 $7>\square$이므로 □ 안에 들어갈 수 있는 수는 1, 2, 3, 4, 5, 6입니다. 일의 자리 수를 비교하면 $3<9$이므로 □ 안에 7은 들어갈 수 없습니다.
따라서 □ 안에 들어갈 수 있는 수는 1, 2, 3, 4, 5, 6으로 모두 6개입니다.

해결 전략
십의 자리 수끼리 비교한 다음 일의 자리 수끼리 비교하여 □ 안에 7이 들어갈 수 있는지 없는지를 확인해 봐요.

서술형
5
18쪽 3번의 변형 심화 유형
접근 ≫ 감자의 수를 10개씩 묶음의 수와 낱개의 수로 나타내 봅니다.

예 감자 86개를 10개씩 묶어 보면 10개씩 8묶음과 낱개 6개이므로 여덟 바구니를 채우고 6개가 남습니다. 따라서 아홉 바구니를 모두 채우려면 감자가 4개 더 있어야 합니다.

채점 기준	배점
감자를 10개씩 묶으면 몇 묶음이 되고 몇 개가 남는지 구할 수 있나요?	3점
아홉 바구니를 모두 채우려면 감자는 몇 개 더 있어야 하는지 구할 수 있나요?	2점

해결 전략

86 ➡

10개씩 묶음	낱개
⑧	6

└8바구니

➡ $6+4=10$이므로 감자 4개가 더 있으면 한 바구니를 채울 수 있어요.

6
19쪽 4번의 변형 심화 유형
접근 ≫ 판옥선의 수를 10개씩 묶음과 낱개로 나타내 봅니다.

거북선은 40척이고, 거북선은 판옥선보다 43척 더 적으므로 판옥선은 거북선보다 43척 더 많습니다. 판옥선의 수는 거북선의 수 10척씩 4묶음보다 10척씩 4묶음과 낱개 3척만큼 더 많으므로 10척씩 $4+4=8$(묶음)과 낱개 3척입니다.
따라서 1770년에 판옥선은 83척 있었습니다.

해결 전략
거북선의 수
43만큼 더 큰 수 ↓ ↑ 43만큼 더 작은 수
판옥선의 수

지도 가이드
이 문제는 덧셈식을 만들어 바로 해결할 수 있지만 이 방법은 6단원에서 학습할 내용입니다. 6단원을 배우기 전이므로 수를 10개씩 묶음과 낱개로 나타낸 후 해결할 수 있도록 지도해 주세요.

7 22쪽 7번의 변형 심화 유형

접근 ≫ 십의 자리 수를 먼저 비교하고 일의 자리 수를 비교해 봅니다.

십의 자리 수를 비교하면 가장 큰 수는 9[illegible]이고, 둘째로 큰 수는 8[illegible]입니다.
그 다음으로 6[illegible]와 69를 비교하면 점수가 같은 학생은 없다고 했으므로 [illegible]는 9가 될 수 없습니다. 따라서 69가 6[illegible]보다 더 큽니다. 큰 수부터 차례로 써 보면
9[illegible], 8[illegible], 69, 6[illegible]이므로 윤지, 준혁, 민재, 고은의 차례로 점수가 높습니다.

8 16쪽 1번의 변형 심화 유형

접근 ≫ 십의 자리 수를 먼저 결정한 다음 일의 자리 수를 결정합니다.

가장 큰 두 자리 수를 만들려면 가장 큰 수 9를 십의 자리 수로 합니다.
가장 큰 짝수를 [9][㉠]이라고 할 때 0, 1, 4, 6, 7 중에서 가장 큰 짝수는 6이므로
㉠에 들어갈 수는 6입니다. ➡ 96
가장 큰 홀수를 [9][㉡]이라고 할 때 0, 1, 4, 6, 7 중에서 가장 큰 홀수는 7이므로
㉡에 들어갈 수는 7입니다. ➡ 97

보충 개념
일의 자리에 0을 넣으면 90이고, 90은 둘씩 짝을 지을 때 남는 것이 없으므로 짝수예요.

서술형 **9**

접근 ≫ 효영이와 혁수가 가지고 있는 수수깡의 수를 먼저 구해 봅니다.

예 효영이가 가지고 있는 수수깡은 78개이고, 혁수가 가지고 있는 수수깡은 84개입니다. 지현이가 가지고 있는 수수깡의 수는 78보다 크고 84보다 작으므로 79, 80, 81, 82, 83 중 하나입니다. 지현이가 가지고 있는 수수깡의 낱개의 수가 2이므로 지현이는 수수깡을 82개 가지고 있습니다.

채점 기준	배점
효영이와 혁수가 가지고 있는 수수깡의 수를 각각 구할 수 있나요?	2점
지현이가 가지고 있는 수수깡의 수를 구할 수 있나요?	3점

해결 전략

효영이가 가지고 있는 수수깡의 수:

	10개씩 묶음	낱개
10개씩 묶음 6개 →	6	0
낱개 18개 →	1	8

➡ 78

혁수가 가지고 있는 수수깡의 수:

	10개씩 묶음	낱개
10개씩 묶음 7개 →	7	0
낱개 14개 →	1	4

➡ 84

지현이가 가지고 있는 수수깡의 수:

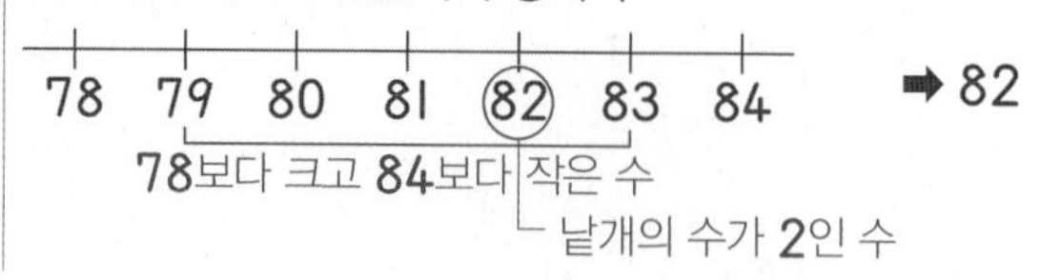

➡ 82

10

20쪽 5번의 변형 심화 유형

접근 ≫ 셋째 설명을 만족하는 수부터 찾아봅니다.

셋째 설명을 만족하는 두 자리 수는 19, 28, 37, 46, 55, 64, 73, 82, 91입니다. 이 중 50보다 크고 80보다 작은 수는 55, 64, 73입니다. 이 중에서 홀수는 55, 73입니다.

> **해결 전략**
> 설명하는 수를 구할 때에는 수의 범위를 좁힐 수 있는 설명의 수부터 찾아요.

11

접근 ≫ 사람을 ○로 그려서 해결해 봅니다.

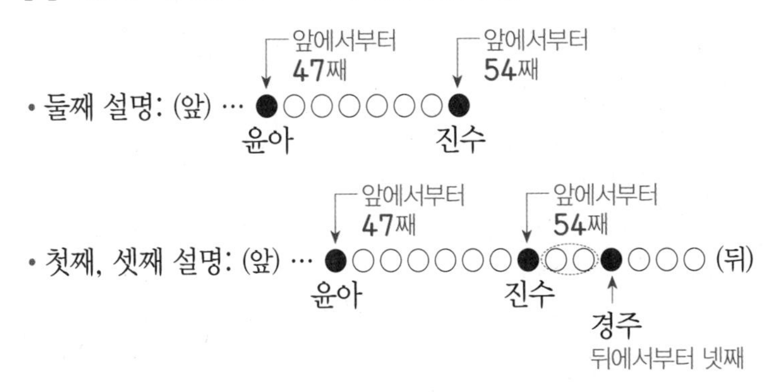

따라서 진수와 경주 사이에 서 있는 학생은 2명입니다.

> **해결 전략**
> 둘째 설명을 통해 진수가 앞에서부터 몇째에 서 있는지 알 수 있으므로 진수 뒤에 몇 명이 서 있는지 알 수 있어요.

12

접근 ≫ 십의 자리 수를 먼저 결정한 다음 일의 자리 수를 결정합니다.

0은 십의 자리에 들어갈 수 없으므로 십의 자리에 들어갈 수 있는 수는 6과 8입니다. 십의 자리 수가 6인 경우 만들 수 있는 수는 60, 66, 68이고, 십의 자리 수가 8인 경우 만들 수 있는 수는 80, 86입니다. 따라서 만들 수 있는 서로 다른 두 자리 수는 60, 66, 68, 80, 86으로 모두 5개입니다.

> **해결 전략**
> 십의 자리 수가 8인 경우 만들 수 있는 수는 80과 86뿐이에요. 86을 두 번 만들 수 있지만 같은 수이므로 하나의 수로 생각해야 해요.

HIGH LEVEL

27쪽

1 62 **2** 71, 73, 75, 77, 79 **3** 80개

1

접근 ≫ ●와 ▲가 나타내는 수를 알아봅니다.

●▲에서 ●는 십의 자리 수를, ▲는 일의 자리 수를 나타냅니다. ●에는 1부터 9까지의 수가 들어갈 수 있으므로 ●+▲=8을 만족하는 두 자리 수는 17, 26, 35, 44, 53, 62, 71, 80입니다. 이 중에서 십의 자리 수가 일의 자리 수보다 4만큼 더 큰 수는 62입니다.

> **해결 전략**
> ●+▲=8은 십의 자리 수와 일의 자리 수의 합이 8인 수를 말하고, ●=▲+4는 십의 자리 수가 일의 자리 수보다 4만큼 더 큰 수를 말해요.

2 접근 ≫ 십의 자리 숫자와 일의 자리 숫자가 홀수인 수를 생각해 봅니다.

60부터 90까지의 홀수 중에서 십의 자리 숫자와 일의 자리 숫자를 바꾸어 만든 수도 홀수이려면 십의 자리 숫자와 일의 자리 숫자가 모두 홀수이어야 합니다.
따라서 조건에 맞는 홀수는 71, 73, 75, 77, 79입니다.

해결 전략
60부터 90까지의 수 중에서 십의 자리가 홀수인 숫자는 7, 9이지만 십의 자리 숫자가 9인 수 중에서 일의 자리 숫자도 홀수인 수는 만들 수 없으므로 십의 자리 숫자가 9인 경우는 생각하지 않아요.

보충 개념
홀수는 둘씩 짝을 지을 때 하나가 남는 수로 일의 자리 수가 1, 3, 5, 7, 9인 수예요.

3 접근 ≫ 1부터 99까지의 수 중에서 숫자 5가 들어가는 수부터 구해 봅니다.

1부터 99까지의 수 중에서 숫자 5가 들어가는 수를 먼저 구합니다.
숫자 5가 일의 자리에 들어가는 수: 5, 15, 25, 35, 45, 55, 65, 75, 85, 95
➡ 10개
숫자 5가 십의 자리에 들어가는 수: 50, 51, 52, 53, 54, 55, 56, 57, 58, 59
➡ 10개
이 중에서 55는 두 번 포함되었으므로 숫자 5가 들어가는 수는 모두 19개입니다.
따라서 1부터 99까지의 수 중에서 숫자 5가 들어가지 않는 수는 80개입니다.

지도 가이드
1부터 99까지의 수 중에서 숫자 5가 들어가지 않는 수를 직접 구하려고 하면 어렵습니다.
전체 99개에서 숫자 5가 들어가는 수 19개를 빼도 답은 같으므로 이와 같은 방법으로 구할 수 있도록 지도해 주세요.

보충 개념
1부터 99까지 수는 99개예요.

연필 없이 생각 톡 28쪽

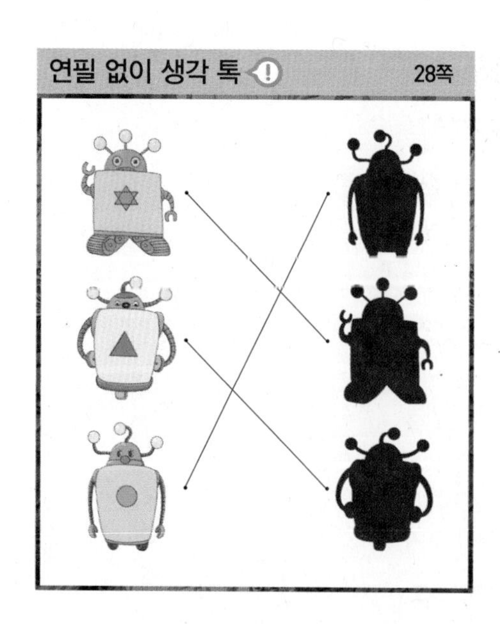

2 덧셈과 뺄셈(1)

BASIC TEST

1 세 수의 덧셈과 뺄셈 33쪽

1 (1) 7 (2) 9 2 (1) 3 (2) 3 3 7
4 (위에서부터) 4, 8 / 8, 4
5 예 2+2+5=9, 9마리
6 예 7−3−2=2, 2개 7 2, 4, 3

1 세 수의 계산은 앞에서부터 순서대로 계산합니다.

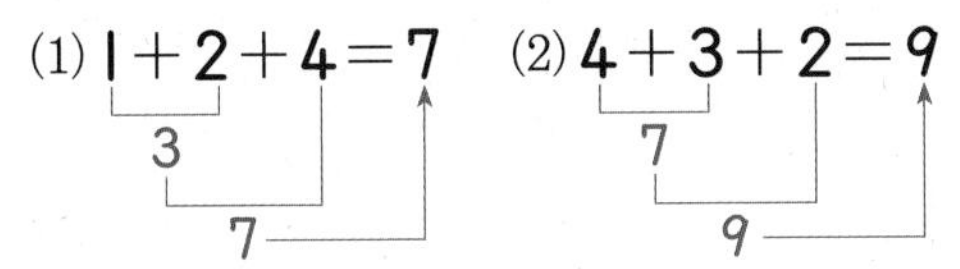

다른 풀이
(2) 순서를 바꾸어 더해도 계산 결과는 같습니다.

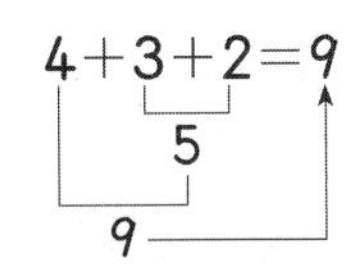

2 세 수의 계산은 앞에서부터 순서대로 계산합니다.

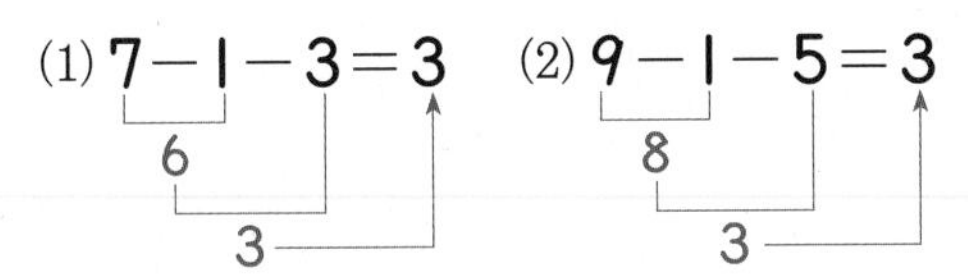

다른 풀이
(2) 9에서 5를 먼저 뺀 다음 1을 빼도 계산 결과는 같습니다.

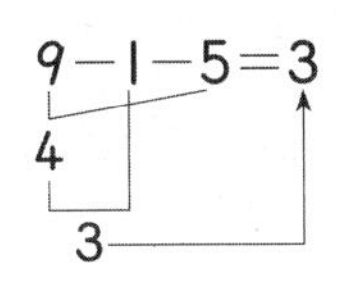

3 두 수의 순서를 바꾸어 더해도 계산 결과는 같습니다.
2+7 = 7+2

보충 개념
●+▲=▲+●

4 수직선의 작은 눈금 한 칸은 1을 나타냅니다. 8에서 1을 빼고 4를 더 빼면 3입니다. 뺄셈식으로 나타내면 8−1−4=3입니다.

5 2+2+5=9이므로 참새는 모두 9마리입니다.

6 7−3−2=2이므로 남은 딸기는 2개입니다.

다른 풀이
7에서 2를 먼저 뺀 다음 3을 빼도 계산 결과는 같습니다.

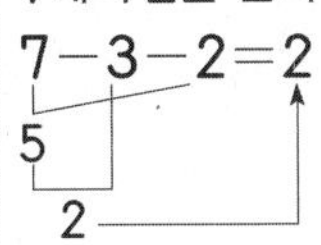

7 가장 큰 수인 6은 3과 더하여 9가 되므로 합이 9인 세 수가 될 수 없고, 6을 2와 더하면 8이 되므로 1을 더 더해야 9가 되는데 1은 없습니다. 따라서 6을 제외한 다른 세 수를 더하면 2+4+3=9가 됩니다.

2 10이 되는 더하기, 10에서 빼기 35쪽

1 5 2 (1) 4 (2) 5
3

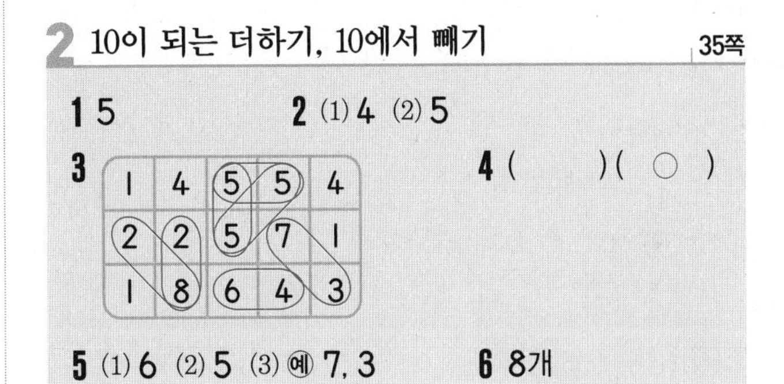

4 ( )(○)
5 (1) 6 (2) 5 (3) 예 7, 3 6 8개

1 ●와 ●를 하나씩 짝 지을 때 남는 ●를 뺄셈식으로 나타냅니다.

2 (1) 6+□=10 ➡ 10−6=□, □=4
(2) □+5=10 ➡ 10−5=□, □=5

3 더해서 10이 되는 두 수 2와 8, 3과 7, 4와 6, 5와 5를 찾아 묶어 봅니다.

해결 전략

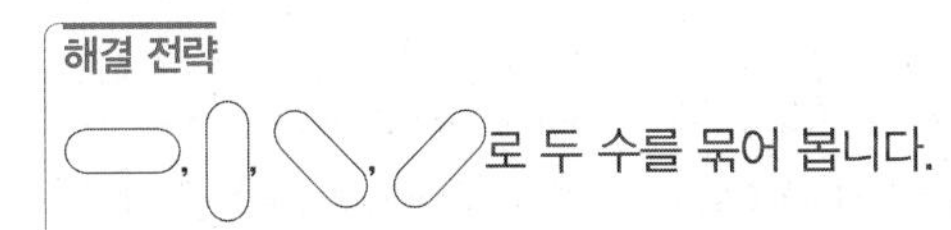

4 • 6과 더해서 10이 되는 수는 4입니다. ➡ □=4
• 3과 더해서 10이 되는 수는 7입니다. ➡ □=7
➡ 4<7

5 (1) 1+9=10, 10=4+□, □=10−4, □=6
(2) 8+2=10, 10=5+□, □=10−5, □=5
(3) 1+9=10, 2+8=10, 3+7=10, 4+6=10, 5+5=10 등 여러 가지 식을 만들 수 있습니다.

보충 개념
- 10이 되는 더하기

$\begin{cases}1+9=10\\9+1=10\end{cases}$ $\begin{cases}2+8=10\\8+2=10\end{cases}$ $\begin{cases}3+7=10\\7+3=10\end{cases}$ $\begin{cases}4+6=10\\6+4=10\end{cases}$

$5+5=10$

6 뺄셈을 하여 상자에 남아 있는 귤의 수를 구합니다.
(상자에 남아 있는 귤의 수)$=10-2=8$(개)

3 10을 만들어 더하기 37쪽

1 (1) $(1+9)+3=13$ (2) $8+(5+5)=18$
2 (1) 3, 15 (2) 6, 11 (3) 4, 17 **3** 15
4 (1) $<$ (2) $>$ (3) $=$
5 예 $4+3+6=13$, 13개 **6** 20

1 (1) $(1+9)+3=10+3=13$
(2) $8+(5+5)=8+10=18$

2 (1) $\bigcirc+7=10$, $\bigcirc=10-7=3$
➡ $5+3+7=5+10=15$ (3과 7을 묶어 10)
(2) $\bigcirc+4=10$, $\bigcirc=10-4=6$
➡ $6+4+1=10+1=11$ (6과 4를 묶어 10)
(3) $6+\bigcirc=10$, $\bigcirc=10-6=4$
➡ $7+6+4=7+10=17$ (6과 4를 묶어 10)

3 10이 되는 두 수를 먼저 더하고, 남은 수를 더합니다.
$7+5+3=10+5=15$ (7과 3을 묶어 10)

4 세 수의 덧셈에서 10이 되는 두 수를 먼저 더하고, 남은 수를 더합니다.
(1) $3+(6+4)=3+10=13$, $10+4=14$
➡ $13<14$
(2) $(5+5)+6=10+6=16$, $5+10=15$
➡ $16>15$
(3) $9+(8+2)=9+10=19$, $10+9=19$
➡ $19=19$

5 세 수의 덧셈에서 10이 되는 두 수를 먼저 더하고, 남은 수를 더합니다.
$4+3+6=10+3=13$ (4와 6을 묶어 10)

6 합이 같은 두 수끼리 묶어서 계산합니다.
$2+4+6+8=10+10=20$ (4와 6을 묶어 10, 2와 8을 묶어 10)

해결 전략
앞에서부터 순서대로 더해서 계산하는 것보다 두 수의 합이 같은 것을 찾아 계산하면 편리합니다.

MATH TOPIC 38~44쪽

1-1 4, 3, 6	1-2 4, 8, 2	1-3 3, 5, 7
2-1 2개	2-2 6개, 4개	2-3 7
3-1 3	3-2 2	3-3 3
4-1 +, −	4-2 −, +	4-3 2, 6, 8, 12

5-1 예 $5+4-1=3+7-2=8$
5-2 $8-5+4=9-3+1=7$
6-1 (위) 2, (가운데 줄) 1, 3, 5, (아래) 4
6-2 (위) 3, (가운데 줄) 4, 5, 6, (아래) 7
심화7 5, 5 / 5 7-1 4명

1-1 더해서 10이 되는 두 수는 4와 6입니다.
➡ $4+6=10$
합이 13이 되려면 10에 3을 더해야 합니다.
➡ $4+6+3=10+3=13$

지도 가이드
합이 13이 되는 세 수를 찾는 문제는 항상 위의 방법처럼 풀어야 되는 것은 아닙니다. 이 단원에서는 10이 되는 두 수를 먼저 더하고 남은 수를 더하는 방법을 다루기 때문에 다른 방법은 생각하지 않은 것입니다.

1-2 더해서 10이 되는 두 수는 8과 2입니다.

➡ $8+2=10$

합이 14가 되려면 10에 4를 더해야 합니다.

➡ $8+2+4=10+4=14$

1-3 더해서 10이 되는 두 수는 3과 7입니다.

➡ $3+7=10$

합이 15가 되려면 10에 5를 더해야 합니다.

➡ $3+7+5=10+5=15$

2-1 (식빵을 만들고 남은 달걀의 수)$=10-4=6$(개)

6을 가르기한 것 중 차가 2인 두 수를 찾습니다.

6	1	2	3	4	5
	5	4	3	2	1

과자를 만드는 데 사용한 달걀이 머핀을 만드는 데 사용한 달걀보다 2개 더 많으므로 과자를 만드는 데 사용한 달걀은 4개, 머핀을 만드는 데 사용한 달걀은 2개입니다.

2-2 빨간 구슬과 노란 구슬이 모두 10개이므로 10을 가르기한 것 중 차가 2인 두 수를 찾습니다.

10	1	2	3	4	5	6	7	8	9
	9	8	7	6	5	4	3	2	1

빨간 구슬이 노란 구슬보다 2개 더 많으므로 빨간 구슬은 6개, 노란 구슬은 4개입니다.

다른 풀이
노란 구슬의 수를 □라고 하면 빨간 구슬의 수는 □+2입니다. 빨간 구슬과 노란 구슬이 모두 10개이므로 □+□+2=10입니다.
□+□=10−2=8이고, 8은 4와 4로 가르기할 수 있으므로 □=4입니다.
따라서 노란 구슬은 4개, 빨간 구슬은 6개입니다.

2-3 두 수의 합이 10이고, 두 수의 차가 4이므로 10을 가르기한 것 중 차가 4인 두 수를 찾습니다.

10	1	2	3	4	5	6	7	8	9
	9	8	7	6	5	4	3	2	1

따라서 큰 수는 7, 작은 수는 3입니다.

3-1 $8-2=6$, 6−□=4를 만족하는 □를 구하면 □=6−4=2입니다.

6−②=4이고, 6−□가 4보다 작으려면 □는 2보다 크고 7보다 작아야 합니다. 따라서 □ 안에 들어갈 수 있는 수는 3, 4, 5, 6이고, 이 중에서 가장 작은 수는 3입니다.

└6−□에서 □ 안에는 6까지의 수가 들어갑니다.

3-2 $7-3=4$, 4−□=1을 만족하는 □를 구하면 □=4−1=3입니다.

4−③=1이고, 4−□가 1보다 크려면 □는 3보다 작아야 합니다.

따라서 □ 안에 들어갈 수 있는 수는 1, 2이고, 이 중에서 가장 큰 수는 2입니다.

다른 풀이
7−3−□>1 ➡ 4−□>1
□ 안에 1부터 수를 차례로 넣습니다.
4−①>1, 4−②>1, 4−③>1(×)
따라서 □ 안에 들어갈 수 있는 수는 1, 2이고, 이 중에서 가장 큰 수는 2입니다.

3-3 $9-2=7$, 7−□=3을 만족하는 □를 구하면 □=7−3=4입니다.

7−④=3이고, 7−□가 3보다 크려면 □는 4보다 작아야 합니다.

따라서 □ 안에 들어갈 수 있는 수는 1, 2, 3이고, 이 중에서 가장 큰 수는 3입니다.

다른 풀이
9−2−□>3 ➡ 7−□>3
□ 안에 1부터 수를 차례로 넣습니다.
7−①>3, 7−②>3, 7−③>3, 7−④>3(×)
따라서 □ 안에 들어갈 수 있는 수는 1, 2, 3이고, 이 중에서 가장 큰 수는 3입니다.

4-1 가장 왼쪽의 수 8보다 등호(=)의 오른쪽의 수 7이 더 작으므로 −가 적어도 한 번은 들어갑니다.

8㊀2㊀3=6−3=3(×),

8㊀2㊉3=6+3=9(×),

8㊉2㊀3=10−3=7(○)

따라서 계산 결과가 7이 되는 식은

8㊉2㊀3=7입니다.

4-2 가장 왼쪽의 수 9보다 등호(=)의 오른쪽의 수 10이 더 크므로 +가 적어도 한 번은 들어갑니다.

9⊕1⊕2=10+2=12(×),
9⊕1⊖2=10−2=8(×),
9⊖1⊕2=8+2=10(○)

따라서 계산 결과가 10이 되는 식은 9⊖1⊕2=10입니다.

4-3 ○ 안에 + 또는 −를 넣어 계산해 봅니다.

7⊕3⊕2=10+2=12,
7⊕3⊖2=10−2=8,
7⊖3⊕2=4+2=6,
7⊖3⊖2=4−2=2

따라서 나올 수 있는 계산 결과를 모두 쓰면 2, 6, 8, 12입니다.

5-1 5+㉠−㉡=8이고, 5+3=8이므로 ㉠−㉡=3입니다. 주어진 수 카드 중 차가 3이 되는 두 수는 1과 4, 4와 7입니다.

㉢+㉣−2=8이고, 10−2=8이므로 ㉢+㉣=10입니다. 주어진 수 카드 중 합이 10이 되는 두 수는 3과 7입니다.

따라서 수 카드를 한 번씩 모두 사용하여 식을 완성하면 다음과 같습니다.

➡ 5+4−1=3+7−2=8

3과 7의 순서를 바꾼 식인 5+4−1=7+3−2=8도 답이 됩니다.

참고
㉢, ㉣에 들어갈 수 카드를 먼저 정하고 남은 수 카드의 수를 ㉠, ㉡에 넣어 식을 완성해도 됩니다.

5-2 ㉠−㉡+1=7이고, 6+1=7이므로 ㉠−㉡=6입니다. 주어진 수 카드 중 차가 6이 되는 두 수는 3과 9입니다.

남은 수 카드의 수 4, 8을 ㉢−5+㉣=7에 사용하면 8−5+4=7이 됩니다.

따라서 수 카드를 한 번씩 모두 사용하여 식을 완성하면 다음과 같습니다.

➡ 8−5+4=9−3+1=7

다른 풀이
㉢−5+㉣=7에서 맨 앞의 □ 안에는 5보다 더 큰 수 8 또는 9가 들어갈 수 있습니다.
㉢이 8일 때 식이 완성되려면 8−5+4=7이고, ㉢이 9일 때 식이 완성되려면 9−5+3=7입니다.
㉠−㉡+1=7이고, 6+1=7이므로 ㉠−㉡=6입니다. 주어진 수 카드 중 차가 6이 되는 두 수는 3과 9입니다.
따라서 수 카드를 한 번씩 모두 사용하여 식을 완성하면 다음과 같습니다.
➡ 8−5+4=9−3+1=7

6-1 1부터 5까지의 수 중에서 세 수의 합이 9인 경우를 찾습니다. 1+③+5=9, 2+③+4=9

두 식에 3이 공통으로 들어가므로 3을 한가운데 자리에 넣고, 1과 5, 2와 4가 짝이 되도록 하여 각각 같은 줄에 넣습니다.

다른 풀이
1부터 5까지의 수의 합은 1+2+3+4+5=15입니다. 각 자리를 다음과 같이 나타내면 가로줄과 세로줄에 있는 세 수의 합은
(㉡+㉢+㉣)+(㉠+㉢+㉤)=9+9=18입니다.
└㉠+㉡+㉢+㉣+㉤+㉢=18
15
㉠+㉡+㉢+㉣+㉤은 1부터 5까지 수의 합과 같으므로 15이고, 15+㉢=18, ㉢=3입니다.
3을 제외한 수 중에서 두 수의 합이 같은 경우를 찾으면 1과 5, 2와 4입니다.

6-2 3부터 7까지의 수 중에서 세 수의 합이 15인 경우를 찾습니다. 3+⑤+7=15, 4+⑤+6=15

두 식에 5가 공통으로 들어가므로 5를 한가운데 자리에 넣고, 3과 7, 4와 6이 짝이 되도록 하여 각각 같은 줄에 넣습니다.

다른 풀이
3부터 7까지의 수의 합은 3+4+5+6+7=25입니다. 각 자리를 다음과 같이 나타내면 가로줄과 세로줄에 있는 세 수의 합은
(㉡+㉢+㉣)+(㉠+㉢+㉤)=15+15=30입니다.
└㉠+㉡+㉢+㉣+㉤+㉢=30
25
㉠+㉡+㉢+㉣+㉤은 3부터 7까지 수의 합과 같으므로 25이고, 25+㉢=30, ㉢=5입니다.

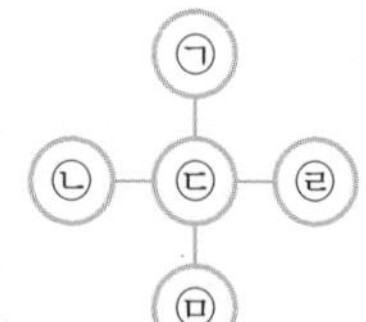

5를 제외한 수 중에서 두 수의 합이 같은 경우를 찾으면 3과 7, 4와 6입니다.

7-1 풋살과 농구의 한 팀 인원은 각각 5명이므로 인원 수의 합은 $5+5=10$(명)입니다. 배구의 한 팀 인원은 6명이므로 풋살과 농구의 한 팀 인원 수의 합은 배구의 한 팀 인원 수보다 $10-6=4$(명) 더 많습니다.

LEVEL UP TEST

45~48쪽

1 ㉠, ㉢, ㉡, ㉣　2 −, +, +　3 9개　4 9　5 3가지　6 2개
7 0, 1, 2　8 $9-5-3+6=10$ (−3에 ×표)　9 7개　10 (1) 예 $2+8-3$ (2) 예 $4+6-1$
11 (1) 2 (3) (4) (5) (6) 7 8 (9)　12 3개

1 **접근 ≫ ㉠, ㉡, ㉢, ㉣에 알맞은 수를 구해 봅니다.**

㉠ $2+\square=10$ ➡ $10-2=\square$, $\square=8$
㉡ $10-\square=7$ ➡ $10-7=\square$, $\square=3$
㉢ $\square+5=10$ ➡ $10-5=\square$, $\square=5$
㉣ $10-9=\square$ ➡ $\square=1$
$8>5>3>1$이므로 수가 큰 것부터 차례로 기호를 쓰면 ㉠, ㉢, ㉡, ㉣입니다.

2 41쪽 4번의 변형 심화 유형
접근 ≫ 등호(=)의 오른쪽 수가 나오도록 +, −를 넣어 봅니다.

가장 왼쪽의 수 5보다 등호(=)의 오른쪽 수 8이 더 크므로 +가 적어도 한 번은 들어갑니다.
$5+2+1+4=7+1+4=8+4>8$(×)
$5+2+1-4=7+1-4=8-4=4$(×)
$5+2-1+4=7-1+4=6+4=10$(×)
$5+2-1-4=7-1-4=6-4=2$(×)
$5-2+1+4=3+1+4=4+4=8$(○)
$5-2+1-4=3+1-4=4-4=0$(×)
$5-2-1+4=3-1+4=2+4=6$(×)
따라서 계산 결과가 8이 되는 식은 $5-2+1+4=8$입니다.

해결 전략
• +, −를 넣을 수 있는 경우
수⊕수⊕수⊕수,
수⊕수⊕수⊖수,
수⊕수⊖수⊕수,
수⊕수⊖수⊖수,
수⊖수⊕수⊕수,
수⊖수⊕수⊖수,
수⊖수⊖수⊕수,
수⊖수⊖수⊖수
➡ 8가지
등호(=)의 오른쪽 수 8이 왼쪽 식의 가장 큰 수 5보다 크므로 '수⊖수⊖수⊖수'는 생각하지 않아도 돼요.

서술형 **3** **접근 ≫ 처음에 있던 바나나의 수를 □라고 하여 식을 만들어 봅니다.**

예 처음에 있던 바나나의 수를 □라고 하면 $□-3-2=4$입니다.
$4+2+3=□$, $□=9$이므로 처음에 있던 바나나는 모두 9개입니다.

채점 기준	배점
처음에 있던 바나나의 수를 □라고 하여 식을 만들 수 있나요?	3점
처음에 있던 바나나의 수를 구할 수 있나요?	2점

다른 풀이
처음에 있던 바나나의 수는 먹은 바나나 수에 남은 바나나 수를 더하면 됩니다.
(처음에 있던 바나나의 수)$=3+2+4=9$(개)

4 38쪽 1번의 변형 심화 유형
접근 ≫ 합이 10이 되는 두 수를 찾아봅니다.

합이 10이 되도록 2장씩 짝 지어 보면 2와 8, 9와 1, 7과 3입니다.
따라서 짝 지어지지 않고 남는 수 카드는 4와 5입니다.
➡ $4+5=9$

보충 개념
• 10이 되는 더하기
$1+9=10$, $9+1=10$
$2+8=10$, $8+2=10$
$3+7=10$, $7+3=10$
$4+6=10$, $6+4=10$
$5+5=10$

5 **접근 ≫ 1부터 6까지의 수 중 두 수를 더하여 10이 되는 경우를 알아봅니다.**

주사위의 눈의 수는 1부터 6까지 있으므로 서로 다른 2개의 주사위를 던져서 나온 눈의 수의 합이 10이 되는 경우는 4와 6, 5와 5, 6과 4입니다. 따라서 모두 3가지입니다.

해결 전략
서로 다른 2개의 주사위에서 나온 눈의 수를 (주사위 1, 주사위 2)라고 할 때, (4, 6)과 (6, 4)는 다른 경우예요.

서술형 **6** **접근 ≫ 지연이가 가지고 있는 구슬의 수를 먼저 구해 봅니다.**

예 (지연이가 가지고 있는 구슬의 수)$=2+3+1=5+1=6$(개)
미나는 지연이보다 구슬을 2개 더 많이 가지고 있으므로 $6+2=8$(개) 가지고 있습니다.
(미나가 가지고 있는 구슬의 수)$=4+□+2=8$(개)이므로
$6+□=8$, $□=2$(개)입니다.

해결 전략

채점 기준	배점
지연이가 가지고 있는 구슬의 수를 구할 수 있나요?	2점
미나가 가지고 있는 구슬의 수를 구할 수 있나요?	1점
미나가 가지고 있는 노란 구슬의 수를 구할 수 있나요?	2점

7
40쪽 3번의 변형 심화 유형

접근 ≫ 부등호(<)의 왼쪽을 간단히 나타내 봅니다.

$7-4=3$, $3+\square=6$을 만족하는 □를 구하면 $\square=6-3=3$입니다.
$3+\boxed{3}=6$이고, $3+\square$가 6보다 작으려면 □는 3보다 작아야 합니다.
따라서 □ 안에 들어갈 수 있는 수는 0, 1, 2입니다.

다른 풀이
$7+\square-4<6$ ➡ $3+\square<6$
□ 안에 0부터 수를 차례로 넣습니다.
$3+\boxed{0}<6$, $3+\boxed{1}<6$, $3+\boxed{2}<6$, $3+\boxed{3}<6(\times)$
따라서 □ 안에 들어갈 수 있는 수는 0, 1, 2입니다.

해결 전략
$3+\square<6$에서 □ 안의 수를 구하기 위해 $3+\square=6$을 만족하는 □ 안의 수를 먼저 구해요.

8
접근 ≫ 등호(=)의 왼쪽을 계산해 봅니다.

등호(=)의 왼쪽을 앞에서부터 순서대로 계산하면 $9-5-3+6=7$입니다. 등호의 오른쪽은 10이고, 왼쪽 식의 계산 결과는 7이므로 두 수의 차는 $10-7=3$입니다. 왼쪽 식의 계산 결과에 3을 더해야 10이 되므로 -3을 지웁니다.
➡ $9-5\cancel{-3}+6=10$

주의
필요 없는 부분을 지운 다음 식이 올바른지 확인해요.
$9-5+6=10$(○)
4
10

해결 전략
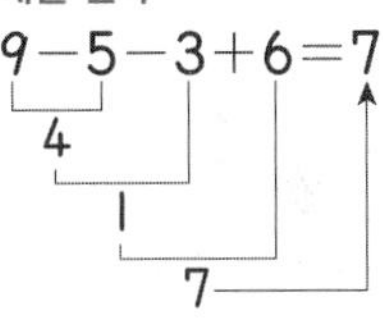

9
39쪽 2번의 변형 심화 유형

접근 ≫ 유리가 처음에 가지고 있던 곶감의 수를 구해 봅니다.

유리, 성아, 준호가 가지고 있는 곶감의 수의 합은 10개이고, 준호가 가지고 있는 곶감의 수는 5개이므로
(유리와 성아가 가지고 있는 곶감의 수)$=10-5=5$(개)입니다.
5는 1과 4, 2와 3으로 가르기할 수 있습니다.
유리가 성아보다 곶감을 1개 더 많이 가지고 있으므로 유리가 가지고 있는 곶감은 3개, 성아가 가지고 있는 곶감은 2개입니다.
유리가 어머니께 받은 곶감의 수를 □라고 하면 $3+\square=10$ ➡ $\square=7$입니다.
따라서 유리가 어머니께 받은 곶감은 7개입니다.

지도 가이드
유리가 처음에 가지고 있던 곶감의 수를 모르기 때문에 어머니께 받은 곶감의 수를 구할 수 없습니다. 따라서 유리가 처음에 가지고 있던 곶감의 수를 구한 다음 어머니께 받은 곶감의 수를 구합니다.

10
42쪽 5번의 변형 심화 유형

접근 ≫ 주어진 수를 더하거나 빼서 등호(=)의 오른쪽 수를 만들어 봅니다.

(1) 계산 결과가 주어진 수 중 가장 큰 수인 8보다 작으므로 −가 적어도 한 번은 들어갑니다. ➡ $2+8-3=7$

(2) 주어진 세 수를 더한 결과($1+4+6=11$)보다 등호(=)의 오른쪽 수가 더 작으므로 −가 적어도 한 번은 들어갑니다. ➡ $4+6-1=9$

해결 전략
・+, −를 넣을 수 있는 경우
수⊕수⊕수, 수⊕수⊖수,
수⊖수⊕수, 수⊖수⊖수
➡ 4가지

11
접근 ≫ 수 카드 중에서 두 장을 먼저 고릅니다.

1, 4, 5 중에서 두 개의 수를 고른 다음 합과 차를 구하면 다음과 같습니다.
$1+4=5$, $4-1=3$, $1+5=6$, $5-1=4$, $4+5=9$, $5-4=1$
따라서 만들 수 있는 계산 결과는 1, 3, 4, 5, 6, 9입니다.

해결 전략
세 수 1, 4, 5 중 두 수를 고르는 경우는 3가지예요.
➡ 1과 4, 1과 5, 4와 5

12
접근 ≫ 귤을 가장 적게 먹은 사람을 찾아봅니다.

수현이는 진아보다 1개 더 많이 먹었고, 민서는 수현이보다 2개 많이 더 먹었으므로 민서, 수현, 진아 순서로 귤을 많이 먹었습니다. 진아가 귤을 1개, 2개, 3개 먹는 경우에 수현이와 민서가 먹은 귤의 수를 나타내 보면 다음과 같습니다.

진아	1개	2개	3개
수현	2개	3개	4개
민서	4개	5개	6개

수현, 진아, 민서가 먹은 귤의 수의 합이 10개이므로 진아는 2개, 수현이는 3개, 민서는 5개 먹었습니다.

해결 전략
수현 > 진아
민서 > 수현
➡ 민서 > 수현 > 진아

다른 풀이
진아가 먹은 귤의 수를 □라고 하면 수현이가 먹은 귤의 수는 □+1, 민서가 먹은 귤의 수는 □+1+2입니다.
세 명이 먹은 귤이 모두 10개이므로 □+□+1+□+1+2=10, □+□+□+4=10, (수현이가 먹은 귤의 수: □+1, 민서가 먹은 귤의 수: □+1+2)
□+□+□=10−4=6입니다.
2+2+2=6이므로 □=2입니다.
따라서 진아가 먹은 귤은 2개, 수현이가 먹은 귤은 2+1=3(개), 민서가 먹은 귤은 2+1+2=5(개)입니다.

HIGH LEVEL
49쪽

1 3가지　　2 4

1 **접근 ≫ 세 수의 합이 9가 되는 경우를 생각해 봅니다.**

가장 높은 점수인 7점을 맞힌 경우와 맞히지 않은 경우로 나누어 생각합니다.
7점을 맞힌 경우: (7, 1, 1) ➡ 1가지
7점을 맞히지 못한 경우: (1, 3, 5), (3, 3, 3) ➡ 2가지
따라서 점수의 합이 9점인 경우는 모두 3가지입니다.

해결 전략
화살이 같은 점수에 여러 번 꽂힐 수도 있어요.

2 **접근 ≫ ●와 ▲에 알맞은 수를 구하여 ★에 알맞은 수를 구해 봅니다.**

첫째 가로줄에서 ●+●+▲=17, 첫째 세로줄에서 ●+▲=10이므로
●+10=17, ●=7입니다.
●+▲=10에서 ●=7이므로 7+▲=10, 10−7=▲, ▲=3입니다.
둘째 가로줄에서 ▲+★+★=7이고, ▲=3이므로 3+★+★=7,
★+★=4, ★=2입니다.
➡ ●=7, ▲=3, ★=2
●+★=㉠이므로 ㉠=7+2=9이고, ▲+★=㉡이므로 ㉡=3+2=5입니다. 따라서 ㉠−㉡=9−5=4입니다.

해결 전략
●, ▲, ★의 순서로 모양이 나타내는 수를 구한 다음 ㉠, ㉡에 알맞은 수를 구해요.

연필 없이 생각 톡 50쪽

3과 ㉡, 4와 ㉠

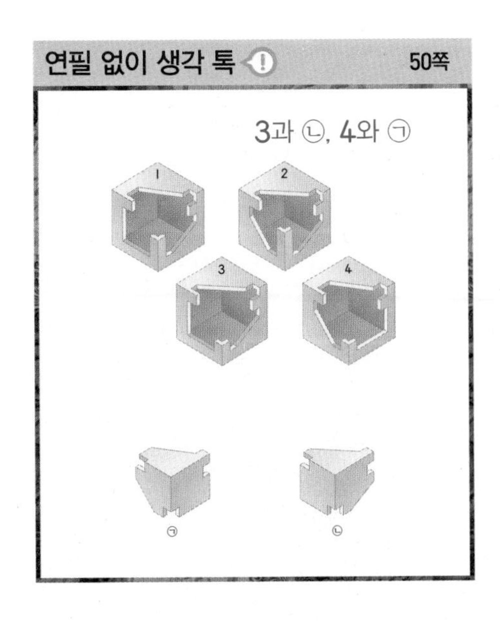

3 모양과 시각

BASIC TEST

1 여러 가지 모양(1)

55쪽

1 ㉡, ㉢, ㉤　2 1개　3 (선 잇기)

4 ■, ▲에 ○표　5 ④

6 ㉣　7 ㉢, ㉤　8 ㉠, ㉡, ㉥

1 ㉠ ● 모양, ㉡ ■ 모양, ㉢ ■ 모양, ㉣ ▲ 모양, ㉤ ■ 모양, ㉥ ● 모양
➡ ■ 모양은 ㉡, ㉢, ㉤입니다.

2 ▲ 모양의 물건은 ㉣이고, ● 모양의 물건은 ㉠, ㉥이므로 ▲ 모양과 ● 모양의 수의 차는 $2-1=1$(개)입니다.

3 • ⌒은 굽은 선으로 되어 있으므로 ○의 일부분임을 알 수 있습니다.
• ⌐은 곧은 선으로 되어 있고, 뾰족한 부분의 모양을 통해 ■의 일부분임을 알 수 있습니다.
• ∠은 곧은 선으로 되어 있고, 뾰족한 부분의 모양을 통해 ◣의 일부분임을 알 수 있습니다.

4 Chocolate 물건의 아래와 옆을 종이에 대고 그리면 ■ 모양과 ▲ 모양이 나옵니다.

5 ①, ②, ③, ⑤ ➡ ▲ 모양
④ ➡ ■ 모양

6 뾰족한 부분이 없는 것은 ● 모양입니다.
● 모양은 ㉣입니다.

7 곧은 선이 3개 있고, 뾰족한 부분이 3군데인 모양은 ▲ 모양입니다.
▲ 모양은 ㉢, ㉤입니다.

8 곧은 선이 4개인 모양은 ■ 모양입니다.
■ 모양은 ㉠, ㉡, ㉥입니다.

2 여러 가지 모양(2)

57쪽

1 3개, 5개, 7개　2 나
3 2, 1, 3　4 가
5 예　6 예

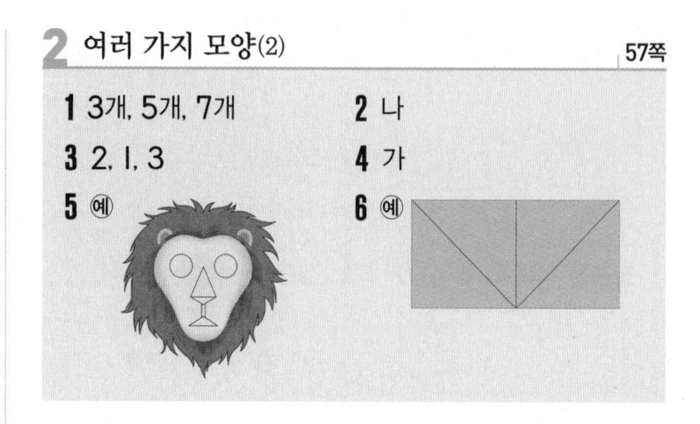

1 연필로 □, △, ○ 등으로 표시하면서 세면 빠뜨리거나 중복되지 않게 셀 수 있습니다.

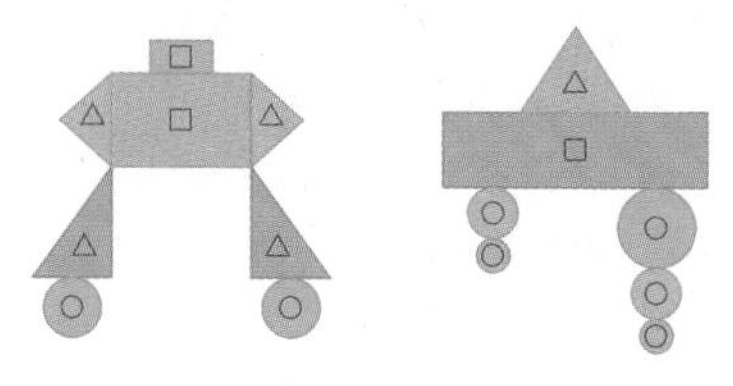

➡ ■ 모양은 3개, ▲ 모양은 5개, ● 모양은 7개입니다.

2 사용한 ■ 모양을 세어 봅니다. ➡ 가: 6개, 나: 7개
따라서 ■ 모양을 더 많이 사용한 것은 나입니다.

3 • ■ 모양: 나, 라 ➡ 2개
• ▲ 모양: 다 ➡ 1개
• ● 모양: 가, 마, 바 ➡ 3개

4 가와 나 모두 ■ 모양 2개, ● 모양 2개를 사용했습니다. 하지만 나 모양의 ■ 모양은 주어진 모양 조각이 아니므로 주어진 모양 조각을 모두 사용하여 만든 것은 가입니다.

5 ■, ▲, ● 모양을 사용하여 자유롭게 사자 얼굴을 그려 봅니다.

6 (그림), (그림), (그림), (그림) 등 여러 가지로 만들 수 있습니다.

지도 가이드
선의 수가 정해져 있지 않으므로 ▲ 모양이 4개 만들어지도록 자유롭게 선을 그어 보도록 합니다. 답이 정해진 문제가 아니므로 다양한 답이 나올 수 있습니다.

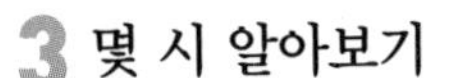

3 몇 시 알아보기 59쪽

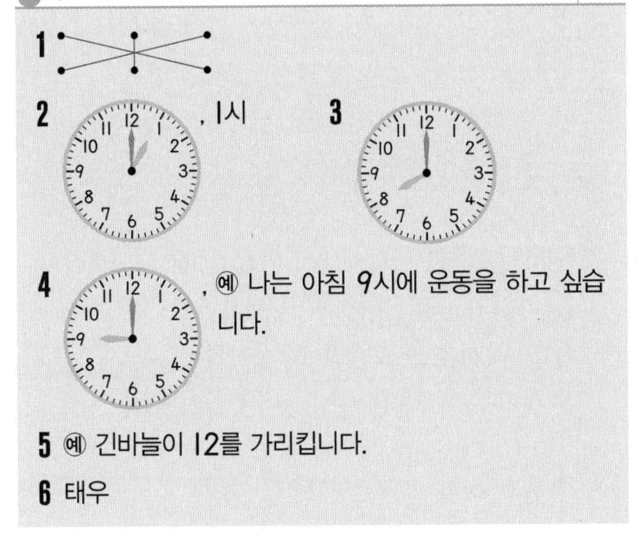

1 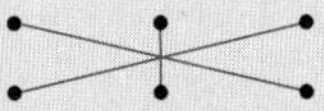

2 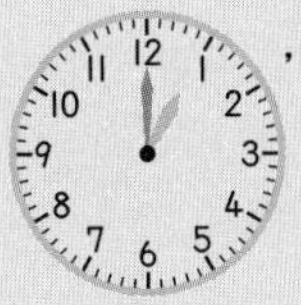 , 1시 **3** 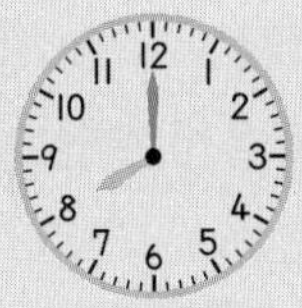

4 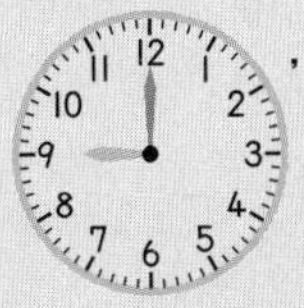 , 예 나는 아침 9시에 운동을 하고 싶습니다.

5 예 긴바늘이 12를 가리킵니다.

6 태우

1 시계의 긴바늘이 12를 가리키면 '몇 시'를 나타냅니다.

2 긴바늘이 12를 가리키고, 짧은바늘이 1을 가리키므로 1시입니다.

3 긴바늘이 한 바퀴 돌 때 짧은바늘은 숫자 1칸을 움직입니다. 왼쪽 시계가 나타내는 시각이 7시이므로 오른쪽 시계에 짧은바늘이 8, 긴바늘이 12를 가리키도록 그립니다.

4 아침 9시에 할 수 있는 일을 생각해 봅니다.

5 '몇 시'일 때 긴바늘은 항상 12를 가리킵니다.

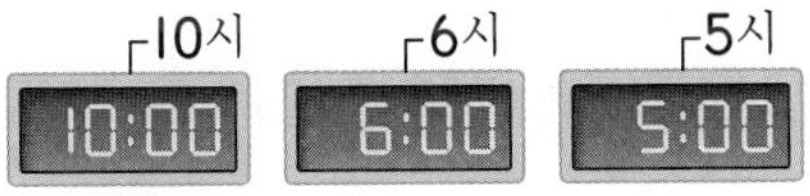

보충 개념

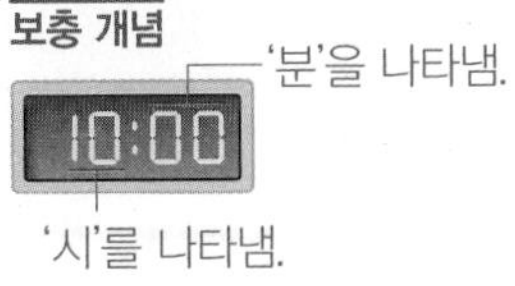

6 태우가 집에 돌아온 시각은 2시, 지우가 집에 돌아온 시각은 4시입니다.
2시가 4시보다 빠른 시각이므로 집에 먼저 돌아온 사람은 태우입니다.

4 몇 시 30분 알아보기 61쪽

1 (1) 7시 30분 (2) (○)

2 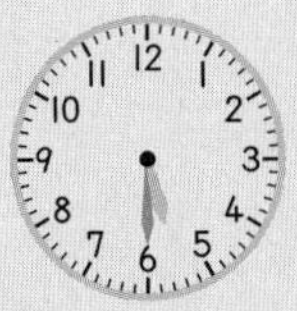

3 ( )(○)( )

4 ㉢ **5** 6

6 1시간

1 (1) 짧은바늘이 7과 8 사이를 가리키고 긴바늘이 6을 가리키면 7시 30분입니다.
(2) 짧은바늘이 10과 11 사이를 가리키고 긴바늘이 6을 가리키면 10시 30분입니다.

2 긴바늘이 6을 가리키고, 짧은바늘이 5와 6 사이를 가리키도록 그립니다.

3 둘째 시계에서 긴바늘이 6을 가리키므로 짧은바늘은 숫자와 숫자 사이를 가리켜야 합니다.

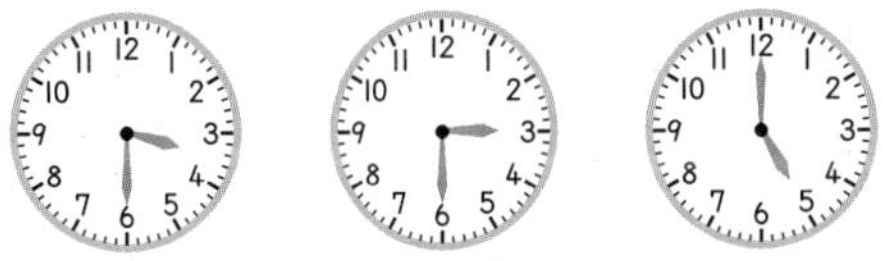

3시 30분 (×) 5시

다른 풀이
둘째 시계에서 짧은바늘이 3을 가리키므로 긴바늘은 12를 가리켜야 합니다. ➡ 3시

해결 전략
긴바늘이 12를 가리키는 경우는 '몇 시'를 나타내고, 긴바늘이 6을 가리키는 경우는 '몇 시 30분'을 나타냅니다.

4 ㉠ 5시 30분 ㉡ 6시 ㉢ 6시 30분 ㉣ 7시
따라서 6시와 7시 사이의 시각은 ㉢ 6시 30분입니다.

해결 전략
6시와 7시 사이의 시각에 6시와 7시는 포함되지 않습니다.

5 '몇 시 30분'일 때 긴바늘은 항상 6을 가리킵니다.

2시 30분 ➡ 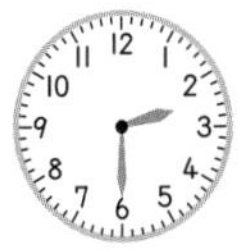

6 숙제를 시작한 시각은 4시 30분, 숙제를 끝낸 시각은 5시 30분입니다.
따라서 숙제를 하는 데 걸린 시간은 긴바늘이 한 바퀴 도는 동안의 시간입니다. ➡ 1시간

보충 개념
긴바늘이 한 바퀴 돌 때 짧은바늘은 숫자 한 칸을 움직이므로 걸린 시간은 1시간입니다.

MATH TOPIC 62~71쪽

1-1 ● 모양 1-2 ▲ 모양
2-1 가
3-1 1, 2, 3, 4 3-2 11 3-3 9, 10, 11
4-1 5시 30분 4-2 3시 30분
5-1 4개 5-2 8개
6-1 6개, 7개 6-2 2개
7-1 11시 30분 7-2 5시 7-3 12시 30분
8-1 4개 8-2 9개
9-1 6개 9-2 8개 9-3 12개
심화10 운동 / 운동
10-1 숙제

1-1 ■: ┌ 모양의 뾰족한 부분이 있습니다. ➡ 2개
▲: ∧ 모양의 뾰족한 부분이 있습니다. ➡ 2개
●: ╭ 모양의 둥근 부분이 있습니다. ➡ 3개

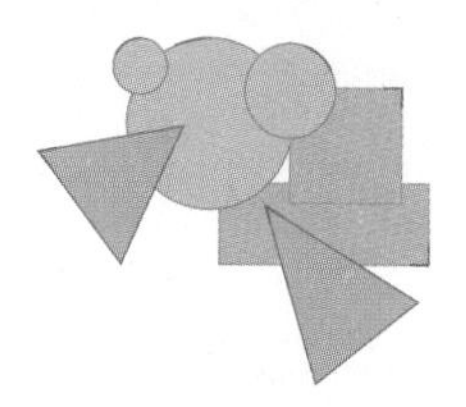

따라서 모양의 수가 가장 많은 모양은 ● 모양입니다.

1-2 ■: ┌ 모양의 뾰족한 부분이 있습니다. ➡ 3개
▲: ∧ 모양의 뾰족한 부분이 있습니다. ➡ 2개
●: ╭ 모양의 둥근 부분이 있습니다. ➡ 3개

따라서 모양의 수가 다른 한 모양은 ▲ 모양입니다.

2-1 주어진 모양 조각은 ■ 모양이 3개, ▲ 모양이 4개, ● 모양이 2개입니다.

가: ■ 모양 3개, ▲ 모양 4개, ● 모양 2개
나: ■ 모양 3개, ▲ 모양 5개, ● 모양 1개
다: ■ 모양 3개, ▲ 모양 3개, ● 모양 3개
➡ 주어진 모양 조각과 ■, ▲, ● 모양의 수가 같은 것을 찾으면 가입니다.

3-1 5시를 시계에 나타내면 긴바늘이 12를 가리키고 짧은바늘이 5를 가리킵니다. 시계를 보고 좁은 쪽 사이에 있는 숫자를 모두 찾으면 1, 2, 3, 4입니다.

주의
시계의 긴바늘과 짧은바늘이 가리키는 숫자까지 포함하지 않도록 주의합니다.

3-2 10시를 시계에 나타내면 긴바늘이 12를 가리키고 짧은바늘이 10을 가리킵니다. 시계를 보고 좁은 쪽 사이에 있는 숫자를 찾으면 11입니다.

주의
10과 12는 포함하면 안 됩니다.

3-3 8시를 시계에 나타내면 긴바늘이 12를 가리키고 짧은바늘이 8을 가리킵니다. 시계를 보고 좁은 쪽 사이에 있는 숫자를 모두 찾으면 9, 10, 11입니다.

4-1 5시와 7시 사이의 시각 중에서 긴바늘이 6을 가리키는 시각은 5시 30분, 6시 30분입니다.
이 중 6시보다 빠른 시각은 5시 30분입니다.

보충 개념
긴바늘이 6을 가리키면 '몇 시 30분'을 나타냅니다.

해결 전략
5시 30분 —30분 후→ 6시 —30분 후→ 6시 30분

4-2 2시와 4시 사이의 시각 중에서 긴바늘이 6을 가리키는 시각은 2시 30분, 3시 30분입니다.
이 중 3시보다 늦은 시각은 3시 30분입니다.

해결 전략
2시 30분 —30분 후→ 3시 —30분 후→ 3시 30분

5-1 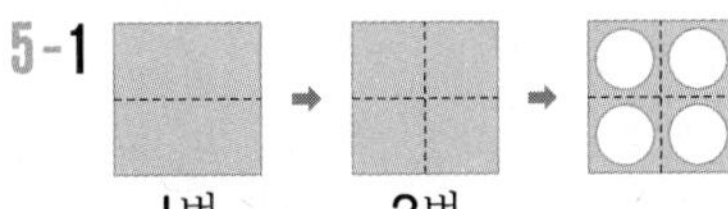

따라서 ● 모양은 4개 만들어집니다.

> **다른 풀이**
> 색종이를 2번 접으면 4겹으로 겹쳐집니다.
> 따라서 접힌 종이에 ● 모양을 그려서 오리면 ● 모양은 4개 만들어집니다.

5-2 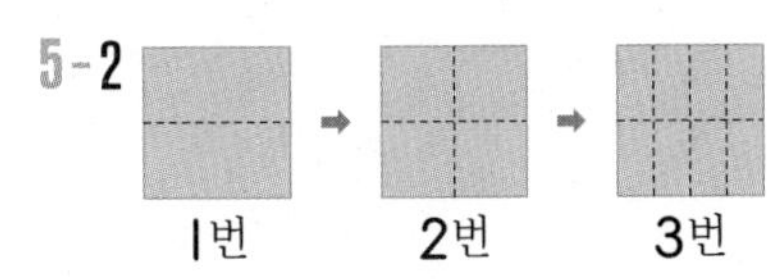

따라서 접힌 선을 따라 모두 자르면 ■ 모양은 8개 만들어집니다.

6-1 뾰족한 부분이 있는 것은 ■, ▲ 모양이고, 뾰족한 부분이 없는 것은 ● 모양입니다. 그림에서 ■ 모양은 2개, ▲ 모양은 4개, ● 모양은 7개 사용하였습니다.
따라서 뾰족한 부분이 있는 것은 $2+4=6$(개)이고, 뾰족한 부분이 없는 것은 7개입니다.

6-2 뾰족한 부분이 3군데인 모양은 ▲ 모양이고, 뾰족한 부분이 없는 모양은 ● 모양입니다. 그림에서 ▲ 모양은 7개, ● 모양은 5개 사용하였습니다.
따라서 뾰족한 부분이 3군데인 ▲ 모양은 뾰족한 부분이 없는 ● 모양보다 $7-5=2$(개) 더 많습니다.

> **해결 전략**
> ■ 모양의 수는 셀 필요가 없습니다.

7-1 긴바늘이 한 바퀴 돌 때 짧은바늘은 숫자 1칸을 움직입니다. 짧은바늘이 숫자 1칸만큼 움직인 시각이 12시 30분이므로 축구를 시작한 시각은 11시 30분입니다.

12시 30분 —(긴바늘이 한 바퀴 돌기 전)→ 11시 30분

> **다른 풀이**
> 긴바늘이 한 바퀴 도는 데 걸리는 시간은 1시간입니다. 축구를 끝낸 시각이 12시 30분이므로 축구를 시작한 시각은 1시간 전인 11시 30분입니다.
> 12시 30분 —(1시간 전)→ 11시 30분

7-2 긴바늘이 한 바퀴 돌 때 짧은바늘은 숫자 1칸을 움직이므로 긴바늘이 한 바퀴 반 돌면 짧은바늘은 숫자 1칸 반을 움직입니다. 짧은바늘이 숫자 1칸 반만큼 움직인 시각이 6시 30분이므로 종이접기를 시작한 시각은 5시입니다.

6시 30분 —(긴바늘이 한 바퀴 돌기 전)→ 5시 30분 —(긴바늘이 반 바퀴 돌기 전)→ 5시

> **다른 풀이**
> 긴바늘이 한 바퀴 도는 데 걸리는 시간은 1시간이므로 한 바퀴 반 도는 데 걸리는 시간은 1시간 30분입니다. 종이접기를 끝낸 시각이 6시 30분이므로 종이접기를 시작한 시각은 5시입니다.
> 6시 30분 —(1시간 전)→ 5시 30분 —(30분 전)→ 5시

7-3 긴바늘이 한 바퀴 돌 때 짧은바늘은 숫자 1칸을 움직이므로 긴바늘이 두 바퀴 반 돌면 짧은바늘은 숫자 2칸 반을 움직입니다.
짧은바늘이 숫자 2칸 반만큼 움직인 시각이 3시이므로 영화를 보기 시작한 시각은 12시 30분입니다.

3시 —(긴바늘이 한 바퀴 돌기 전)→ 2시 —(긴바늘이 한 바퀴 돌기 전)→ 1시
—(긴바늘이 반 바퀴 돌기 전)→ 12시 30분

8-1 점 3개를 연결하여 ▲ 모양을 만들 수 있습니다.

→ 4개

따라서 만들 수 있는 ▲ 모양은 모두 4개입니다.

8-2 • 점 3개로 만들 수 있는 ▲ 모양

→ 7개

• 점 4개로 만들 수 있는 ▲ 모양

→ 2개

따라서 만들 수 있는 ▲ 모양은 모두 $7+2=9$(개)입니다.

9-1 모양 1개로 만든 ▲ 모양:

①, ② ➡ 2개

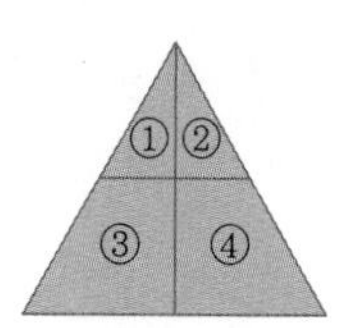

모양 2개로 만든 ▲ 모양:

①+②, ①+③, ②+④ ➡ 3개

모양 4개로 만든 ▲ 모양: ①+②+③+④ ➡ 1개

따라서 크고 작은 ▲ 모양은 모두

2+3+1=6(개)입니다.

9-2 모양 1개로 만든 ▲ 모양:

①, ②, ③, ④ ➡ 4개

모양 2개로 만든 ▲ 모양:

①+②, ②+③, ③+④, ①+④ ➡ 4개

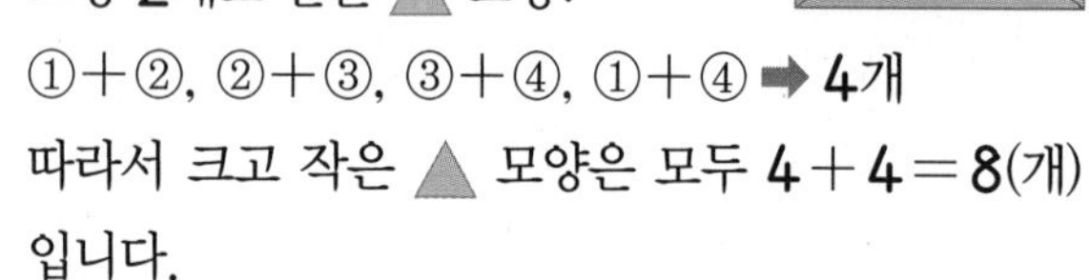

따라서 크고 작은 ▲ 모양은 모두 4+4=8(개)입니다.

9-3 모양 1개로 만든 ■ 모양:

①, ②, ③, ④, ⑤ ➡ 5개

모양 2개로 만든 ■ 모양:

①+②, ③+④, ④+⑤,

①+④, ②+⑤ ➡ 5개

모양 3개로 만든 ■ 모양: ③+④+⑤ ➡ 1개

모양 4개로 만든 ■ 모양: ①+②+④+⑤ ➡ 1개

따라서 크고 작은 ■ 모양은 모두

5+5+1+1=12(개)입니다.

10-1 거울에 비친 시계의 짧은바늘이 7과 8 사이를 가리키고, 긴바늘이 6을 가리키므로 시계가 나타내는 시각은 7시 30분입니다.

생활 계획표를 보면 저녁 7시부터 8시까지 숙제를 하기로 했으므로 7시 30분에는 숙제를 합니다.

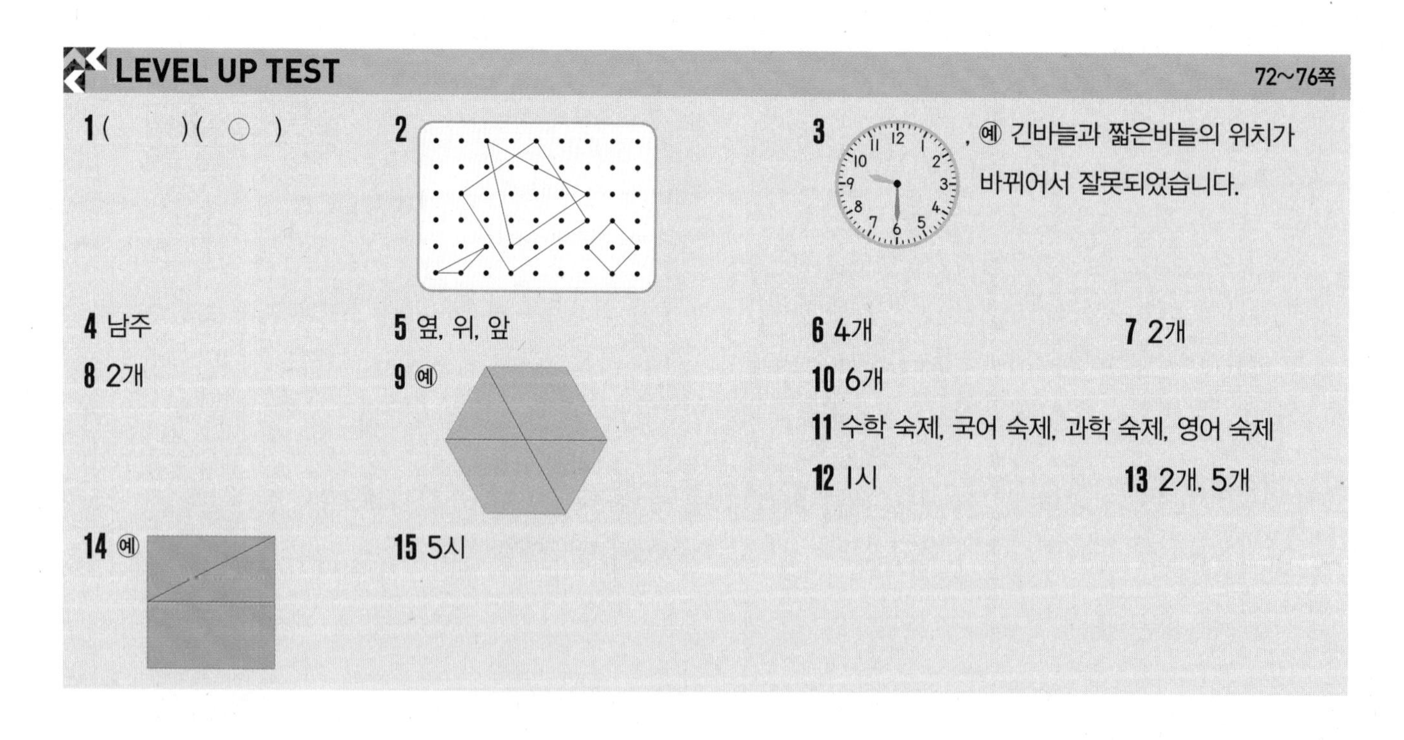

1 63쪽 2번의 변형 심화 유형

접근 ≫ 각각의 모양에 사용한 ■, ▲, ● 모양의 수를 세어 봅니다.

주어진 모양은 ■ 모양 3개, ▲ 모양 2개, ● 모양 2개입니다.

왼쪽 모양은 ■ 모양 3개, ▲ 모양 3개, ● 모양 2개이고, 오른쪽 모양은 ■ 모양 3개, ▲ 모양 2개, ● 모양 2개입니다. 따라서 주어진 모양 조각과 ■, ▲, ● 모양의 수가 같은 것을 찾으면 오른쪽 모양입니다.

해결 전략

사용한 ■, ▲, ● 모양의 수를 센 다음 주어진 모양 조각과 같은지도 확인해야 해요.

2 접근 ≫ 점판에 그려진 ■ 모양과 ▲ 모양의 뾰족한 부분을 먼저 표시합니다.

왼쪽 점판에 그려진 모양은 ■ 모양 2개와 ▲ 모양 2개입니다. ■ 모양과 ▲ 모양의 뾰족한 부분을 먼저 표시한 다음 곧은 선으로 이어 모양을 완성합니다.

해결 전략
각 모양의 뾰족한 부분이 어느 곳에 위치했는지를 먼저 확인한 다음 같은 곳에 표시해요.

서술형
3 접근 ≫ 9시 30분을 나타낼 때 긴바늘과 짧은바늘의 위치를 생각해 봅니다.

예 긴바늘과 짧은바늘의 위치가 바뀌어서 잘못되었습니다.

채점 기준	배점
잘못된 부분을 찾아 바르게 고칠 수 있나요?	3점
잘못된 까닭을 바르게 쓸 수 있나요?	2점

해결 전략
9시 30분은 긴바늘이 6을 가리키고, 짧은바늘이 9와 10 사이를 가리켜요.

4 접근 ≫ 네 명의 학생이 은행에 도착한 시각을 알아봅니다.

은행에 도착한 시각을 알아보면 민주는 3시 30분, 혜린이는 2시 30분, 현주는 1시, 남주는 5시이므로 빠른 시각부터 차례로 쓰면 1시, 2시 30분, 3시 30분, 5시입니다. 따라서 은행이 문을 닫는 시각인 4시보다 늦게 도착한 남주는 은행에 들어가지 못합니다.

해결 전략

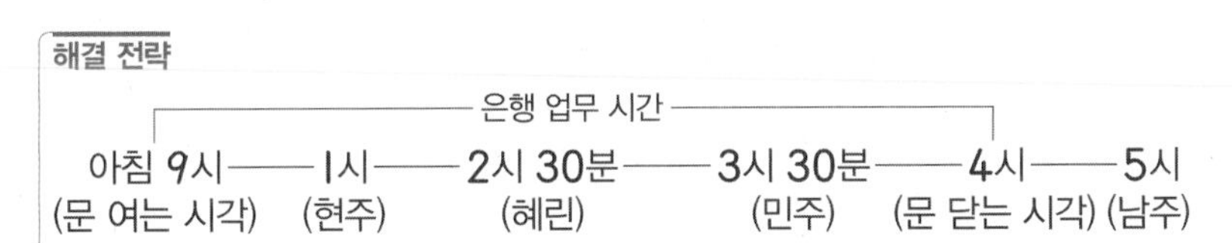

5 접근 ≫ 모양이 놓인 위치를 생각하여 위, 앞, 옆에서 본 모양을 찾습니다.

주어진 모양을 위, 앞, 옆에서 보면 다음과 같습니다.

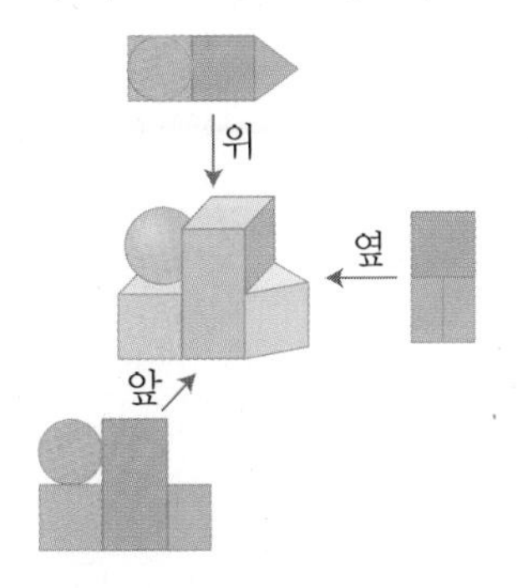

지도 가이드
모양이 다른 입체도형을 쌓고, 위, 앞, 옆에서 본 모양을 찾는 문제입니다. 각각의 입체도형이 놓인 곳의 위치를 생각하여 위, 앞, 옆에서 본 모양을 찾아보도록 지도해 주세요.

보충 개념

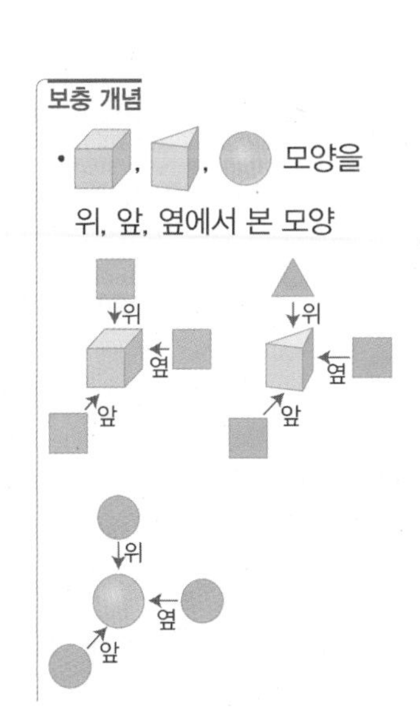

6 접근 ≫ 3개의 물건에 모두 들어 있는 모양을 찾아봅니다.

3개의 물건에 들어 있는 모양을 찾으면 다음과 같습니다.

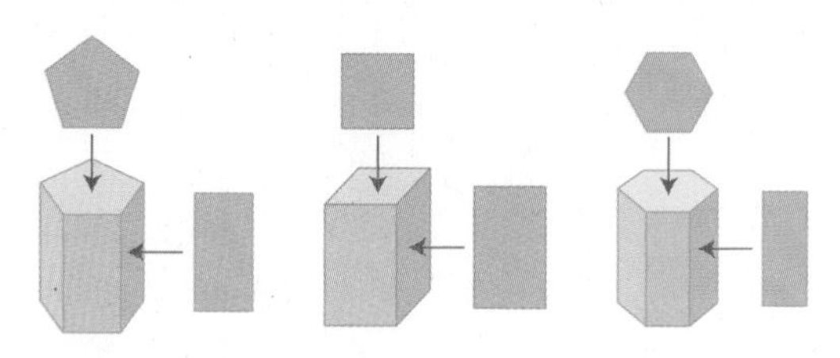

따라서 3개의 물건에 모두 들어 있는 ■ 모양입니다. ■ 모양에는 곧은 선이 4개 있습니다.

해결 전략
3개의 물건을 종이에 대고 그렸을 때 나오는 모양을 생각해 봐요.

7 접근 ≫ 그림에서 ■, ▲, ● 모양의 수를 각각 세어 봅니다.

■ 모양은 4개(①, ②, ③, ④), ▲ 모양은 3개(ⓐ, ⓑ, ⓒ), ● 모양은 2개(㉠, ㉡)입니다.
따라서 가장 많은 ■ 모양은 가장 적은 ● 모양보다 $4-2=2$(개) 더 많습니다.

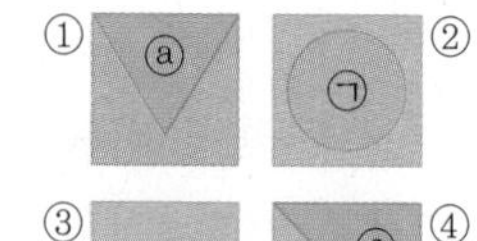

지도 가이드
■, ▲, ● 모양의 특징을 생각하여 찾을 수 있도록 지도해 주세요.

해결 전략
■ 모양에는 ▲ 모양 2개(◣, ◥)와 ■ 모양 1개(■)가 있어요.

해결 전략
▼, ◣, ◥ 모양은 모두 ▲ 모양이에요.

서술형

67쪽 6번의 변형 심화 유형

8 접근 ≫ 뾰족한 부분이 없는 모양과 뾰족한 부분이 4군데인 모양을 알아봅니다.

예 뾰족한 부분이 없는 모양은 ● 모양이고, 뾰족한 부분이 4군데인 모양은 ■ 모양입니다. ● 모양은 6개이고, ■ 모양은 4개입니다.
따라서 ● 모양은 ■ 모양보다 $6-4=2$(개) 더 많습니다.

채점 기준	배점
뾰족한 부분이 없는 모양과 뾰족한 부분이 4군데인 모양을 알 수 있나요?	2점
뾰족한 부분이 없는 모양은 뾰족한 부분이 4군데인 모양보다 몇 개 더 많은지 구할 수 있나요?	3점

보충 개념
• 뾰족한 부분의 수
■ 모양: 4군데
▲ 모양: 3군데
● 모양: 0군데

9 접근 ≫ 여러 가지 방법으로 선을 그어 봅니다.

여러 가지 방법으로 선을 그어 크기가 같은 ■ 모양 2개와 크기가 같은 ▲ 모양 2개를 만듭니다.

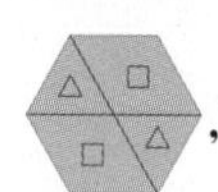, 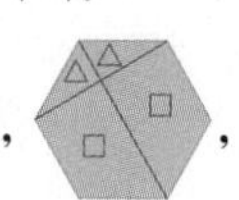, 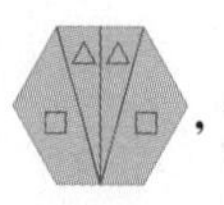, 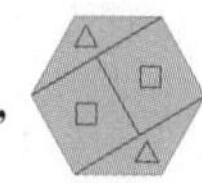 등 여러 가지 방법으로 선을 그을 수 있습니다.

지도 가이드
■ 모양끼리, ▲ 모양끼리 크기가 같도록 선을 그으면 모두 정답이 됩니다. 선의 수가 정해져 있지 않으므로 다양한 방법으로 해결할 수 있도록 지도해 주세요.

10

70쪽 9번의 변형 심화 유형

접근 ≫ 보기 의 모양이 작은 ■ 모양 몇 개로 만든 것인지 알아봅니다.

보기 의 모양은 작은 ■ 모양 4개로 만든 것입니다. 주어진 모양에서 찾을 수 있는 보기 와 같은 모양은 다음과 같습니다.

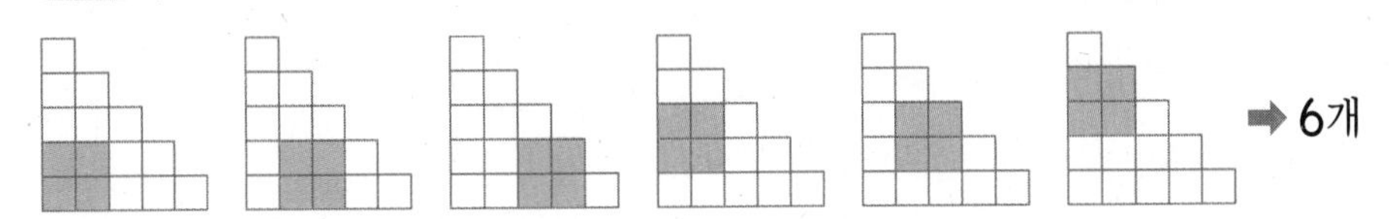

➡ 6개

해결 전략

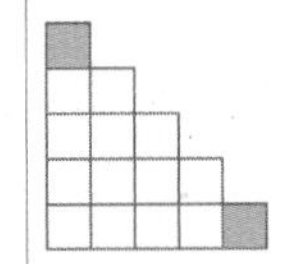

색칠된 칸은 보기 의 모양에 포함될 수 없으므로 지운 다음 답을 구해도 돼요.

11

71쪽 10번의 변형 심화 유형

접근 ≫ 거울에 비친 시계가 나타내는 시각을 알아봅니다.

첫째 시계는 4시 30분, 둘째 시계는 4시, 셋째 시계는 6시, 넷째 시계는 5시 30분입니다. 빠른 시각부터 차례로 쓰면 4시, 4시 30분, 5시 30분, 6시이므로 국어 숙제는 4시, 수학 숙제는 4시 30분, 영어 숙제는 5시 30분, 과학 숙제는 6시에 끝냈습니다.

해결 전략

4시 —(긴바늘이 반 바퀴 돈 후)→ 4시 30분 —(긴바늘이 반 바퀴 돈 후)→ 5시 30분 —(긴바늘이 반 바퀴 돈 후)→ 6시

보충 개념

거울에 비친 시계의 짧은바늘이 4와 5 사이를 가리키고, 긴바늘이 6을 가리키므로 시계가 나타내는 시각은 4시 30분이에요.

12

접근 ≫ 긴바늘이 두 바퀴 반 도는 데 걸리는 시간을 알아봅니다.

긴바늘이 한 바퀴 돌 때 짧은바늘은 숫자 1칸을 움직이므로 긴바늘이 두 바퀴 반을 돌면 짧은바늘은 숫자 2칸 반을 움직입니다. 거울에 비친 시계의 시각은 10시 30분이고, 긴바늘이 두 바퀴 반 돈 후의 시각은 1시입니다.

10시 30분 —(긴바늘이 한 바퀴 돈 후)→ 11시 30분 —(긴바늘이 한 바퀴 돈 후)→ 12시 30분 —(긴바늘이 반 바퀴 돈 후)→ 1시

다른 풀이
긴바늘이 한 바퀴 돌 때 걸리는 시간은 1시간이므로 긴바늘이 두 바퀴 반 돌 때 걸리는 시간은 2시간 30분입니다. 거울에 비친 시계의 시각이 10시 30분이므로 긴바늘이 두 바퀴 반 돈 후의 시각은 1시입니다.

10시 30분 —(1시간 후)→ 11시 30분 —(1시간 후)→ 12시 30분 —(30분 후)→ 1시

보충 개념
긴바늘이 한 바퀴 돌 때 짧은바늘은 숫자 한 칸을 움직이므로 긴바늘이 반 바퀴 움직일 때 짧은바늘은 숫자 한 칸의 반을 움직여요.

13

70쪽 9번의 변형 심화 유형

접근 ≫ 찾을 수 있는 크고 작은 ▲ 모양과 ■ 모양의 수를 각각 구합니다.

크고 작은 ▲ 모양은 ①, ①+②로 모두 2개입니다.
크고 작은 ■ 모양은 ②, ③, ④, ⑤, ④+⑤로 모두 5개입니다.

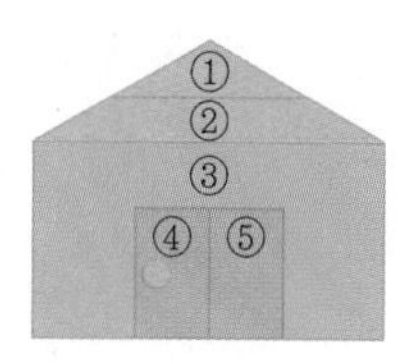

14

접근 ≫ ▲ 모양 2개와 ■ 모양 1개가 되도록 곧은 선을 그어 봅니다.

여러 가지 방법으로 선을 그어 ▲ 모양 2개와 ■ 모양 1개를 만듭니다.

예

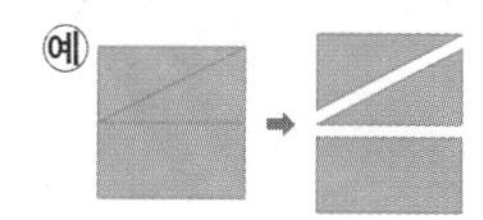
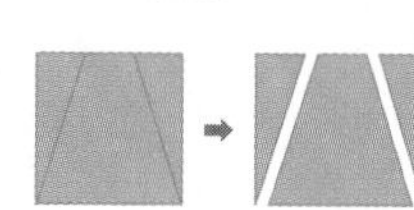
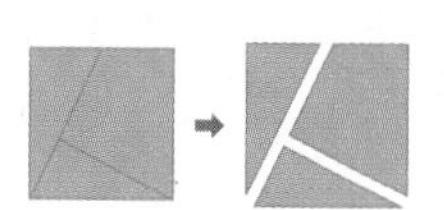

해결 전략
곧은 선은 자유롭게 그릴 수 있으나 반드시 2개만 그려야 해요.

15

68쪽 7번의 변형 심화 유형

접근 ≫ 긴바늘이 세 바퀴 반 도는 데 걸리는 시간을 알아봅니다.

긴바늘이 한 바퀴 돌 때 짧은바늘은 숫자 1칸을 움직이므로 긴바늘이 세 바퀴 반을 돌면 짧은바늘은 숫자 3칸 반을 움직입니다. 짧은바늘이 숫자 3칸 반만큼 움직인 시각이 8시 30분이므로 분만실에 들어간 시각은 5시입니다.

8시 30분 →(긴바늘이 한 바퀴 돌기 전) 7시 30분 →(긴바늘이 한 바퀴 돌기 전) 6시 30분 →(긴바늘이 한 바퀴 돌기 전) 5시 30분 →(긴바늘이 반 바퀴 돌기 전) 5시

다른 풀이 1
긴바늘이 한 바퀴 돌 때 걸리는 시간은 1시간이므로 긴바늘이 세 바퀴 반 돌 때 걸리는 시간은 3시간 30분입니다. 동생이 태어난 시각이 8시 30분이므로 어머니께서 분만실에 들어간 시각은 3시간 30분 전인 5시입니다.

8시 30분 →(1시간 전) 7시 30분 →(1시간 전) 6시 30분 →(1시간 전) 5시 30분 →(30분 전) 5시

다른 풀이 2
긴바늘을 거꾸로 세 바퀴 반 돌리면 8과 9 사이를 가리키던 짧은바늘은 5를 가리키게 되고, 6을 가리키던 긴바늘은 12를 가리킵니다. 따라서 어머니께서 분만실에 들어간 시각은 5시입니다.

HIGH LEVEL

77쪽

1 접근 ≫ 먼저 조각의 길이가 같은 곳이 어디인지 확인해 봅니다.

모양과 크기가 같은 조각을 살펴보면 ①과 ②, ③과 ⑤입니다. 조각의 모양과 크기를 생각하여 그림을 채우면 오른쪽과 같습니다.

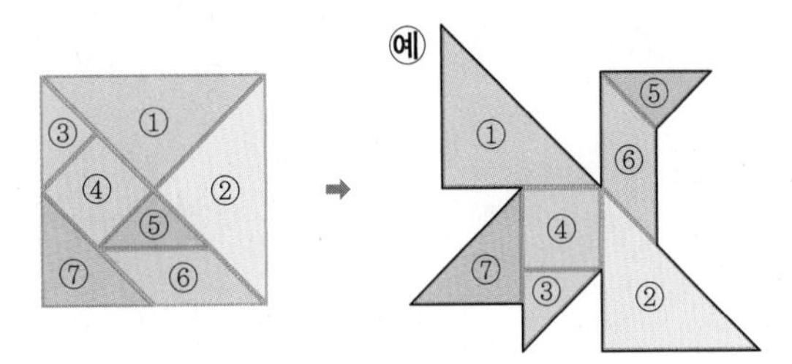

해결 전략
칠교판의 조각에서 가장 큰 조각인 ①과 ②를 먼저 채운 다음 나머지 조각을 채워요.

2 66쪽 5번의 변형 심화 유형
접근 ≫ 접었다 펼쳤을 때의 모양을 그려 봅니다.

색종이를 접었다 펼쳤을 때의 모양은 다음과 같습니다.

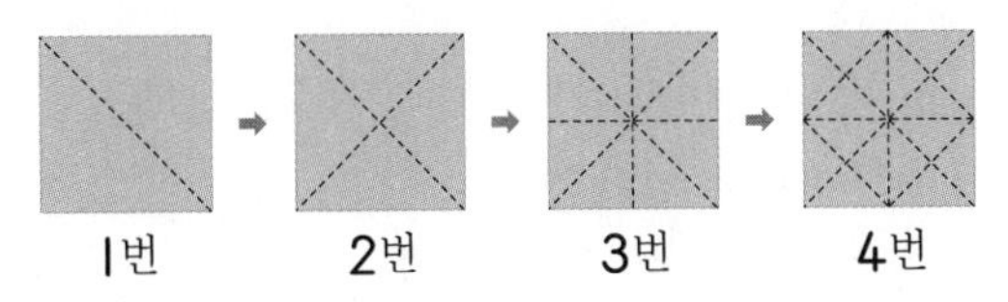

접은 횟수와 ▲ 모양의 수는 다음과 같습니다.

접은 횟수(번)	1	2	3	4
▲ 모양의 수(개)	2	4	8	16

따라서 색종이를 4번 접었다 펼쳐서 접힌 선을 따라 모두 자르면 ▲ 모양이 16개 만들어집니다.

연필 없이 생각 톡 78쪽

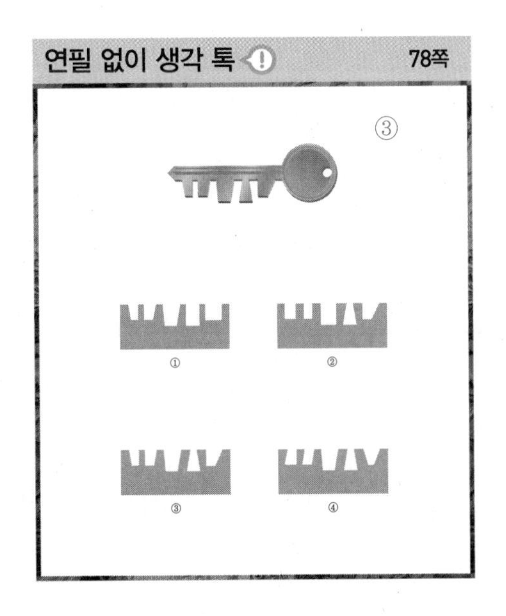

4 덧셈과 뺄셈(2)

BASIC TEST

1 덧셈하기

83쪽

1 (위에서부터) (1) 13, 3 (2) 15, 1
2 (1) 11 (2) 13 (3) 13 (4) 15
3 (1) 1, 11 (2) 3, 13 (3) 4, 14 (4) 6, 16
4 11권 **5** (1) = (2) > (3) <
6 (1) 15 (2) 예 1

1 (1) 8이 10이 되도록 5를 2와 3으로 가르기하여 8과 2를 더해서 10을 만들고, 남은 3을 더합니다.
(2) 9가 10이 되도록 6을 5와 1로 가르기하여 9와 1을 더해서 10을 만들고, 남은 5를 더합니다.

2 앞의 수 또는 뒤의 수를 가르기하여 10이 되도록 합니다.
(1) $6+5=10+1=11$ (4, 1) $6+5=1+10=11$ (1, 5)
(2) $6+7=10+3=13$ (4, 3) $6+7=3+10=13$ (3, 3)
(3) $5+8=10+3=13$ (5, 3) $5+8=3+10=13$ (3, 2)
(4) $7+8=10+5=15$ (3, 5) $7+8=5+10=15$ (5, 2)

다른 풀이
(4) $7+8$은 $5+8$과 오른쪽 수가 같고, 왼쪽 수가 2만큼 더 커졌으므로 합도 2만큼 더 커집니다. 따라서 $5+8=13$이므로 $7+8=15$입니다.

3 (1) 3이 10이 되도록 8을 7과 1로 가르기하여 3과 7을 더해서 10을 만들고, 남은 1을 더합니다.
$3+8=10+\boxed{1}=\boxed{11}$ (7, 1)
(2) 4가 10이 되도록 9를 6과 3으로 가르기하여 4와 6을 더해서 10을 만들고, 남은 3을 더합니다.
$4+9=10+\boxed{3}=\boxed{13}$ (6, 3)
(3) 7이 10이 되도록 7을 3과 4로 가르기하여 7과 3을 더해서 10을 만들고, 남은 4를 더합니다.
$7+7=10+\boxed{4}=\boxed{14}$ (3, 4)
(4) 8이 10이 되도록 8을 2와 6으로 가르기하여 8과 2를 더해서 10을 만들고, 남은 6을 더합니다.
$8+8=10+\boxed{6}=\boxed{16}$ (2, 6)

4 (윤정이가 지난주와 이번 주에 읽은 책의 수)
$=4+7=11$(권)

5 (1) 두 수를 바꾸어 더해도 계산 결과가 같으므로 $6+7$과 $7+6$은 계산 결과가 같습니다.
➡ $6+7 \ (=) \ 7+6$
(2) 왼쪽 수(더해지는 수)는 같고, 오른쪽 수(더하는 수)가 $7>6$이므로 $8+7 \ (>) \ 8+6$입니다.
(3) 오른쪽 수(더하는 수)는 같고, 왼쪽 수(더해지는 수)가 $4<5$이므로 $4+8 \ (<) \ 5+8$입니다.

다른 풀이
(1) $6+7=13$, $7+6=13$ ➡ $13=13$
(2) $8+7=15$, $8+6=14$ ➡ $15>14$
(3) $4+8=12$, $5+8=13$ ➡ $12<13$

지도 가이드
계산한 다음 결과를 비교해도 되지만 계산하지 않고도 크기 비교를 할 수 있습니다. 더해지는 수와 더하는 수를 비교하여 크기 비교를 할 수 있도록 지도해 주세요.

6 (1) $9+6=10+5=15$
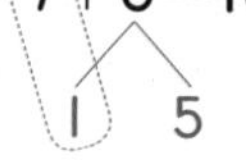
(2) $9+6=15$이므로 $15>10+\square$에서 $\square$ 안에 들어갈 수 있는 수는 0, 1, 2, 3, 4입니다.

2 뺄셈하기 85쪽

1 (위에서부터) (1) 8, 5 (2) 5, 3
2 (1) 5 (2) 6 (3) 7 (4) 7
3 (1) 1, 9 (2) 3, 7
4 ㉡, ㉣
5

13	4	12	15	9	6
9	6	4	16	7	9
4	1	8	17	2	13
6	4	7	2	10	6
15	7	8	13	9	7

6 9대

1 (1) 7을 5와 2로 가르기하여 15에서 5를 빼고 남은 10에서 2를 뺍니다.
(2) 13을 10과 3으로 가르기하여 10에서 8을 빼고 남은 2와 3을 더합니다.

2 (1) 7을 2와 5로 가르기하거나, 12를 10과 2로 가르기하여 계산합니다.
12−7=10−5=5 (2, 5)　12−7=3+2=5 (10, 2)
(2) 8을 4와 4로 가르기하거나, 14를 10과 4로 가르기하여 계산합니다.
14−8=10−4=6 (4, 4)　14−8=2+4=6 (10, 4)
(3) 6을 3과 3으로 가르기하거나, 13을 10과 3으로 가르기하여 계산합니다.
13−6=10−3=7 (3, 3)　13−6=4+3=7 (10, 3)
(4) 8을 5와 3으로 가르기하거나, 15를 10과 5로 가르기하여 계산합니다.
15−8=10−3=7 (5, 3)　15−8=2+5=7 (10, 5)

3 (1) 6을 5와 1로 가르기하여 15에서 5를 빼고 남은 10에서 1을 뺍니다.
15−6=10−1=9 (5, 1)
(2) 4를 1과 3으로 가르기하여 11에서 1을 빼고 남은 10에서 3을 뺍니다.
11−4=10−3=7 (1, 3)

4 ㉠ 11−8=10−7=3 (1, 7)　㉡ 12−5=10−3=7 (2, 3)
㉢ 16−8=2+6=8 (10, 6)　㉣ 13−6=4+3=7 (10, 3)
따라서 차가 7인 뺄셈식은 ㉡, ㉣입니다.

5 12−4=8, 9−7=2, 13−6=7, 15−9=6, 16−7=9, 15−7=8을 찾아봅니다.

6 (지금 주차장에 있는 자동차 수)=12−3=9(대)

3 덧셈과 뺄셈 87쪽

1 6+~~2~~7 / 10, 11, 12, 13, 14, 15 /
8+~~3~~8 / 8, 10, 12, 14, 16, 18
2 14−~~10~~6 / 10, 9, 8, 7, 6, 5 /
16−~~9~~7 / 9, 9, 9, 9, 9, 9
3 예 9+5=14, 7+7=14
4

3	1	7	4	11	12
8	6	5	9	14	4
11	9	18	13	2	7
8	6	7	13	10	8
5	6	11	15	14	15

5 (1) > (2) = (3) <

1
- 왼쪽 수가 같고 오른쪽 수가 1씩 커지므로 합은 1씩 커집니다. ➡ 6+4=10, 6+5=11, 6+6=12, 6+7=13, 6+8=14, 6+9=15
- 왼쪽 수와 오른쪽 수가 모두 1씩 커지므로 합은 2씩 커집니다. (같은 수끼리의 합으로 2씩 커집니다.) ➡ 4+4=8, 5+5=10, 6+6=12, 7+7=14, 8+8=16, 9+9=18

2
- 왼쪽 수(빼지는 수)가 같고 오른쪽 수(빼는 수)가 1씩 커지므로 차는 1씩 작아집니다.

➡ $14-4=10$, $14-5=9$, $14-6=8$, $14-7=7$, $14-8=6$, $14-9=5$

• 왼쪽 수(빼지는 수)와 오른쪽 수(빼는 수)가 모두 1씩 커지므로 차는 같습니다.

➡ $11-2=9$, $12-3=9$, $13-4=9$, $14-5=9$, $15-6=9$, $16-7=9$

3 가로줄(→)의 규칙은 왼쪽 수가 같고 오른쪽 수가 1씩 커집니다. 세로줄(↓)의 규칙은 오른쪽 수가 같고 왼쪽 수가 1씩 커집니다. ★이 있는 칸에 들어갈 덧셈식은 $8+6$으로 합이 14입니다.
합이 14인 덧셈식은 $9+5=14$, $7+7=14$, $6+8=14$ 등 여러 가지로 만들 수 있습니다.

4 $7+4=11$, $5+9=14$, $6+7=13$, $5+6=11$, $4+9=13$, $7+8=15$를 찾아봅니다.

5 (1) 왼쪽 수(빼지는 수)가 같고, 오른쪽 수(빼는 수)가 $5<7$이므로 $13-5$ ⃝> $13-7$입니다.
(2) 왼쪽 수(빼지는 수)와 오른쪽 수(빼는 수)가 모두 1씩 커지므로 차는 같습니다.
$15-7$ ⃝= $16-8$
(3) 오른쪽 수(빼는 수)가 같고 왼쪽 수(빼지는 수)가 $14<15$이므로 $14-8$ ⃝< $15-8$입니다.

다른 풀이
(1) $13-5=8$, $13-7=6$ ➡ $8>6$
(2) $15-7=8$, $16-8=8$ ➡ $8=8$
(3) $14-8=6$, $15-8=7$ ➡ $6<7$

MATH TOPIC 88~94쪽

1-1 14, 8, 6 / 14, 6, 8	1-2 13, 6, 7 / 13, 7, 6	
1-3 12, 8, 4 / 12, 4, 8		
2-1 1, 2, 3, 4	2-2 7, 8, 9	2-3 0, 1, 2, 3
3-1 12	3-2 13	3-3 1
4-1 10	4-2 2	4-3 0
5-1 5장	5-2 9개	5-3 8개
6-1 8, 7	6-2 6, 4	
심화7 5, 5 / 5	7-1 9개	

1-1 2장의 카드의 수의 합이 주어진 수 카드 중에 있는 경우를 찾으면 8, 6, 14이므로 이 3장의 수 카드로 덧셈식을 만들 수 있습니다.
➡ $8+6=14$
덧셈식을 보고 뺄셈식을 만들면
$14-8=6$ 또는 $14-6=8$입니다.

해결 전략

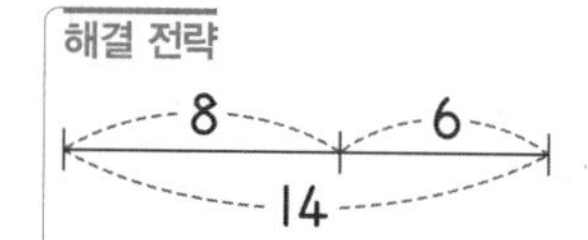

다른 풀이
큰 수에서 작은 수를 뺀 결과가 주어진 수 카드 중에 있는지 확인합니다.
$14-8=6$(○), $14-6=8$(○), $14-13=1$(×),
$13-8=5$(×), $13-6=7$(×), $8-6=2$(×)
➡ $14-8=6$ 또는 $14-6=8$

1-2 2장의 카드의 수의 합이 주어진 수 카드 중에 있는 경우를 찾으면 6, 7, 13이므로 이 3장의 수 카드로 덧셈식을 만들 수 있습니다.
➡ $6+7=13$
덧셈식을 보고 뺄셈식을 만들면
$13-6=7$ 또는 $13-7=6$입니다.

해결 전략

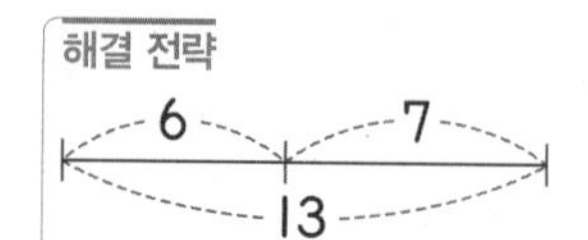

다른 풀이
큰 수에서 작은 수를 뺀 결과가 주어진 수 카드 중에 있는지 확인합니다.
$13-6=7$(○), $13-7=6$(○), $13-11=2$(×),
$11-6=5$(×), $11-7=4$(×), $7-6=1$(×)
➡ $13-6=7$ 또는 $13-7=6$

1-3 2장의 카드의 수의 합이 주어진 수 카드 중에 있는 경우를 찾으면 8, 4, 12이므로 이 3장의 수 카드로 덧셈식을 만들 수 있습니다.
➡ $8+4=12$
덧셈식을 보고 뺄셈식을 만들면
$12-8=4$ 또는 $12-4=8$입니다.

해결 전략

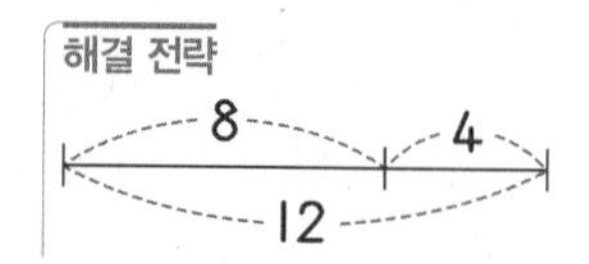

> **다른 풀이**
> 큰 수에서 작은 수를 뺀 결과가 주어진 수 카드 중에 있는지 확인합니다.
> 11−8=3(×), 11−4=7(×), 12−11=1(×),
> 12−8=4(○), 12−4=8(○), 8−4=4(×)
> ➡ 12−8=4 또는 12−4=8

2-1 9+3=12입니다.
12>7+□에서 12=7+□일 때 □ 안에 들어갈 수를 구하면 12−7=□, □=5입니다.
12=7+[5]이므로 7+□가 12보다 작으려면 □는 5보다 작아야 합니다. 따라서 □ 안에 들어갈 수 있는 수는 1, 2, 3, 4입니다.

2-2 14−9=5입니다.
11−□<5에서 11−□=5일 때 □ 안에 들어갈 수를 구하면 11−5=□, □=6입니다.
11−[6]=5이므로 11−□가 5보다 작으려면 □는 6보다 커야 합니다. 따라서 □ 안에 들어갈 수 있는 수는 7, 8, 9입니다.

2-3 13−5=8입니다.
8<12−□에서 8=12−□일 때 □ 안에 들어갈 수를 구하면 12−8=□, □=4입니다.
8=12−[4]이므로 12−□가 8보다 크려면 □는 4보다 작아야 합니다. 따라서 □ 안에 들어갈 수 있는 수는 0, 1, 2, 3입니다.

3-1 ●+6=10, 10−6=●, ●=4
★−●=8에서 ●=4이므로 ★−4=8,
8+4=★, ★=12입니다.

> **보충 개념**
> ●+6=10　★−4=8
> 10−6=●　8+4=★

> **해결 전략**
> 모르는 수가 한 개인 식부터 계산해야 하므로 ●를 먼저 구한 다음 ★을 구합니다.

3-2 3+▲=10, 10−3=▲, ▲=7
■−▲=6에서 ▲=7이므로 ■−7=6,
6+7=■, ■=13입니다.

보충 개념

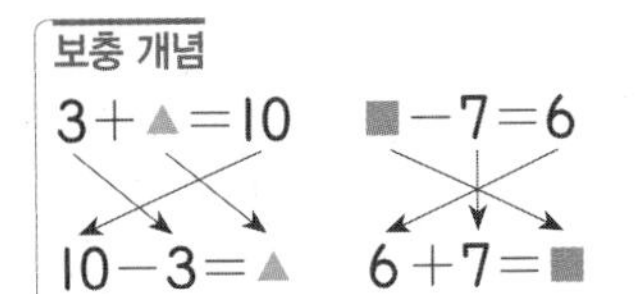

3-3 ◉+2=10, 10−2=◉, ◉=8
▲+◉=15에서 ◉=8이므로 ▲+8=15,
15−8=▲, ▲=7입니다.
◉=8, ▲=7이므로 ◉−▲=8−7=1입니다.

보충 개념

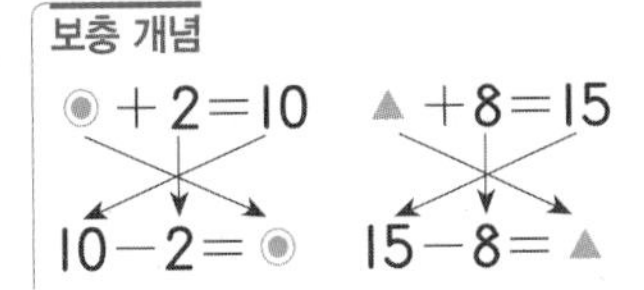

4-1 • ♥의 규칙: 7보다 등호(=)의 오른쪽 수가 커졌으므로 어떤 수를 더한 것입니다.
7+□=11, 11−7=□, □=4이므로 ♥는 4를 더하는 규칙입니다.
• ⊙의 규칙: 12보다 등호(=)의 오른쪽 수가 작아졌으므로 어떤 수를 뺀 것입니다.
12−□=8, 12−8=□, □=4이므로 ⊙는 4를 빼는 규칙입니다.
10⊙♥=10−4+4=6+4=10입니다.

4-2 • ♦의 규칙: 16보다 등호(=)의 오른쪽 수가 작아졌으므로 어떤 수를 뺀 것입니다.
16−□=7, 16−7=□, □=9이므로 ♦는 9를 빼는 규칙입니다.
• ◈의 규칙: 3보다 등호(=)의 오른쪽 수가 커졌으므로 어떤 수를 더한 것입니다.
3+□=8, 8−3=□, □=5이므로 ◈는 5를 더하는 규칙입니다.
6◈♦=6+5−9=11−9=2입니다.

4-3 • ▲의 규칙: 4보다 등호(=)의 오른쪽 수가 커졌으므로 어떤 수를 더한 것입니다.
4+□=13, 13−4=□, □=9이므로 ▲는 9를 더하는 규칙입니다.
• ★의 규칙: 15보다 등호(=)의 오른쪽 수가 작아졌으므로 어떤 수를 뺀 것입니다.
15−□=7, 15−7=□, □=8이므로 ★은 8을 빼는 규칙입니다.

$7▲★★=7+9-8-8=16-8-8$
$=8-8=0$

해결 전략
7▲★★은 7에 9를 더하고, 8을 빼고, 다시 8을 뺀 식입니다.

5-1 (파란 색종이의 수)=(빨간 색종이의 수)+3
=8+3=11(장)
(노란 색종이의 수)=(파란 색종이의 수)−6
=11−6=5(장)

해결 전략
빨간 색종이의 수를 이용하여 파란 색종이의 수를 구하고, 파란 색종이의 수를 이용하여 노란 색종이의 수를 구합니다.

5-2 (100원짜리 동전의 수)
=(500원짜리 동전의 수)+7
=7+7=14(개)
(10원짜리 동전의 수)
=(100원짜리 동전의 수)−5
=14−5=9(개)

5-3 (바구니에 넣은 야구공의 수)
=(바구니에 넣은 농구공의 수)+9
=6+9=15(개)
(바구니에 넣은 배구공의 수)
=(바구니에 넣은 야구공의 수)−7
=15−7=8(개)

6-1 가의 합: 3+5+8=16
나의 합: 1+6+7=14
가의 합과 나의 합의 차가 2이므로 가의 합과 나의 합을 15로 같게 만들어야 합니다. 가의 합이 15가 되려면 1만큼 더 작아져야 하고, 나의 합이 15가 되려면 1만큼 더 커져야 합니다. 따라서 바꾸어야 하는 두 수는 8과 7입니다.
(가의 수보다 1만큼 더 작은 수와 바꿉니다.) (나의 수보다 1만큼 더 큰 수와 바꿉니다.)
➡ 바꾼 다음 가의 합: 3+5+7=15
바꾼 다음 나의 합: 1+6+8=15

해결 전략
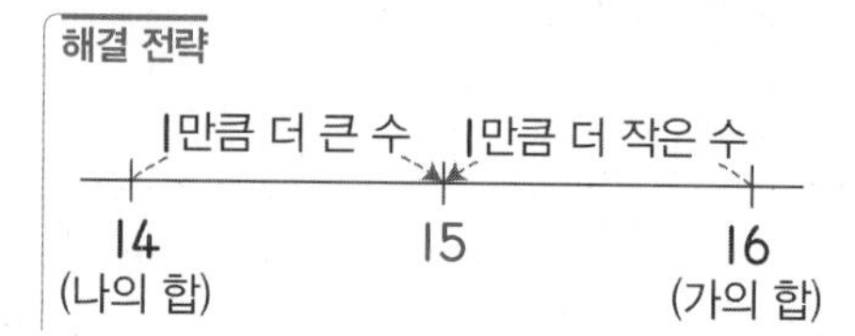

6-2 가의 합: 2+6+8=16
나의 합: 3+4+5=12
가의 합과 나의 합의 차가 4이므로 가의 합과 나의 합을 14로 같게 만들어야 합니다. 가의 합이 14가 되려면 2만큼 더 작아져야 하고, 나의 합이 14가 되려면 2만큼 더 커져야 합니다. 따라서 바꾸어야 하는 두 수는 6과 4입니다.
(가의 수보다 2만큼 더 작은 수와 바꿉니다.) (나의 수보다 2만큼 더 큰 수와 바꿉니다.)
➡ 바꾼 다음 가의 합: 2+4+8=14
바꾼 다음 나의 합: 3+6+5=14

해결 전략
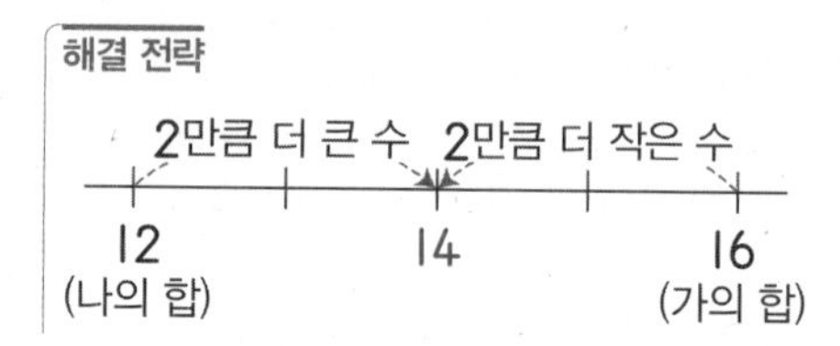

7-1 4분음표는 ♩으로 5개, 8분음표는 ♪으로 14개입니다. 따라서 8분음표는 4분음표보다 14−5=9(개) 더 많습니다.

LEVEL UP TEST

95~98쪽

1 (1) (위에서부터) 15 / 10, 16 (2) (위에서부터) 9 / 10, 7 **2** 5번 **3** 3 **4** 7개
5 3 **6** 4자루 **7** 민영, 2권 **8** 5, 4 **9** 11명 **10** 16개
11

1	6	8
5	7	3
9	2	4

12 2, 4

1 접근 ≫ 덧셈과 뺄셈을 여러 가지 방법으로 계산해 봅니다.

(1)

+10, −1

6 ... ⑮ 16

$9=10-1$이므로 $6+\boxed{9}=6+\boxed{10-1}=16-1=15$입니다.

(2)

−10, +2

7 ⑨ ... 17

$17\boxed{-8}=17\boxed{-10+2}=7+2=9$입니다.

빼는 수가 8에서 10으로 2를 더 뺐으므로 다시 2를 더합니다.

2 접근 ≫ 모르는 수를 □로 하여 식을 만듭니다.

열두 시에는 시계의 종이 12번 울립니다. 열두 시를 알리는 시계의 종이 7번 울렸고, 더 울리는 종의 횟수를 □라고 하면 7+□=12이므로

12−7=□, □=5입니다. 따라서 종이 5번 더 울리기 전에 나와야 합니다.

해결 전략
- 12−7의 계산

① 12−7=10−5=5 (7을 2와 5로 가르기)

② 12−7=3+2=5 (12를 10과 2로 가르기)

3 접근 ≫ 어떤 수를 □로 하여 식을 만듭니다.

어떤 수를 □라고 하여 잘못 계산한 식을 만들면 □+5=13이므로

13−5=□, □=8입니다.

어떤 수가 8이므로 바르게 계산하면 8−5=3입니다.

해결 전략

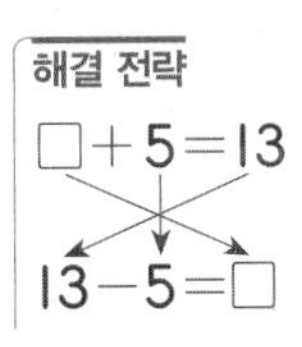

서술형 4 접근 ≫ 처음에 있던 사탕의 수를 구해 봅니다.

예 처음에 있던 사탕은 모두 8+6+2=16(개)입니다.

그중에서 9개를 먹었으므로 남은 사탕은 16−9=7(개)입니다.

해결 전략
- 8+6+2의 계산

① 8+6+2=10+4+2=10+6=16 (6을 2와 4로 가르기)

② 8+6+2=8+8=10+6=16 (8을 2와 6으로 가르기)

- 16−9의 계산

① 16−9=10−3=7 (9를 6과 3으로 가르기)

② 16−9=1+6=7 (16을 10과 6으로 가르기)

채점 기준	배점
처음에 있던 사탕의 수를 구할 수 있나요?	3점
먹고 남은 사탕의 수를 구할 수 있나요?	2점

5
89쪽 2번의 변형 심화 유형

접근 ≫ 부등호(<)를 등호(=)로 바꾸어 □ 안에 들어갈 수 있는 수를 구해 봅니다.

$3+8+2=3+10=13$이고, $4+7+\square=11+\square$입니다.

➡ $13<11+\square$이므로 $13=11+\square$일 때 □ 안에 들어갈 수를 구하면 $\square=2$입니다.

$13=11+\boxed{2}$이므로 $11+\square$가 13보다 크려면 □는 2보다 커야 합니다.

따라서 □ 안에 들어갈 수 있는 수 중에서 가장 작은 수는 3입니다.

해결 전략

$13=11+\boxed{2}$

$13<11+\square$ 2보다 커야 함

서술형

6
접근 ≫ 호영이가 경석이에게 준 연필의 수를 □로 하여 식을 만듭니다.

예 호영이가 경석이에게 준 연필의 수를 □라고 하면 $6+\square=13$, $13-6=\square$, $\square=7$입니다.

호영이가 처음에 가지고 있던 연필은 11자루이고, 경석이에게 준 연필이 7자루이므로 호영이에게 남아 있는 연필은 $11-7=4$(자루)입니다.

해결 전략

호영이가 경석이에게 준 연필의 수를 구한 다음 호영이에게 남아 있는 연필의 수를 구해야 해요.

채점 기준	배점
호영이가 경석이에게 준 연필의 수를 구할 수 있나요?	3점
호영이에게 남아 있는 연필의 수를 구할 수 있나요?	2점

7
92쪽 5번의 변형 심화 유형

접근 ≫ 규진, 민영의 순서로 읽은 동화책의 수를 구합니다.

문제 분석 | 영호, 규진, 민영이가 동화책을 읽었습니다. 영호가 14권 읽었고, 규진이는 영호보다 5권 더 적게 읽었고, 민영이는 규진이보다 7권 더 많이 읽었습니다. 영호와 민영이 중 누가 동화책을 몇 권 더 많이 읽었을까요?

❶ 규진이가 읽은 동화책 수를 구하고 ❷ 민영이가 읽은 동화책 수를 구하여 ❸ 답을 구합니다.

❶ 규진이가 읽은 동화책 수를 구합니다.

(규진이가 읽은 동화책의 수)=(영호가 읽은 동화책의 수)$-5=14-5=9$(권)

❷ 민영이가 읽은 동화책 수를 구합니다.

(민영이가 읽은 동화책의 수)=(규진이가 읽은 동화책의 수)$+7=9+7=16$(권)

❸ 누가 동화책을 몇 권 더 많이 읽었는지 구합니다.

동화책을 영호는 14권, 민영이는 16권 읽었으므로 민영이가 동화책을 2권 더 많이 읽었습니다.

8

90쪽 3번의 변형 심화 유형

접근 ≫ ◆의 수를 구한 다음 ●의 수를 구합니다.

◆ + ◆ + ● = 14에서 ◆ + ● = 9이므로 ◆ + 9 = 14입니다.

➡ ◆ + 9 = 14, 14 − 9 = ◆, ◆ = 5

◆ + ● = 9에서 ◆ = 5이므로 5 + ● = 9, 9 − 5 = ●, ● = 4입니다.

지도 가이드

모르는 수가 한 개인 식이 없기 때문에 어려워할 수 있습니다. 주어진 두 식을 보고 공통으로 들어 있는 모양이 무엇인지 생각하여 해결할 수 있도록 지도해 주세요.

해결 전략

◆ + ◆ + ● = 14

◆ + ● = 9

➡ ◆ + 9 = 14

9

접근 ≫ 연날리기를 하는 사람과 윷놀이를 하는 사람의 수를 각각 구합니다.

(연날리기를 하는 사람의 수) = (윷놀이, 연날리기, 제기차기를 하는 사람의 수)
− (윷놀이 또는 제기차기를 하는 사람의 수)
= 15 − 10 = 5(명)

(윷놀이를 하는 사람의 수) = (윷놀이, 연날리기, 제기차기를 하는 사람의 수)
− (연날리기 또는 제기차기를 하는 사람의 수)
= 15 − 9 = 6(명)

➡ (윷놀이 또는 연날리기를 하는 사람의 수) = 6 + 5 = 11(명)

해결 전략

(윷놀이 또는 연날리기를 하는 사람의 수)
= (윷놀이를 하는 사람의 수)
+ (연날리기를 하는 사람의 수)

10

접근 ≫ 그림을 그려 해결해 봅니다.

그림을 그린 후 현수, 지수, 지은의 순서로 젤리 수를 구합니다.

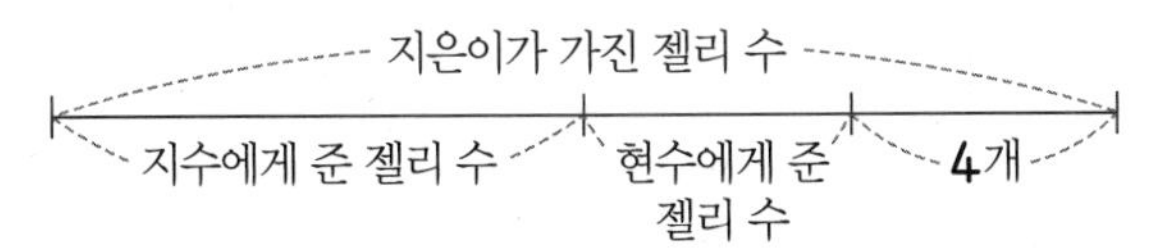

현수에게 준 젤리 수와 남은 젤리 수가 같으므로 현수에게 준 젤리는 4개입니다.
지수에게 준 젤리 수는 현수에게 준 젤리 수와 남은 젤리 4개를 합한 수와 같으므로 (지수에게 준 젤리 수) = 4 + 4 = 8(개)입니다.
따라서 지은이가 처음에 가지고 있던 젤리는 8 + 8 = 16(개)입니다.

해결 전략

거꾸로 해결하는 문제예요.

① (현수에게 준 젤리 수) = (남은 젤리 수) = 4

② (지수에게 준 젤리 수) = (현수에게 준 젤리 수) + (남은 젤리 수) = 4 + 4 = 8

③ (지은이가 가진 젤리 수) = (지수에게 준 젤리 수) + (현수에게 준 젤리 수) + (남은 젤리 수)
= 8 + 8 = 16

11 접근 » 한 줄에 놓인 세 수의 합을 구해 봅니다.

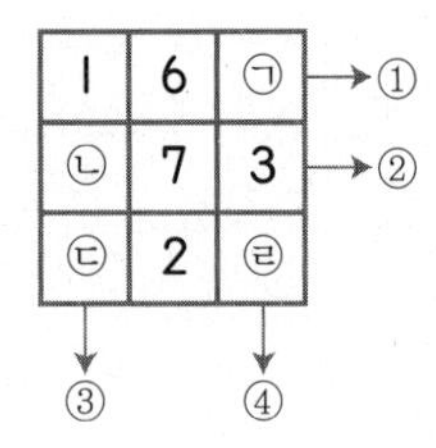

한 줄에 놓인 세 수의 합은 6+7+2=13+2=15입니다.

① 1+6+㉠=15, 7+㉠=15, ㉠=8

② ㉡+7+3=15, ㉡+10=15, ㉡=5

③ 1+㉡+㉢=15, 1+5+㉢=15, 6+㉢=15, ㉢=9

④ ㉠+3+㉣=15, 8+3+㉣=15, 11+㉣=15, ㉣=4

12 93쪽 6번의 변형 심화 유형
접근 » 채아와 연우가 가진 수 카드의 합을 각각 구한 다음 차를 알아봅니다.

채아가 가진 수 카드의 합: 2+3+8=13

연우가 가진 수 카드의 합: 4+6+7=17

두 사람이 가진 수 카드의 합의 차가 4이므로 두 사람이 가진 수 카드의 합을 15로 같게 만들어야 합니다. 채아가 가진 수 카드의 합이 15가 되려면 2만큼 더 커져야 하고, 연우가 가진 수 카드의 합이 15가 되려면 2만큼 더 작아져야 합니다.

따라서 바꾸어야 하는 두 수 카드는 2와 4입니다.

➡ 바꾼 다음 채아의 수 카드의 합: [4]+3+8=15

바꾼 다음 연우의 수 카드의 합: [2]+6+7=15

채아가 가진 수 카드보다 2만큼 더 큰 수와 바꿉니다.

연우가 가진 수 카드보다 2만큼 더 작은 수와 바꿉니다.

해결 전략

2만큼 더 큰 수 2만큼 더 작은 수

13 (채아의 수 카드의 합) ⑮ 17 (연우의 수 카드의 합)

채아의 수 카드의 합은 2만큼 더 커지고, 연우의 수 카드의 합은 2만큼 더 작아져야 해요.

HIGH LEVEL 99쪽

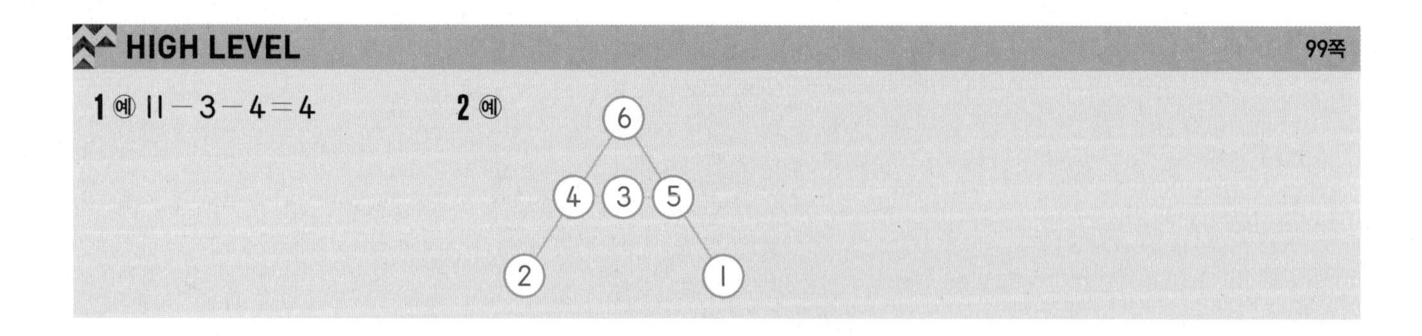

1 접근 » 여러 가지 방법으로 수 사이에 기호를 넣어 식을 만들어 봅니다.

수 두 개를 묶어 두 자리 수를 만들 수도 있고, 등호(=)가 앞이나 중간에 들어갈 수도 있습니다. 등호가 뒤에 있는 식을 만들면 11−3−4=4, 등호가 앞에 있는 식을 만들면 11=3+4+4, 등호가 중간에 있는 식을 만들면 11−3=4+4 등 여러 가지 식을 만들 수 있습니다.

해결 전략

수의 순서는 바꿀 수 없지만 +, −, =의 위치는 바꿀 수 있고, 여러 번 사용할 수 있어요.

지도 가이드
대부분의 학생들은 이런 문제를 풀 때 수 사이에 기호(+, −)를 꼭 넣어야 하고, 등호(=)를 뒤에 넣어야 한다고 생각합니다. 하지만 이 문제에서 고정된 것은 수의 순서일 뿐 기호의 순서나 위치, 사용하는 기호의 수는 정해진 것이 없습니다. 그러므로 사고력을 발휘하여 기존의 계산식 형태가 아닌 다양한 방법으로 식을 만들어 보도록 지도해 주세요.

2 접근 » 세 수의 합이 12인 경우를 찾아봅니다.

1부터 6까지의 수 중에서 세 수의 합이 12인 경우를 찾습니다.
1 + ⑤ + [6] = 12, 2 + △4 + [6] = 12, 3 + △4 + ⑤ = 12
아래의 색칠된 칸은 2번씩 더해지므로 식에서 2번씩 나온 4, 5, 6을 넣습니다.
(색칠된 칸에서 4, 5, 6이 들어가는 위치는 서로 바뀔 수 있습니다.)
세 수의 합이 12가 되도록 나머지 수를 넣습니다.

예
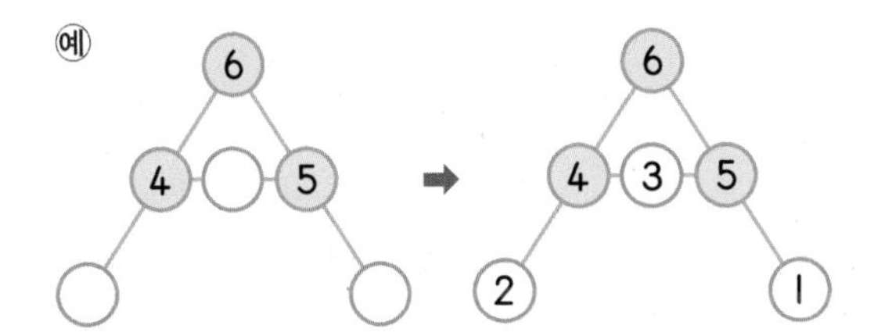

해결 전략
1부터 6까지의 수 중에서 세 수의 합이 12인 경우는 가장 큰 수 6이 들어간 경우와 들어가지 않은 경우로 나누어 찾으면 편리해요.
- 6이 들어간 경우: (1, 5, 6), (2, 4, 6)
- 6이 들어가지 않은 경우: (3, 4, 5)

연필 없이 생각 톡 100쪽

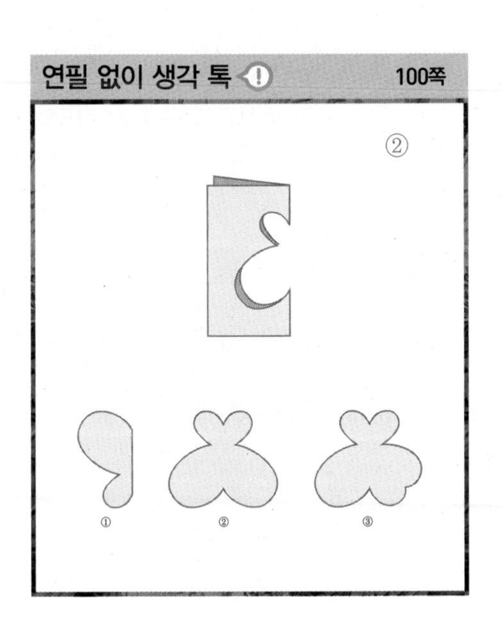

5 규칙 찾기

BASIC TEST

1 규칙 찾기(1)

105쪽

1 ◆　　2 ◀

3 □○○□○○□

4 정환

5
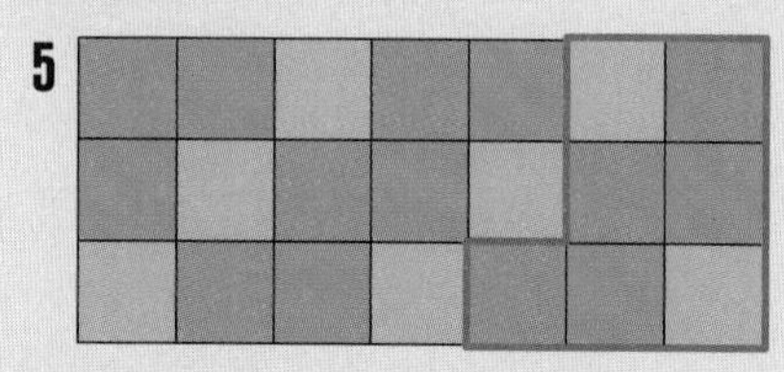

6 6개

7

/ 예 긴바늘이 반 바퀴씩 움직이는 규칙입니다.

1 ◆, ♥가 되풀이되는 규칙이므로 빈칸에 들어갈 모양은 ◆입니다.

2 ◀, ▶, ▶가 되풀이되는 규칙이므로 빈칸에 들어갈 모양은 ◀입니다.

3 (동전)은 □로, (조개)는 ○로 나타낸 규칙입니다.
(동전), (조개), (조개)가 되풀이되는 규칙이므로
□○○□○○□로 나타냅니다.

지도 가이드
하나의 규칙을 여러 배열에 적용해 보는 것은 1:1 대응 개념을 익히는 기초 학습입니다. 1:1 대응은 이후 중고등 과정에서 배우는 집합, 함수, 기하 등 수학의 많은 영역에 적용될 뿐만 아니라 수학 이외의 영역에서 필요한 사고력의 근간이 되는 개념이므로 단순한 수준에서부터 1:1 대응의 개념을 느껴 볼 수 있게 해 주세요.

4 ●○● | ●○● | ●○

검은색, 흰색, 검은색 바둑돌이 되풀이되는 규칙이므로 바르게 말한 사람은 정환입니다.

5 빨간색, 파란색, 노란색이 번갈아 가며 색칠되는 규칙입니다.

6 병아리, 병아리, 고양이가 되풀이되는 규칙입니다. ㉠에는 고양이가 들어가고, ㉡에는 병아리가 들어갑니다.
고양이의 다리는 4개, 병아리의 다리는 2개이므로 ㉠과 ㉡에 들어갈 동물의 다리는 모두 $4+2=6$(개)입니다.

7 '1시 30분－2시－2시 30분'으로 긴바늘이 반 바퀴씩 움직이는 규칙입니다. 따라서 넷째 시계의 시각은 3시입니다.

다른 풀이
30분씩 지나는 규칙입니다.

2 규칙 찾기(2)

107쪽

1 (20)－(23)－(26)－(29)－(32)

2 (74)－(70)－(66)－(62)－(58)

3

49	56	63	70	77	84

4 30　　5 예 47부터 9씩 커집니다.

6

41	42	43	44	45	46	47	48	49	50
51	52	53	54	55	56	57	58	59	60
61	62	63	64	65	66	67	68	69	70
71	72	**73**	74	**75**	76	**77**	78	**79**	80

7

51	52	53	**54**	55	56	57	**58**	59	60
61	**62**	63	64	65	**66**	67	68	69	**70**
71	72	73	**74**	75	76	77	**78**	79	80
81	**82**	83	84	85	**86**	87	88	89	**90**

/ 예 54부터 4씩 커집니다.

1 20 → 23 → 26 → 29 → 32
(3만큼 더 큰 수, 3만큼 더 큰 수, 3만큼 더 큰 수, 3만큼 더 큰 수)

2 74 → 70 → 66 → 62 → 58
(4만큼 더 작은 수, 4만큼 더 작은 수, 4만큼 더 작은 수, 4만큼 더 작은 수)

해결 전략
70보다 4만큼 더 작은 수는 70에서 거꾸로 1씩 4번 뛰어 센 수입니다.

3 7씩 커지는 규칙이므로 63 다음 수는 70, 77 다음 수는 84입니다.

해결 전략

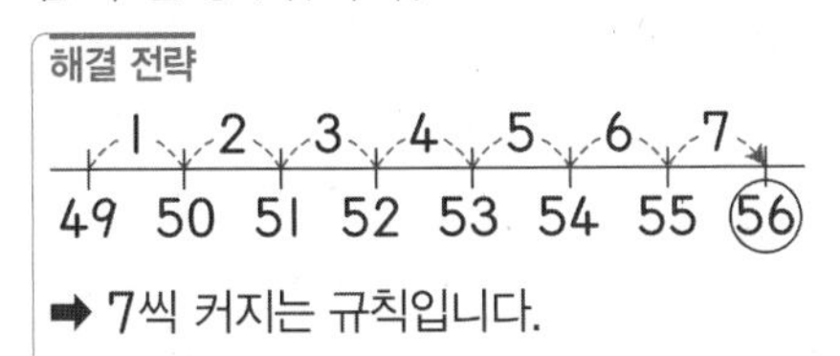

➡ 7씩 커지는 규칙입니다.

4 18부터 3씩 커지는 규칙으로 수를 놓으면

18 21 24 27 30입니다.

+3 +3 +3 +3

따라서 ㉠에 알맞은 수는 30입니다.

5 47 56 65 74

➡ 47부터 9씩 커지는 규칙입니다.

6 71 73 75 77 79

➡ 73, 75, 77, 79에 색칠합니다.

7 54 58 62 66 70

➡ 4씩 커지는 규칙이므로 이어서 74, 78, 82, 86, 90에 색칠합니다.

MATH TOPIC 108~114쪽

1-1 72　1-2 94
2-1 6개
3-1　3-2　3-3
4-1 19개　4-2 36개
5-1　5-2
6-1 19　6-2 11　6-3 68
심화7 7회, 4 / 4
7-1 3번

1-1 7만큼 더 큰 수

53	54	55				59
60	61	62	63		㉠	
					■	

오른쪽으로 한 칸 갈 때마다 1씩 커지므로 ㉠은 63보다 2만큼 더 큰 수인 65입니다.
아래쪽으로 한 칸 갈 때마다 7씩 커지므로 ■는 ㉠ 65보다 7만큼 더 큰 수인 72입니다.

해결 전략
65보다 7만큼 더 큰 수
1 2 3 4 5 6 7
65 66 67 68 69 70 71 72

1-2 8만큼 더 큰 수

75		77	78	79	
83	84	85	㉠		
			■		

오른쪽으로 한 칸 갈 때마다 1씩 커지므로 ㉠은 85보다 1만큼 더 큰 수인 86입니다.
아래쪽으로 한 칸 갈 때마다 8씩 커지므로 ■는 ㉠ 86보다 8만큼 더 큰 수인 94입니다.

해결 전략
86보다 8만큼 더 큰 수

2-1 벽지의 일부분을 보고 규칙을 찾아보면 ★, ♥, ●, ●가 되풀이되는 규칙입니다.
찢어진 부분을 그려 보면 다음과 같습니다.

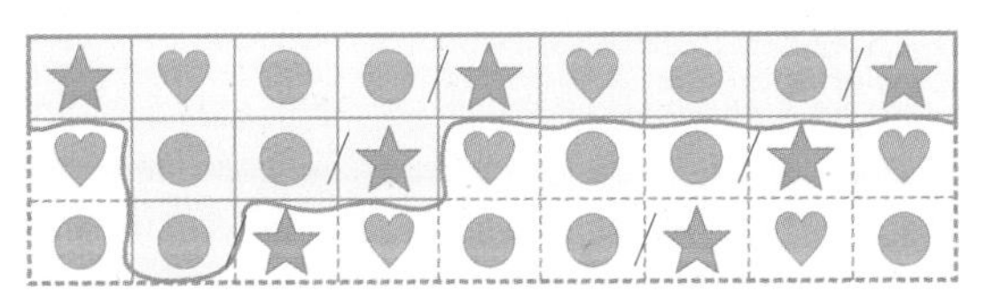

➡ 찢어진 부분에 있던 ●를 세어 보면 모두 6개입니다.

주의
찢어진 부분에 있던 ●를 세는 것입니다.
벽지 전체에 그려진 ●를 세지 않도록 주의합니다.

3-1 색칠된 칸과 색깔이 바뀌는 규칙입니다.
시계 방향(㉠ → ㉤ → ㉣ → ㉢ → ㉡)으

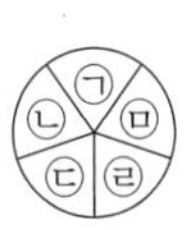

로 한 칸씩 돌아가며 색칠되는 규칙이므로 색칠되는 칸은 ⓜ입니다.
초록색, 분홍색이 되풀이되는 규칙이므로 색칠되는 색깔은 초록색입니다.

3-2 색칠된 칸과 색깔이 바뀌는 규칙입니다.
시계 반대 방향(㉠ → ㉡ → ㉢)으로 한 칸씩 돌아가며 색칠되는 규칙이므로 색칠되는 칸은 ㉢입니다.
노란색, 빨간색이 되풀이되는 규칙이므로 색칠되는 색깔은 빨간색입니다.

3-3 색칠된 칸과 색깔이 바뀌는 규칙입니다.
시계 반대 방향(ⓑ → ㉠ → ㉡ → ㉢ → ㉣ → ⓜ)으로 한 칸씩 돌아가며 색칠되는 규칙이므로 색칠되는 칸은 ⓜ입니다.
초록색, 빨간색, 분홍색이 되풀이되는 규칙이므로 색칠되는 색깔은 분홍색입니다.

4-1 바둑돌의 수를 세어 보면 1개, 4개, 7개, 10개, ...로 3개씩 늘어납니다.

첫째	둘째	셋째	넷째	다섯째	여섯째	일곱째
1개	4개	7개	10개	13개	16개	19개

+3 +3 +3 +3 +3 +3

따라서 일곱째에 놓일 바둑돌은 19개입니다.

4-2 바둑돌의 수를 세어 보면 1개, 4개, 9개, 16개, ...입니다.
첫째: 1개
둘째: $2+2=4$(개)
셋째: $3+3+3=9$(개)
넷째: $4+4+4+4=16$(개)
다섯째: $5+5+5+5+5=25$(개)
여섯째: $6+6+6+6+6+6=36$(개)
따라서 여섯째에 놓일 바둑돌은 36개입니다.

5-1 모양과 색깔이 바뀌는 규칙입니다.
모양은 ▢, ⌭, ⌭이 되풀이되는 규칙이고, 색깔은 초록색, 파란색이 되풀이되는 규칙입니다.

	첫째	둘째	셋째	넷째	다섯째	여섯째	일곱째	여덟째
모양	▢	⌭	⌭	▢	⌭	⌭	▢	⌭
색깔	초록색	파란색	초록색	파란색	초록색	파란색	초록색	파란색

5-2 모양, 색깔, 크기가 바뀌는 규칙입니다.
모양은 △, □, ○가 되풀이되는 규칙이고, 색깔은 보라색, 빨간색이 되풀이되는 규칙이고, 크기는 큰 것, 작은 것이 되풀이되는 규칙입니다.

	첫째	둘째	셋째	넷째	다섯째	여섯째	일곱째	여덟째
모양	△	□	○	△	□	○	△	□
색깔	보라색	빨간색	보라색	빨간색	보라색	빨간색	보라색	빨간색
크기	큰 것	작은 것	큰 것	작은 것	큰 것	작은 것	큰 것	작은 것

6-1 수가 번갈아 가며 2씩 작아지고 3씩 커지는 규칙입니다.

아홉째
15 13 16 14 17 15 18 16 19 ...
−2 +3 −2 +3 −2 +3 −2 +3

따라서 아홉째에 놓이는 수는 19입니다.

다른 풀이
홀수째와 짝수째 수끼리 나누어 생각하면 홀수째 수는 1씩 커지고, 짝수째 수도 1씩 커지는 규칙입니다.

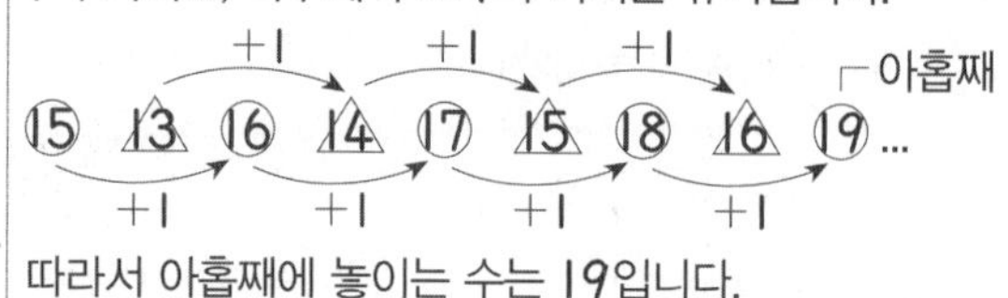

따라서 아홉째에 놓이는 수는 19입니다.

6-2 홀수째와 짝수째의 규칙이 다른 경우입니다.
홀수째 수는 1씩 커지고, 짝수째 수는 2씩 커집니다.

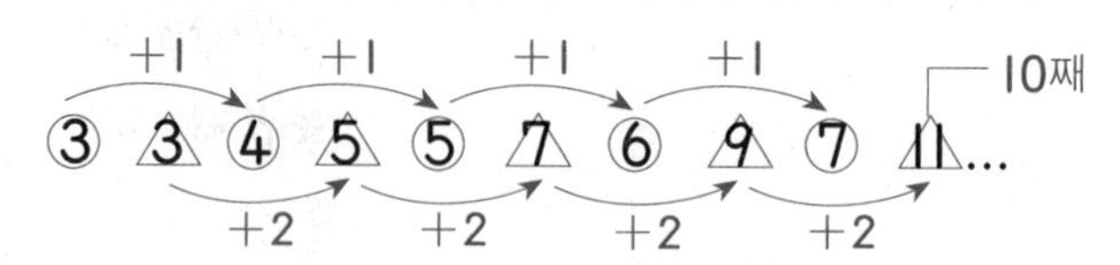

따라서 10째에 놓이는 수는 11입니다.

6-3 커지는 수가 1, 2, 3, ...으로 늘어나는 규칙입니다.

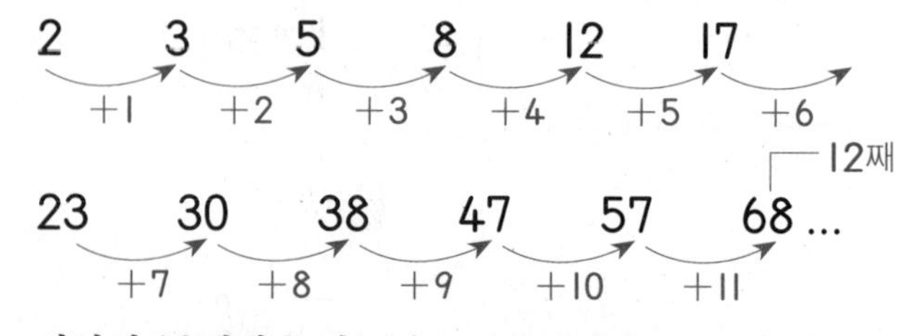

따라서 12째에 놓이는 수는 68입니다.

7-1 오른손: 도 미 솔 도 미 솔 도 미 솔 도
왼손: 도 솔 도 솔 도 솔 도 솔 도 솔

오른손과 왼손이 동시에 같은 이름의 음을 친 경우는 첫째, 여섯째, 일곱째 음이므로 모두 3번입니다.

LEVEL UP TEST

115~118쪽

1 ㉠, ㉣	**2** 예순하나, 54	**3** ㉡	**4** 6번	**5** 11시 30분	**6** △, 빨간색
7 3개	**8** 9개	**9** 11	**10** 7	**11** 98	
12 7일, 14일, 21일, 28일					

1 접근 ≫ 모양의 규칙을 알아봅니다.

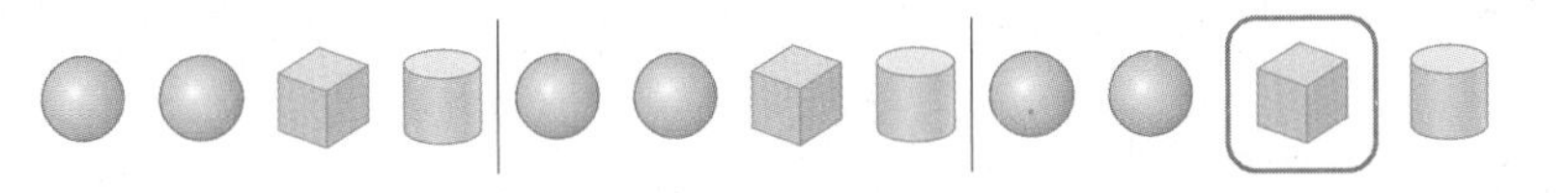

구, 구, 상자, 원기둥이 되풀이되므로 빈칸에는 상자 모양이 들어갑니다. 따라서 상자 모양의 물건을 찾으면 ㉠ 전자레인지와 ㉣ 택배 상자입니다.

해결 전략
㉠ 상자 모양 ㉡ 구 모양
㉢ 원기둥 모양 ㉣ 상자 모양
㉤ 구 모양

2 접근 ≫ 수를 읽기 한 것을 수로 써 보고 규칙을 찾아봅니다.

96－여든아홉(89)－82－일흔다섯(75)은 7씩 작아지면서 수로 쓰기와 읽기가 번갈아 가며 나옵니다.
75보다 7만큼 더 작은 수는 68이고 68보다 7만큼 더 작은 수는 61(예순하나), 61보다 7만큼 더 작은 수는 54입니다.
따라서 ♥는 예순하나, ◆는 54입니다.

3 접근 ≫ 규칙을 찾아 □ 안에 들어갈 모양을 알아봅니다.

㉠ ★, ●, ■가 되풀이되는 규칙이므로 □ 안에는 ★이 들어갑니다.
㉡ ●, ■, ★, ●가 되풀이되는 규칙이므로 □ 안에는 ●가 들어갑니다.
㉢ ■, ★, ●가 되풀이되는 규칙이므로 □ 안에는 ★이 들어갑니다.
따라서 들어갈 모양이 다른 하나는 ㉡입니다.

4 109쪽 2번의 변형 심화 유형
접근 ≫ 무늬의 규칙을 찾아 빈칸을 완성해 봅니다.

윤희가 만든 무늬는 빨간색, 노란색, 파란색이 되풀이되는 규칙입니다.

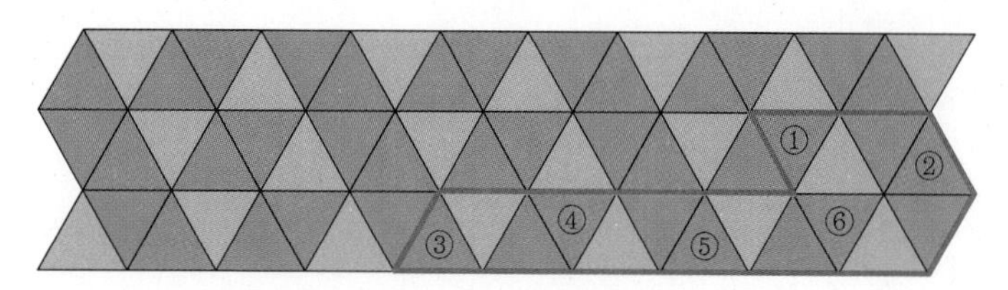

따라서 빈칸을 완성해 보면 빨간색은 6번 더 나옵니다.

주의
빈칸에 나오는 빨간색 칸을 세는 거예요. 무늬 전체의 빨간색 칸을 세지 않도록 주의하세요.

5 접근 ≫ 시각을 구하여 규칙을 찾아봅니다.

시각은 차례로 1시 30분, 3시 30분, 5시 30분, 7시 30분입니다.
짧은바늘이 숫자 2칸만큼씩 이동하므로 다섯째 시각은 9시 30분, 여섯째 시각은 11시 30분입니다.

해결 전략
짧은바늘이 숫자 2칸만큼 움직이면 2시간이 지나요.

다른 풀이
시각은 차례로 1시 30분, 3시 30분, 5시 30분, 7시 30분이므로 2시간씩 지나는 규칙입니다.
1시 30분 →(2시간 후) 3시 30분 →(2시간 후) 5시 30분 →(2시간 후) 7시 30분
→(2시간 후) 9시 30분 →(2시간 후) 11시 30분
따라서 다섯째 시각은 9시 30분, 여섯째 시각은 11시 30분입니다.

서술형
6 112쪽 5번의 변형 심화 유형
접근 ≫ 모양과 색깔이 바뀌는 규칙을 알아봅니다.

예 모양은 ○, □, △가 되풀이되는 규칙이므로 □ 안에는 △ 모양이 들어갑니다. 색깔은 빨간색, 파란색, 노란색, 초록색이 되풀이되는 규칙이므로 □ 안에는 빨간색이 들어갑니다.

채점 기준	배점
□ 안에 알맞은 모양을 찾을 수 있나요?	3점
□ 안에 알맞은 색깔을 찾을 수 있나요?	2점

해결 전략
두 가지가 바뀌는 경우는 각각의 규칙을 따로 생각해 보세요.

7 접근 ≫ 펼친 손가락 수의 규칙을 알아봅니다.

바위, 가위, 보, 바위가 되풀이되는 규칙이므로 14째는 가위이고 19째는 보입니다.
가위는 펼친 손가락이 2개, 보는 펼친 손가락이 5개입니다.
따라서 펼친 손가락 수의 차는 $5-2=3$(개)입니다.

해결 전략
펼친 손가락의 수로 규칙을 써 보세요.
(0 2 5 0) (0 2 5 0) (0 2 5 0) (0 2 5 0) 0 2 5
14째 ↑ (2), 19째 ↑ (5)

보충 개념
펼친 손가락의 수
 : 2개
 : 0개
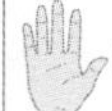 : 5개

8 접근 ≫ 수수깡 수와 ▲ 모양의 수 사이의 관계를 생각해 봅니다.

수수깡 3개로 ▲ 모양 1개, 수수깡 5개로 ▲ 모양 2개, 수수깡 7개로 ▲ 모양 3개, ...를 만들 수 있으므로 ▲ 모양이 1개 늘어날수록 수수깡은 2개 더 늘어납니다.
$3+2+2+2+2+2+2+2+2=19$이므로 수수깡 19개를 늘어놓으면 ▲ 모양이 9개 만들어집니다.
└ 모두 9개의 수를 더했으므로 ▲ 모양을 9개 만들 수 있습니다.

9 접근 ≫ 몇씩 뛰어 세는 수를 □라고 하여 □를 구해 봅니다.

5에서 몇씩 4번 뛰어 세면 17이 됩니다. 몇씩 뛰어 세는 수를 □라고 하면
$5+□+□+□+□=17$, $□+□+□+□=17-5=12$입니다.
$3+3+3+3=12$이므로 $□=3$입니다.

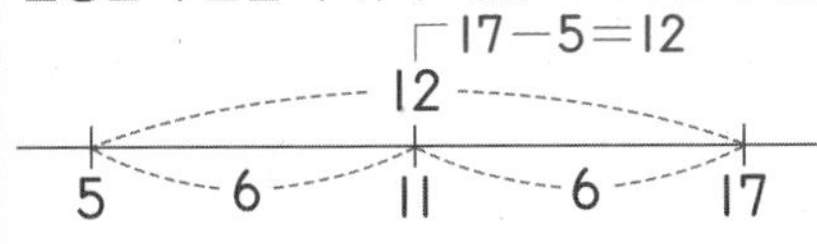

따라서 ㉠에 알맞은 수는 11입니다.

다른 풀이
일정한 수만큼씩 뛰어 세었으므로 ㉠에 알맞은 수는 5와 17의 가운데 수입니다.

$17-5=12$
12
5 6 11 6 17

따라서 ㉠에 알맞은 수는 11입니다.

10 113쪽 6번의 변형 심화 유형
접근 ≫ 늘어놓은 수의 규칙을 알아봅니다.

수가 번갈아 가며 3씩, 5씩 작아지는 규칙입니다.

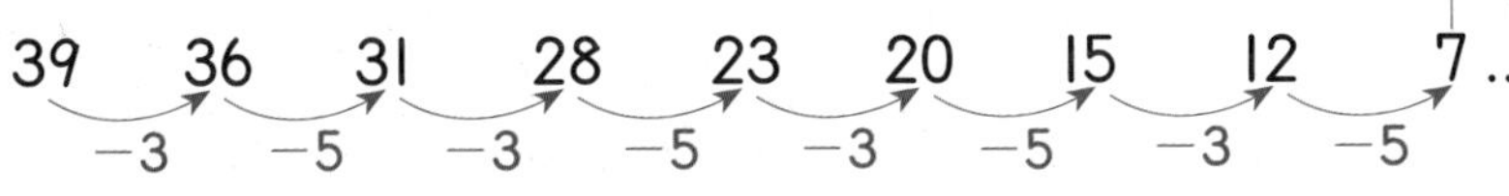

따라서 아홉째에 알맞은 수는 7입니다.

해결 전략
뛰어 세기를 하여 수를 찾아보세요.

보충 개념
31보다 3만큼 더 작은 수

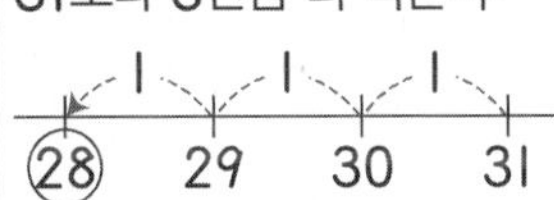

지도 가이드
규칙이 있는 수의 배열은 고등 과정에서 배우는 여러 가지 형태의 수열 개념과 연결됩니다. 고등에서는 수 배열의 규칙을 공식화하여 나타내는 학습을 하게 되므로 다양한 규칙의 수 배열을 경험하고 규칙을 찾아볼 수 있도록 해 주세요.

11 접근 ≫ 물감이 묻은 부분의 수의 규칙을 찾아봅니다.

물감이 묻은 부분의 수는 8−17−26이므로 9씩 커지는 규칙입니다.
따라서 나머지 부분에 색칠한 수는 35−44−53−62−71−80−89−98이므로 이 중 가장 큰 수는 98입니다.

12 접근 ≫ 달력의 일부분을 보고 전체 달력을 그려 봅니다.

달력의 일부분을 보고 전체 달력을 그리면 다음과 같습니다.

일	월	화	수	목	금	토
			1	2	3	4
5	6	7	8	9	10	11
12	13	14	15	16	17	18
19	20	21	22	23	24	25
26	27	28	29	30		

따라서 화요일의 날짜를 모두 쓰면 7일, 14일, 21일, 28일입니다.

다른 풀이
이달의 1일은 목요일 바로 전인 수요일입니다. 이달의 첫째 화요일은 4일 토요일에서 3일 후인 7일입니다. 따라서 이달의 화요일은 7일부터 7씩 더한 날짜를 모두 쓰면 7일, 14일, 21일, 28일입니다.

해결 전략
같은 요일의 날짜는 7씩 커지거나 작아져요.

보충 개념
달력의 규칙
① 오른쪽으로 한 칸 갈 때마다 1씩 커집니다.
② 아래쪽으로 한 칸 갈 때마다 7씩 커집니다.
③ 같은 요일은 7일마다 반복됩니다.

1 접근 ≫ 색칠된 칸의 수와 색칠된 칸의 위치가 바뀌는 규칙을 알아봅니다.

색칠된 칸이 1칸, 2칸, 3칸, 4칸, ...으로 1칸씩 늘어납니다.
색칠된 칸이 방향으로 이동하는 규칙입니다.

따라서 빈칸에 색칠되는 칸은 5칸이고, 위치는 입니다.

해결 전략
색칠된 칸의 시작과 끝을 알면 다음에 오는 모양을 찾기 쉬워요.

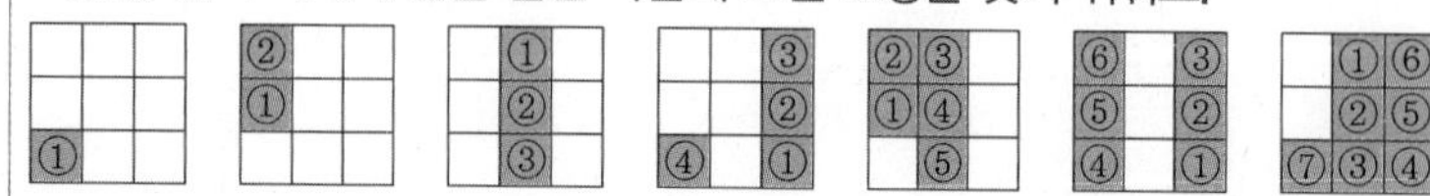

다른 풀이
색칠된 칸이 1칸, 2칸, 3칸, ...으로 1칸씩 늘어나고, 색칠된 칸이 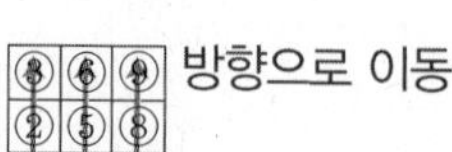 방향으로 이동합니다.

2 111쪽 4번의 변형 심화 유형

접근 ≫ 첫째, 둘째, 셋째, ...에서 어느 바둑돌이 몇 개 더 많은지 구해 봅니다.

첫째는 흰색 바둑돌이 1개 더 많고, 둘째는 검은색 바둑돌이 2개 더 많고, 셋째는 흰색 바둑돌이 3개 더 많고, 넷째는 검은색 바둑돌이 4개 더 많습니다. 더 많은 바둑돌이 흰색, 검은색으로 번갈아 가며 수의 차가 1개, 2개, 3개, 4개, ...로 늘어나는 규칙입니다.

	첫째	둘째	셋째	넷째	다섯째	여섯째	일곱째	여덟째	아홉째	10째
더 많은 바둑돌	흰색	검은색	흰색	검은색	흰색	검은색	흰색	검은색	흰색	검은색
수의 차	1개	2개	3개	4개	5개	6개	7개	8개	9개	10개

따라서 10째 모양은 검은색 바둑돌이 10개 더 많습니다.

다른 풀이

흰색 바둑돌과 검은색 바둑돌을 직접 세어서 규칙을 찾아봅니다.

	첫째	둘째	셋째	넷째	다섯째	여섯째	일곱째	여덟째	아홉째	10째
흰색	1개	1개	6개	6개	15개	15개	28개	28개	45개	45개
검은색	0개	3개	3개	10개	10개	21개	21개	36개	36개	55개
수의 차	1개	2개	3개	4개	5개	6개	7개	8개	9개	10개

따라서 10째 모양은 검은색 바둑돌이 10개 더 많습니다.

연필 없이 생각 톡 120쪽

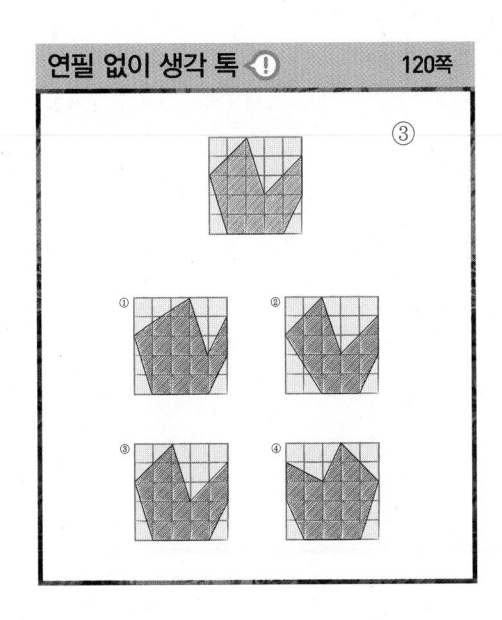

6 덧셈과 뺄셈(3)

BASIC TEST

1 덧셈하기 125쪽

1 (1) 7, 27 (2) 7, 57
2 44, 54, 64, 74 / 59, 59, 59, 59
3 (1) (위에서부터) 69, 66 (2) (위에서부터) 86, 56
4 (1) 50 (2) 50 **5** 96
6 59개 **7** (1) 30 (2) 예 1

1 (1) $23+4=27$, $3+4=7$
(2) 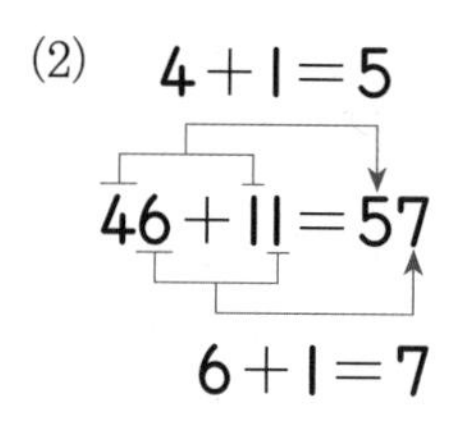
$4+1=5$, $46+11=57$, $6+1=7$

2 • 왼쪽 수(더해지는 수)는 34로 같고, 오른쪽 수(더하는 수)가 10, 20, 30, 40으로 10씩 커지므로 합은 10씩 커집니다. ➡ 44, 54, 64, 74
• 왼쪽 수(더해지는 수)가 58, 56, 54, 52로 2씩 작아지고, 오른쪽 수(더하는 수)는 1, 3, 5, 7로 2씩 커지므로 합은 같습니다. ➡ 59

다른 풀이
• $34+10=44$, $34+20=54$, $34+30=64$, $34+40=74$
• $58+1=59$, $56+3=59$, $54+5=59$, $52+7=59$

지도 가이드
계산을 하기 전에 더하는 수들의 규칙을 살펴보도록 해 주세요. 수가 어떻게 변하는지 알면 계산하지 않고 계산 결과를 알 수 있기 때문입니다.

3 (1) $46+20=66$
$66+3=69$
➡ $46+23=69$
(2) $52+4=56$
$56+30=86$
➡ $52+34=86$

4 (1) $80=30+\boxed{50}$
(2) $64=60+4=50+10+4=\boxed{50}+14$

5 $81>46>38>15$이므로 가장 큰 수는 81이고 가장 작은 수는 15입니다.
➡ $81+15=96$

6 (어제 주운 밤의 수)+(오늘 주운 밤의 수)
$=26+33=59$(개)

7 (1) $10+50=60$이고, $60=30+30$이므로 □ 안에 알맞은 수는 30입니다.
(2) $50+9=59$이고, $59>57+\square$이므로 □ 안에 들어갈 수 있는 수는 0, 1입니다.

2 뺄셈하기 127쪽

1 27, 25, 23, 21 / 34, 34, 34, 34 **2** 20
3 (1) (위에서부터) 34, 37 (2) (위에서부터) 22, 28
4 (1) < (2) = **5** 58 **6** 23명
7 장미, 13송이

1 • 왼쪽 수(빼지는 수)가 59, 57, 55, 53으로 2씩 작아지고, 오른쪽 수(빼는 수)는 32로 같으므로 차는 2씩 작아집니다. ➡ 27, 25, 23, 21
• 왼쪽 수(빼지는 수)는 75, 76, 77, 78로 1씩 커지고, 오른쪽 수(빼는 수)도 41, 42, 43, 44로 1씩 커지므로 차가 같습니다. ➡ 34

다른 풀이
• $59-32=27$, $57-32=25$, $55-32=23$, $53-32=21$
• $75-41=34$, $76-42=34$, $77-43=34$, $78-44=34$

2 $\square+30=50$ ➡ $50-30=\square$, $\square=20$

3 (1) $57-20=37$
$37-3=34$
➡ $57-23=34$
(2) $48-20=28$
$28-6=22$
➡ $48-26=22$

4 (1) $62-2=60$ ➡ $60 \bigcirc\!\!\!\!< 61$
(2) $15-10=5$, $55-50=5$ ➡ $5 \bigcirc\!\!\!\!= 5$

5 $88>67>42>30$이므로 가장 큰 수는 88이고 가장 작은 수는 30입니다.
➡ $88-30=58$

6 (안경을 쓰지 않은 학생 수)
=(전체 학생 수)−(안경을 쓴 학생 수)
$=28-5=23$(명)

7 $66>53$이므로 장미가 $66-53=13$(송이) 더 많습니다.

3 덧셈과 뺄셈의 관계 129쪽

1 예 23, 36, 59 / 예 59, 23, 36
2 (1) + (2) − 3 예 $21+47=68$, 68명
4 $47-21=26$, 26명
5 $57-43=14$ / $57-14=43$ 6 (1) 2 (2) 0
7 21, 42, 31 8 69

1 덧셈식은 $23+36=59$, $36+23=59$를 만들 수 있고, 뺄셈식은 $59-23=36$, $59-36=23$을 만들 수 있습니다.

해결 전략
부분을 합하면 전체가 됩니다.

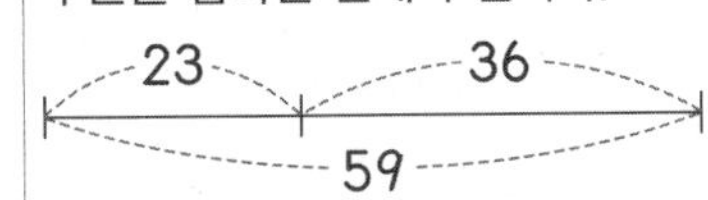

2 왼쪽의 두 수보다 등호(=)의 오른쪽 수가 크면 더한 것이고, 가장 왼쪽의 수보다 등호(=)의 오른쪽 수가 작으면 뺀 것입니다.
(1) $43 \boxed{+} 12=55$ (2) $56 \boxed{-} 23=33$

3 모두 몇 명인지 물었으므로 덧셈식으로 나타냅니다.

4 몇 명 더 많은지 물었으므로 뺄셈식으로 나타냅니다.

5 $43+14=57$ → $57-43=14$ $43+14=57$ → $57-14=43$

6 (1) $95-33=62$, $62=60+\square$이므로 $\square=2$입니다.
(2) $86-36=50$, $50+\square=50$이므로 $\square=0$입니다.

7 $20+1=21$이므로 ●$=21$입니다.
●$=21$이므로 ●+●$=21+21=42$,
▲$=42$입니다.
▲$=42$이므로 ▲$-11=42-11=31$,
■$=31$입니다.

지도 가이드
구해야 하는 모양이 많아서 어려워할 수 있습니다. 이러한 경우 수가 기호(■, ▲, ● 등)로 바뀌어도 덧셈과 뺄셈의 의미는 변하지 않음을 알려준 다음 문제를 풀 수 있도록 지도해 주세요.

해결 전략
● → ▲ → ■의 순서로 나타내는 수를 구합니다.

8 $\square-45=24$
$24+45=\square$, $\square=69$

MATH TOPIC 130~136쪽

1-1 2, 3	1-2 9, 1	1-3 6
2-1 85마리	2-2 89통	2-3 48개
3-1 48	3-2 68	3-3 70
4-1 1, 2, 3, 4	4-2 5, 6, 7, 8, 9	
4-3 7, 8, 9		
5-1 88	5-2 87	5-3 77
6-1 23	6-2 97	6-3 87
심화7 칠면조, 1 / 칠면조, 1		
7-1 성호네 편, 2개		

1-1 일의 자리 계산에서 $3+㉡=6$
➡ $6-3=㉡$, $㉡=3$입니다.
십의 자리 계산에서 $㉠+7=9$
➡ $9-7=㉠$, $㉠=2$입니다.

1-2 일의 자리 계산에서 8－㉡＝7
➡ 8－7＝㉡, ㉡＝1입니다.
십의 자리 계산에서 ㉠－5＝4
➡ 4＋5＝㉠, ㉠＝9입니다.

1-3 일의 자리 계산에서 ㉠－4＝1
➡ 1＋4＝㉠, ㉠＝5입니다.
십의 자리 계산에서 9－㉡＝8
➡ 9－8＝㉡, ㉡＝1입니다.
따라서 ㉠＋㉡＝5＋1＝6입니다.

2-1 (홍학의 수)＝(원숭이의 수)－3
＝44－3＝41(마리)
동물원에 있는 원숭이와 홍학은 모두
44＋41＝85(마리)입니다.

2-2 (수박의 수)＝(멜론의 수)－5
＝47－5＝42(통)
과일 가게에 있는 멜론과 수박은 모두
47＋42＝89(통)입니다.

2-3 (야구공의 수)＝(축구공의 수)－4
＝26－4＝22(개)
상자에 들어 있는 축구공과 야구공은 모두
26＋22＝48(개)입니다.

3-1 십의 자리 수가 2인 두 자리 수를 2□라고 하면 만들 수 있는 가장 큰 수는 일의 자리에 가장 큰 수 7을 놓은 27이고, 가장 작은 수는 일의 자리에 가장 작은 수 1을 놓은 21입니다.
따라서 두 수의 합은 27＋21＝48입니다.

3-2 일의 자리 수가 4인 두 자리 수를 □4라고 하면 만들 수 있는 가장 큰 수는 십의 자리에 가장 큰 수 5를 놓은 54이고, 가장 작은 수는 십의 자리에 0을 제외한 가장 작은 수 1을 놓은 14입니다.
따라서 두 수의 합은 54＋14＝68입니다.

해결 전략
두 자리 수가 되려면 0은 십의 자리에 놓을 수 없습니다. 따라서 0을 제외한 수 중 가장 작은 수인 1을 십의 자리에 놓습니다.

3-3 일의 자리 수가 7인 두 자리 수를 □7이라고 하면 만들 수 있는 가장 큰 수는 십의 자리에 가장 큰 수 9를 놓은 97이고, 가장 작은 수는 십의 자리에 0을 제외한 가장 작은 수 2를 놓은 27입니다.
따라서 두 수의 차는 97－27＝70입니다.

해결 전략
두 자리 수가 되려면 0은 십의 자리에 놓을 수 없습니다.

4-1 67－16＝51이므로 51＞□4에서 □를 구합니다. 십의 자리 수를 비교하면 5＞□이므로 □ 안에 들어갈 수 있는 수는 1, 2, 3, 4입니다. 일의 자리 수를 비교하면 1＜4이므로 □ 안에 5는 들어갈 수 없습니다. ➡ □＝1, 2, 3, 4

해결 전략
51＞□4처럼 십의 자리 수를 모르는 경우 십의 자리 수끼리 비교한 다음 일의 자리 수끼리도 비교하여 □ 안에 5가 들어갈 수 있는지를 확인합니다.

4-2 78－25＝53이므로 53＜□7에서 □를 구합니다. 십의 자리 수를 비교하면 5＜□이므로 □ 안에 들어갈 수 있는 수는 6, 7, 8, 9입니다. 일의 자리 수를 비교하면 3＜7이므로 □ 안에 5도 들어갈 수 있습니다. ➡ □＝5, 6, 7, 8, 9

4-3 12＋63＝75이고, □9－3을 간단히 하면 □6이므로 75＜□6에서 □를 구합니다. 십의 자리 수를 비교하면 7＜□이므로 □ 안에 들어갈 수 있는 수는 8, 9입니다. 일의 자리 수를 비교하면 5＜6이므로 □ 안에 7도 들어갈 수 있습니다.
➡ □＝7, 8, 9

해결 전략
□9－3에서 일의 자리 수끼리 빼면 9－3＝6이므로 십의 자리 수는 □로 변하지 않습니다. ➡ □9－3＝□6

5-1 20＋30＝◆ ➡ ◆＝50
◉－◆＝38에서 ◆＝50이므로 ◉－50＝38입니다.
38＋50＝◉, ◉＝88입니다.

보충 개념
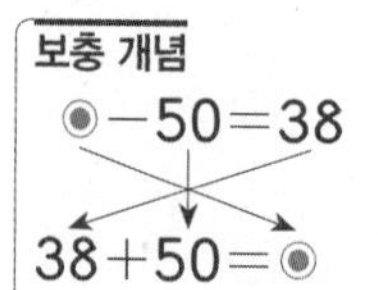

5-2 50＋13＝★ ➡ ★＝63

♥－★＝24에서 ★＝63이므로 ♥－63＝24 입니다.

24＋63＝♥, ♥＝87입니다.

5-3 14＋51＝▲ ➡ ▲＝65

◈－▲＝12에서 ▲＝65이므로 ◈－65＝12 입니다.

12＋65＝◈, ◈＝77입니다.

6-1 어떤 수를 □라고 하여 잘못 계산한 식을 만들면 □＋22＝67, 67－22＝□, □＝45입니다.

어떤 수가 45이므로 바르게 계산하면 45－22＝23입니다.

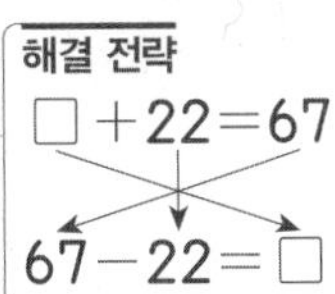

6-2 어떤 수를 □라고 하여 잘못 계산한 식을 만들면 □－43＝11, 11＋43＝□, □＝54입니다.

어떤 수가 54이므로 바르게 계산하면 54＋43＝97입니다.

6-3 어떤 수를 □라고 하여 잘못 계산한 식을 만들면 □－32＝23, 23＋32＝□, □＝55입니다.

어떤 수가 55이므로 바르게 계산하면 55＋32＝87입니다.

7-1 화살을 은정이네 편은 12＋13＝25(개) 넣었고, 성호네 편은 10＋17＝27(개) 넣었습니다.

25＜27이므로 성호네 편이 화살을 27－25＝2(개) 더 많이 넣어 이겼습니다.

LEVEL UP TEST

137~140쪽

1 12　**2** 85, 62에 ○표　**3** 11쪽

4 16＋23＝39 또는 23＋16＝39 / 39－16＝23 또는 39－23＝16

5 66　**6** 79　**7** 76　**8** (1) 23, 23, 23 (2) 12, 12, 12, 12

9 예 10＋23＝33　**10** 23, 10, 13　**11** 4개　**12** 문영, 2개

1 **접근 ≫ 43보다 10만큼 더 큰 수를 먼저 구합니다.**

43보다 10만큼 더 큰 수는 43＋10＝53입니다.

53은 65보다 65－53＝12만큼 더 작습니다.

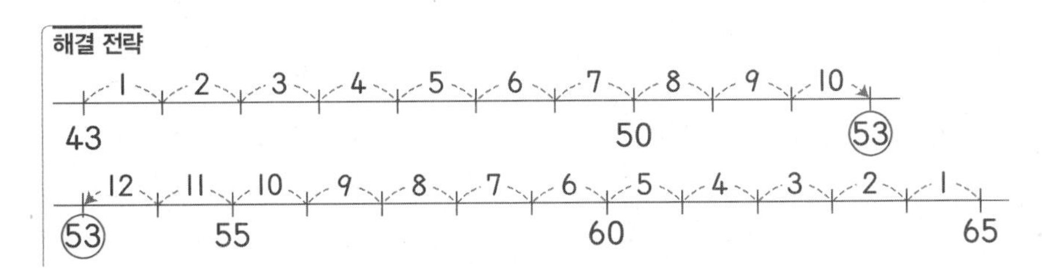

해결 전략

53이 65보다 몇만큼 더 작은 수인지 구하려면 뺄셈식을 만들어야 해요.

2 접근 ≫ 일의 자리 수끼리의 차가 3인 두 수를 찾아봅니다.

큰 수에서 작은 수를 뺄 때 일의 자리 수끼리의 차가 3이 되는 두 수를 찾아보면 13과 46, 85와 62입니다.

➡ 46 − 13 = 33(×), 85 − 62 = 23(○)

따라서 차가 23인 두 수는 85와 62입니다.

지도 가이드

이 단원에서는 받아내림이 없는 뺄셈만을 다루기 때문에 일의 자리 수끼리의 차가 3인 두 수를 찾아서 답을 구하면 됩니다. 하지만 2학년에서는 받아내림이 있는 뺄셈의 범위에서 이와 같은 문제를 접하게 됩니다. 따라서 1학년 때부터 일의 자리 수끼리, 십의 자리 수끼리 계산하는 뺄셈의 기초 원리를 충분히 이해할 수 있도록 해 주세요.

서술형

3 131쪽 2번의 변형 심화 유형
접근 ≫ 어제와 오늘 읽은 동화책의 쪽수를 구합니다.

예 어제와 오늘 읽은 동화책의 쪽수는 42 + 35 = 77(쪽)입니다.

88쪽까지 있는 동화책을 다 읽으려면 88 − 77 = 11(쪽)을 더 읽어야 합니다.

채점 기준	배점
어제와 오늘 읽은 동화책의 쪽수를 구할 수 있나요?	2점
동화책을 다 읽으려면 몇 쪽을 더 읽어야 하는지 구할 수 있나요?	3점

해결 전략

덧셈식으로 어제와 오늘 읽은 동화책 쪽수를 구하고, 뺄셈식으로 더 읽어야 하는 동화책 쪽수를 구해요.

4 접근 ≫ 주어진 수 중에서 덧셈식을 만들 수 있는 세 수를 찾아봅니다.

가장 큰 수인 48을 제외한 다른 두 수를 더한 결과가 주어진 수 중에 있는지 확인합니다. 16 + 23 = 39이므로 16, 23, 39로 덧셈식을 만들 수 있습니다.

➡ 16 + 23 = 39 또는 23 + 16 = 39

만든 덧셈식을 이용하여 뺄셈식을 만듭니다.

➡ 39 − 16 = 23 또는 39 − 23 = 16

5 132쪽 3번의 변형 심화 유형
접근 ≫ 가장 큰 두 자리 수와 가장 작은 두 자리 수를 만들어 봅니다.

차가 가장 크게 되려면 가장 큰 수에서 가장 작은 수를 빼야 합니다.

가장 큰 두 자리 수는 십의 자리에 가장 큰 수 8을 놓고, 일의 자리에 둘째로 큰 수 6을 놓습니다. ➡ 86

가장 작은 두 자리 수는 십의 자리에 0을 제외한 가장 작은 수 2를 놓고, 일의 자리에 0을 놓습니다. ➡ 20

따라서 두 수의 차는 86−20=66입니다.

해결 전략

두 자리 수에서 0은 십의 자리에 올 수 없어요. 따라서 가장 작은 수를 만들 때 0을 제외한 수 중 가장 작은 수인 2를 십의 자리에 놓고, 가장 작은 수 0을 일의 자리에 놓아요.

다른 풀이

0을 제외한 수 중 차가 가장 큰 두 수 8과 2를 각각 십의 자리에 놓습니다. ➡ 8☐ − 2☐

나머지 수 중 차가 가장 큰 두 수 6과 0을 각각 일의 자리에 놓습니다. ➡ 86 − 20 = 66

6 접근 ≫ 어느 자리의 ◯ 안의 수를 먼저 구해야 되는지 살펴봅니다.

①, ②에 들어갈 수를 구하면 ① + 14 = 24,
24 − 14 = ①, ① = 10이고,
5 + 10 = ②, ② = 15입니다.
③에 들어갈 수를 구하면 10 + ① = ③이고,
① = 10이므로 10 + 10 = ③, ③ = 20입니다.
④에 들어갈 수를 구하면 ② + ③ = ④이고,
② = 15, ③ = 20이므로 15 + 20 = ④, ④ = 35입니다.
⑤에 들어갈 수를 구하면 ③ + 24 = ⑤이고, ③ = 20이므로
20 + 24 = ⑤, ⑤ = 44입니다.
④ + ⑤ = ㉠이고, ④ = 35, ⑤ = 44이므로 35 + 44 = ㉠, ㉠ = 79입니다.

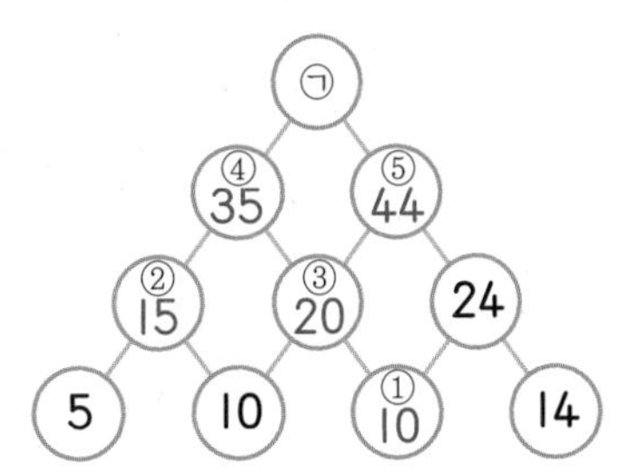

해결 전략
①, ② → ③ → ④, ⑤ → ㉠의 순서로 ◯ 안의 수를 구해요.

서술형 **7** 134쪽 5번의 변형 심화 유형
접근 ≫ ●를 구한 다음 ★을 구해 봅니다.

예 78 − ● = 25에서 78 − 25 = ●, ● = 53입니다.
● + 23 = ★에서 ●에 53을 넣으면 53 + 23 = ★입니다.
53 + 23 = 76이므로 ★ = 76입니다.

채점 기준	배점
●에 알맞은 수를 구할 수 있나요?	2점
★에 알맞은 수를 구할 수 있나요?	3점

해결 전략
78 − ● = 25
78 − 25 = ●

8 접근 ≫ 십의 자리 수와 일의 자리 수를 따로 생각해 봅니다.

(1) 69 = 60 + 9이므로
60을 같은 수 3개의 합으로 나타내면 60 = 20 + 20 + 20입니다.
9를 같은 수 3개의 합으로 나타내면 9 = 3 + 3 + 3입니다.
➡ 69 = 23 + 23 + 23
(23 = 20 + 3)

(2) 48 = 40 + 8이므로
40을 같은 수 4개의 합으로 나타내면 40 = 10 + 10 + 10 + 10입니다.
8을 같은 수 4개의 합으로 나타내면 8 = 2 + 2 + 2 + 2입니다.
➡ 48 = 12 + 12 + 12 + 12
(12 = 10 + 2)

해결 전략
69 = 60 + 9
= 20 + 20 + 20 + 3 + 3 + 3
= 23 + 23 + 23

9
132쪽 3번의 변형 심화 유형
접근 ≫ 십의 자리에 어떤 수를 놓아야 할지 생각해 봅니다.

두 자리 수이므로 0은 십의 자리에 들어갈 수 없습니다.
십의 자리에 0을 제외한 가장 작은 수 1과 둘째로 작은 수 2를 놓습니다.
➡ [1][ ] + [2][ ] (1, 2의 순서는 바뀌어도 됩니다.)
일의 자리에 나머지 수 0, 3, 4, 5 중 가장 작은 수 0과 둘째로 작은 수 3을 놓습니다.
➡ [1][0] + [2][3] (0, 3의 순서는 바뀌어도 됩니다.)
따라서 합이 가장 작은 덧셈식은 $10+23=33(23+10=33)$ 또는
$13+20=33(20+13=33)$입니다.

보충 개념
덧셈에서 두 수의 순서를 바꾸어 더해도 합은 같아요.
$10+23=23+10$

다른 풀이
수 카드에 0이 있으므로 합이 가장 작게 되려면 가장 작은 두 자리 수를 만든 다음 나머지 수로 만들 수 있는 가장 작은 두 자리 수를 만들어 더해도 됩니다.
가장 작은 두 자리 수: 10
나머지 수 2, 3, 4, 5로 만들 수 있는 가장 작은 두 자리 수: 23
➡ $10+23=33$

10
접근 ≫ 종이의 반쪽에 그려진 ♡, ○, △의 수를 각각 세어 봅니다.

종이의 반쪽에 그려진 ♡ 모양은 5개, ○ 모양은 11개, △ 모양은 5개입니다.
그런데 접히는 곳에 ○ 모양 1개와 △ 모양 1개가 있으므로 완성한 그림의 ♡, ○, △ 모양의 수는 ♡ 모양은 $5+5=10$(개), ○ 모양은 $11+11+1=23$(개), △ 모양은 $5+5+1=11$(개)입니다.
따라서 가장 많은 모양은 ○ 모양으로 23개이고, 가장 적은 모양은 ♡ 모양으로 10개입니다. ➡ $23-10=13$(개)

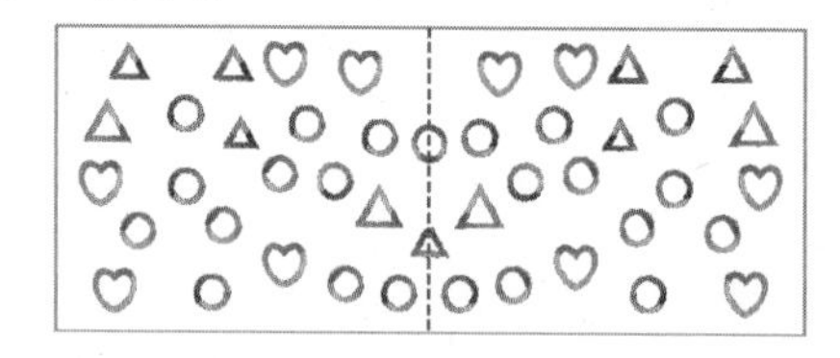
〈완성된 그림〉

해결 전략
종이의 반쪽에 그려진 ♡, ○, △ 모양의 수를 각각 센 다음 각각의 수를 두 번씩 더해요. 그런 다음 접히는 곳에 그려진 모양의 수도 세어서 더해야 해요.

11
133쪽 4번의 변형 심화 유형
접근 ≫ 부등호(>)를 등호(=)로 바꾸어 □ 안의 수를 구해 봅니다.

$11+2\square=35$일 때 $35-11=2\square$, $24=2\square$이므로 $\square=4$입니다.
따라서 $11+2\square$가 35보다 작으려면 □ 안에는 4보다 작은 수가 들어가야 하므로 □ 안에 들어갈 수 있는 수는 0, 1, 2, 3입니다. ➡ 4개

해결 전략
$11+2\square=35$
$35-11=2\square$

다른 풀이
부등호의 양쪽에서 같은 수만큼 빼도 부등호의 방향은 바뀌지 않습니다.
똑같이 11씩 빼면 $35-11>11+2\square-11$, $24>2\square$입니다.
십의 자리 수가 같으므로 일의 자리 수를 비교하면 $4>\square$입니다.
따라서 □ 안에 들어갈 수 있는 수는 0, 1, 2, 3입니다. ➡ 4개

12 접근 ≫ 문영이가 딱지를 지원이에게 주고 난 다음 딱지 수를 먼저 구합니다.

문영이가 딱지를 지원이에게 13개 주면
(문영이가 가지고 있는 딱지 수)$=27-13=14$(개),
(지원이가 가지고 있는 딱지 수)$=43+13=56$(개)입니다.
다시 지원이가 문영이에게 딱지를 22개 주면
(지원이가 가지고 있는 딱지 수)$=56-22=34$(개),
(문영이가 가지고 있는 딱지 수)$=14+22=36$(개)입니다.
$34<36$이므로 문영이가 딱지를 $36-34=2$(개) 더 많이 가지고 있습니다.

다른 풀이
(문영이가 가지고 있는 딱지 수)$=\underline{27-13}+22=14+22=36$(개)
(지원이가 가지고 있는 딱지 수)$=\underline{43+13}-22=56-22=34$(개)
따라서 문영이가 딱지를 $36-34=2$(개) 더 많이 가지고 있습니다.

지도 가이드
딱지를 주고 받은 다음 서로 갖게 되는 딱지 수를 구하는 문제입니다. 세 수의 덧셈, 뺄셈으로 한꺼번에 식을 만들 수 있으나 세 수의 덧셈과 뺄셈을 배우기 전이므로 문영이가 딱지를 준 다음의 딱지 수를 구하고, 지원이가 딱지를 준 다음의 딱지 수를 구하여 풀도록 지도해 주세요.

해결 전략
딱지를 준 사람은 딱지 수가 줄어들므로 뺄셈식으로 딱지 수를 구하고, 딱지를 받은 사람은 딱지 수가 늘어나므로 덧셈식으로 딱지 수를 구해요.

HIGH LEVEL

141쪽

1 8 ~~1~~ − 3 ~~4~~ = 5 3, $84-31=53$　　2 46, 21

1 접근 ≫ 십의 자리 수끼리의 차와 일의 자리 수끼리의 차를 각각 생각해 봅니다.

십의 자리 수끼리 계산에서 $8-3=5$이지만 일의 자리 수끼리 계산은 1에서 4를 뺄 수 없습니다. 1과 4의 위치를 바꾸어 $84-31$을 만들면 $84-31=53$으로 올바른 식이 됩니다.

2 접근 ≫ 합이 67인 두 수를 찾고, 그중에서 차가 25인 두 수를 찾아봅니다.

합이 67이 되는 두 수 중에서 십의 자리 수끼리의 차가 2가 되는 두 수를 찾은 다음 차를 구해 봅니다.

큰 수	47	46	45	44
작은 수	20	21	22	23
차	27	25	23	21

따라서 합이 67이고 차가 25인 두 수는 46과 21입니다.

지도 가이드
두 수를 □, △로 두고 연립방정식으로 풀 수도 있지만 이는 초등 과정을 벗어난 풀이이므로 바람직하지 않습니다. 어림하여 한 수를 정한 다음 조건에 맞는 다른 수를 찾는 방법으로 풀어 보면서 수 감각 및 수 조작력을 기르는 것이 이후 연립방정식 등을 학습하는 데 밑거름이 됩니다.

해결 전략
합이 67이 되는 두 수를 찾을 때 1부터 찾으려고 하면 가짓수가 너무 많아져요. 십의 자리 수끼리의 합이 6이면서 차가 2가 되는 두 십의 자리 수를 찾으면 4와 2예요. 이 중에서 일의 자리 수의 합이 7인 두 수를 찾아 한 수를 1씩 늘리고, 다른 한 수를 1씩 줄여가며 차가 25인 두 수를 찾아요.

연필 없이 생각 톡 142쪽

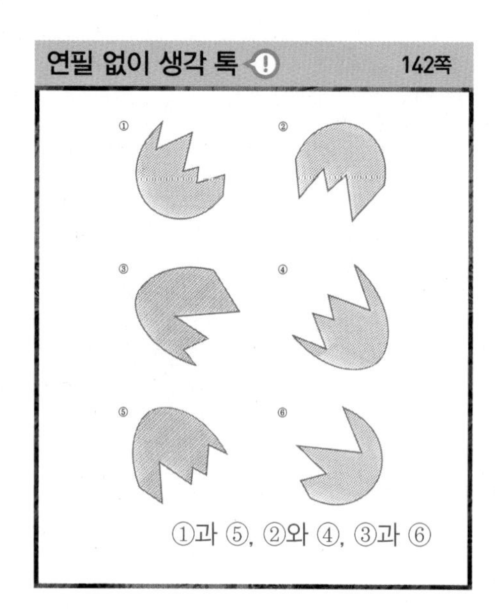

교내 경시 1단원 100까지의 수

01 팔십육, 여든여섯 **02** 6명 **03** ㉢, ㉠, ㉡ **04** ④ **05** 현영
06 준서 **07** ㉠ 37 ㉡ 64 ㉢ 70 ㉣ 87 **08** (1)

45	46	47
55	(47)	57

, 56 (2)

53
63
73
(43)
93

, 83
09 태호 **10** 18장 **11** 78
12 95개 **13** 5개 **14** 8개 **15** 96
16 79 **17** 1, 6 **18** 21번 **19** 3개
20 6

01 접근 ≫ 연결 모형을 세어 10개씩 묶음 몇 개와 낱개 몇 개인지 알아봅니다.

낱개가 16개이므로 10개씩 묶음 1개와 낱개 6개와 같습니다.
따라서 연결 모형은 10개씩 묶음 $7+1=8$(개)와 낱개 6개와 같으므로 모두 86개입니다. 86을 두 가지 방법으로 읽으면 팔십육 또는 여든여섯입니다.

주의
86은 '팔십육' 또는 '여든여섯'이라고 읽어야 하는데 '팔십여섯' 또는 '여든육'으로 읽지 않도록 조심해요.
'일, 이, 삼, ...'으로 읽는 것과 '하나, 둘, 셋, ...'으로 읽는 것을 섞어 쓰지 않도록 주의하세요.

02 접근 ≫ 74까지의 수를 순서대로 썼을 때 68 다음 수는 몇 개인지 알아봅니다.

68부터 74까지 수를 순서대로 써 보면 68－69－70－71－72－73－74입니다.
68째에 서 있는 어린이 뒤에는 69째부터 74째까지 서 있는 어린이이므로 모두 6명입니다.

해결 전략
68째 어린이 뒤에 몇 명이 서 있는지 구하는 문제이므로 68은 포함시키지 않아요.

03 접근 ≫ ㉠, ㉡, ㉢이 나타내는 수를 구해 봅니다.

㉠ 78－79－80이므로 78과 80 사이의 수는 79입니다.
㉡ 72－73－74－75－76－77이므로 72보다 5만큼 더 큰 수는 77입니다.
㉢ 10개씩 묶음 6개와 낱개 21개는 10개씩 묶음 $6+2=8$(개)와 낱개 1개와 같으므로 81입니다.
➡ $81>79>77$이므로 큰 수부터 차례로 기호를 쓰면 ㉢, ㉠, ㉡입니다.

해결 전략
㉠ 78 (79) 80
78과 80 사이의 수
㉡ 1 2 3 4 5
72 73 74 75 76 (77)
㉢

10개씩 묶음	낱개
6	0
2	1

➡ 81

04 접근 ≫ 계산 결과가 홀수가 되는 덧셈의 경우를 생각해 봅니다.

계산 결과가 홀수가 되는 경우는 (홀수)＋(짝수) 또는 (짝수)＋(홀수)입니다.
① (짝수)＋(짝수)＝(짝수) ② (홀수)＋(홀수)＝(짝수) ③ (홀수)＋(홀수)＝(짝수)
④ (짝수)＋(홀수)＝(홀수) ⑤ (짝수)＋(짝수)＝(짝수)
따라서 계산 결과가 홀수인 것은 ④입니다.

보충 개념
- (짝수)＋(홀수)＝(홀수)
- (홀수)＋(짝수)＝(홀수)
- (짝수)＋(짝수)＝(짝수)
- (홀수)＋(홀수)＝(짝수)

다른 풀이
① 10+4=14(짝수) ② 5+7=12(짝수) ③ 3+53=56(짝수) ④ 16+21=37(홀수)
⑤ 62+22=84(짝수)

지도 가이드
덧셈을 계산하여 짝수, 홀수를 찾아도 되지만 이는 다음에 배우는 내용이므로 바람직한 해결 방법이 아닙니다. 1(홀수), 2(짝수)와 같이 작은 수를 더하여 짝수와 홀수의 합의 성질을 알아보도록 지도해 주세요.

05 접근 ≫ 두 사람이 딴 딸기가 각각 10개씩 묶음 몇 개와 낱개 몇 개인지 알아봅니다.

현영이가 딴 딸기: 78개 ➡ 10개씩 묶음 7개와 낱개 8개
주희가 딴 딸기: 84개 ➡ 10개씩 묶음 8개와 낱개 4개
낱개의 수를 비교하면 8>4이므로 남는 딸기가 더 많은 사람은 현영입니다.

해결 전략
상자에 넣어 포장하지 못하고 남는 딸기 수를 비교하는 것이므로 10개씩 묶음의 수는 비교할 필요가 없어요.

06 접근 ≫ 혜주와 준서가 가지고 있는 사탕을 각각 수로 나타내 봅니다.

혜주가 가지고 있는 사탕은 10개씩 8봉지와 낱개 3개와 같으므로 83개이고, 준서가 가지고 있는 사탕은 86개입니다.
따라서 83<86이므로 준서가 사탕을 더 많이 가지고 있습니다.

해결 전략

	10개씩 묶음	낱개
10개씩 7봉지 →	7	0
낱개 13개 →	1	3

➡ 83

07 접근 ≫ 수 배열표의 규칙을 찾아봅니다.

오른쪽으로 1칸 갈 때마다 1씩 커지고, 아래쪽으로 1칸 갈 때마다 10씩 커집니다.
㉠은 67에서 위쪽으로 3칸 이동한 것이므로 67에서 10씩 거꾸로 3번 뛰어 셉니다.
67−57−47−(37) ➡ ㉠=37
㉡은 67에서 왼쪽으로 3칸 이동한 것이므로 67에서 1씩 거꾸로 3번 뛰어 셉니다.
67−66−65−(64) ➡ ㉡=64
㉢은 67에서 오른쪽으로 3칸 이동한 것이므로 67에서 1씩 3번 뛰어 셉니다.
67−68−69−(70) ➡ ㉢=70
㉣은 67에서 아래쪽으로 2칸 이동한 것이므로 67에서 10씩 2번 뛰어 셉니다.
67−77−(87) ➡ ㉣=87

해결 전략
㉠ 30, 20, 10 / (37) 47 57 67
㉡ 3, 2, 1 / (64) 65 66 67
㉢ 1, 2, 3 / 67 68 69 (70)
㉣ 10, 20 / 67 77 (87)

08 접근 ≫ 수 배열표의 규칙을 찾아 잘못 들어간 수를 찾아봅니다.

(1) 오른쪽으로 1칸 갈 때마다 1씩 커지고, 아래쪽으로 1칸 갈 때마다 10씩 커지므로 46 아래 칸에는 56이 들어가야 합니다.

(2) 아래쪽으로 1칸 갈 때마다 10씩 커지므로 73 아래 칸에는 83이 들어가야 합니다.

09 접근 ≫ 두 사람이 읽은 동화책의 쪽수를 각각 구해 봅니다.

86부터 92까지의 수를 써 보면 86, 87, 88, 89, 90, 91, 92이므로 미라는 7쪽을 읽었습니다.
62부터 70까지의 수를 써 보면 62, 63, 64, 65, 66, 67, 68, 69, 70이므로 태호는 9쪽을 읽었습니다.
따라서 $7 < 9$이므로 태호가 동화책을 더 많이 읽었습니다.

> 해결 전략
> ■쪽부터 ●쪽까지의 수에 ■와 ●도 포함돼요.

10 접근 ≫ 색종이의 수를 10장씩 묶음과 낱개로 나타내 봅니다.

일흔여덟 장 ➡ 78장
78장은 10장씩 묶음 7개와 낱개 8장입니다.
따라서 10장씩 6명에게 나누어 주면 남는 색종이는 10장씩 묶음 $7-6=1$(개)와 낱개 8장이므로 18장입니다.

> 해결 전략
> '10장씩 6명에게 나누어 주면'
> ➡ '10장씩 묶음 6개를 빼면'

11 접근 ≫ 69부터 9개의 수를 써 봅니다.

68과 어떤 수 사이에 있는 수가 9개이므로 68과 어떤 수 사이에 있는 수는 69, 70, 71, 72, 73, 74, 75, 76, 77입니다.
따라서 69부터 77까지의 수는 68과 78 사이에 있는 수이므로 어떤 수는 78입니다.

> 해결 전략
> 68과 어떤 수 사이의 수에 68과 어떤 수는 포함되지 않아요.

12 접근 ≫ 재석이의 초콜릿 수가 늘어나는지 줄어드는지 알아봅니다.

재석이가 처음에 가지고 있던 초콜릿은 10개씩 6봉지와 낱개 15개이므로 10개씩 7봉지와 낱개 5개와 같습니다.
형에게 초콜릿 10개씩 2봉지를 받았으므로 재석이가 가지고 있는 초콜릿은 10개씩 $7+2=9$(봉지)와 낱개 5개로 모두 95개입니다.

> 해결 전략
> • 형에게 초콜릿을 받았으므로 재석이가 처음에 가지고 있던 초콜릿 수에 더 받은 초콜릿 수만큼 더해야 해요.
> • 재석이가 처음에 가지고 있던 초콜릿 수

10개씩 묶음	낱개
6	0
1	5

➡ 75
7봉지

13 접근 ≫ 종수가 가지고 있는 딱지 수를 구해 봅니다.

10개씩 묶음 7개와 낱개 25개는 10개씩 묶음 9개와 낱개 5개와 같으므로 종수가 가지고 있는 딱지는 95개입니다.
95부터 100까지 써 보면 95－96－97－98－99－100이므로 앞으로 5개를 더 모으면 100개가 됩니다.
(96－97－98－99－100: 모아야 되는 딱지 수)

해결 전략
종수가 가지고 있던 딱지 수

10개씩 묶음	낱개
7	0
2	5

9묶음 ➡ 95

14 접근 ≫ 일흔넷을 10개씩 묶음과 낱개로 나타낸 다음 필요한 상자의 수를 구합니다.

일흔넷을 수로 나타내면 74입니다. 74는 10개씩 묶음 7개와 낱개 4개인 수입니다. 고구마를 한 상자에 10개씩 담으면 7상자가 되고 4개가 남습니다.
낱개 4개도 상자에 담아야 하므로 필요한 상자는 7＋1＝8(개)입니다.

해결 전략
남는 고구마가 없도록 상자에 담아야 하므로 마지막 상자에는 담은 고구마가 10개보다 적을 수 있어요.

15 접근 ≫ 가장 큰 두 자리 수를 만들어 봅니다.

만들 수 있는 가장 큰 두 자리 수는 십의 자리에 가장 큰 수 9를, 일의 자리에 둘째로 큰 수 8을 놓는 경우입니다. ➡ 98
둘째로 큰 두 자리 수는 십의 자리에 가장 큰 수 9를, 일의 자리에 셋째로 큰 수 7을 놓는 경우로 97이고, 셋째로 큰 두 자리 수는 십의 자리에 가장 큰 수 9를, 일의 자리에 넷째로 큰 수 6을 놓는 경우로 96입니다.

해결 전략
셋째로 큰 두 자리 수를 만들려면 가장 큰 두 자리 수부터 만들어야 해요.

16 접근 ≫ 설명을 만족하는 수를 차례로 찾아봅니다.

70보다 크고 80보다 작은 수는 71, 72, 73, 74, 75, 76, 77, 78, 79입니다.
이 중에서 십의 자리 숫자가 일의 자리 숫자보다 작은 수는 78, 79이고, 홀수는 79입니다.
(78: 7<8, 79: 7<9)

해결 전략
첫째 설명을 만족하는 수를 구한 다음 둘째와 셋째 설명을 만족하는 수를 구해요.

17 접근 ≫ 58보다 크고 62보다 작은 수를 구하여 ㉠, ㉡에 알맞은 수를 구해 봅니다.

58보다 크고 62보다 작은 수를 구합니다. ➡ 59, 60, 61
62>6㉠>㉡0>58에서 6㉠과 ㉡0은 59, 60, 61 중의 하나입니다.
따라서 ㉡＝6이고, ㉠＝1입니다.
(59, 60, 61 중 일의 자리 숫자가 0인 수는 60입니다. / ㉡＝6이므로 62>6㉠>60을 만족하려면 ㉠＝1입니다.)

다른 풀이
6㉠>㉡0>58에서 ㉡0이 58보다 크고 6㉠보다 작으므로 ㉡에 알맞은 수는 6입니다.
㉡＝6이므로 62>6㉠>60이고, 십의 자리 수가 같으므로 일의 자리 수를 비교하면 2>㉠>0에서 ㉠＝1입니다.

해결 전략
62>6㉠>㉡0>58 (② 62>6㉠>㉡0, ① 6㉠>㉡0>58)
① 6㉠>㉡0>58에서 ㉡에 알맞은 수를 구해요.
② 62>6㉠>㉡0에서 ㉠에 알맞은 수를 구해요.

18 **접근 ≫ 일의 자리에 1이 오는 경우, 십의 자리에 1이 오는 경우, 100으로 나누어 생각해 봅니다.**

• 일의 자리 숫자가 1인 경우: 1, 11, 21, 31, 41, 51, 61, 71, 81, 91 ➡ 10번
• 십의 자리 숫자가 1인 경우: 10, 11, 12, 13, 14, 15, 16, 17, 18, 19 ➡ 10번
• 100 ➡ 1번
따라서 숫자 1을 모두 $10+10+1=21$(번) 쓰게 됩니다.

주의
100에도 숫자 1이 있으므로 잊지 않도록 해요.

서술형
19 **접근 ≫ 첫째 조건을 만족하는 수를 구한 다음 둘째 조건을 만족하는 수를 찾습니다.**

예 74와 83 사이에 있는 수는 75, 76, 77, 78, 79, 80, 81, 82입니다.
이 중에서 십의 자리 숫자가 8인 수는 80, 81, 82로 모두 3개입니다.

해결 전략

74와 83 사이의 수
74 75 76 77 78 79 (80) (81) (82) 83
십의 자리 숫자가 8인 수

채점 기준	배점
74와 83 사이에 있는 수를 모두 찾을 수 있나요?	2점
74와 83 사이에 있는 수 중에서 십의 자리 숫자가 8인 수를 모두 찾을 수 있나요?	2점
조건을 만족하는 수는 모두 몇 개인지 구할 수 있나요?	1점

서술형
20 **접근 ≫ □ 안에 들어갈 수 있는 수를 각각 구해 봅니다.**

예 $\square 8>67$에서 십의 자리 수를 비교하면 $\square>6$이므로 □ 안에 들어갈 수 있는 수는 7, 8, 9입니다. 일의 자리 수를 비교하면 $8>7$이므로 □ 안에 6도 들어갈 수 있습니다. ➡ $\square=6, 7, 8, 9$
$9\square<97$에서 십의 자리 수가 같으므로 일의 자리 수를 비교하면 $\square<7$입니다.
□ 안에 들어갈 수 있는 수는 1, 2, 3, 4, 5, 6입니다.
따라서 □ 안에 공통으로 들어갈 수 있는 수는 6입니다.

채점 기준	배점
□ 안에 들어갈 수 있는 수를 각각 구할 수 있나요?	3점
□ 안에 공통으로 들어갈 수 있는 수를 구할 수 있나요?	2점

교내 경시 2단원 덧셈과 뺄셈(1)

01 노란색 **02** ㉡, ㉠, ㉣, ㉢ **03** 민지, 시현, 창수 **04** 2, 8 **05** 0, 1, 2, 3, 4
06 4가지 **07** 3마리 **08** 9 **09** 5 **10** 5, 8, 7 **11** 5개
12 예 6, 4, 3, 5 **13** 3, 8 **14** 5송이 **15** ① ② ③ ④ ⑤ ⑥ 7 8 9
16 7개 **17** 4, 8 **18** 6가지 **19** 2가지 **20** 10

01 접근 » 같은 색깔의 수끼리 더해 봅니다.

● 안의 수인 3과 7을 더하면 10입니다.
● 안의 수인 5와 6을 더하면 11입니다.
● 안의 수인 4와 2를 더하면 6입니다.
따라서 두 수를 더해 10이 되는 색깔은 노란색(●)입니다.

보충 개념
• 5+6의 계산
6+5와 계산 결과가 같으므로 6 다음 수부터 5개의 수를 이어 세면 6+5=11이에요.

6 7 8 9 10 11

02 접근 » □ 안에 알맞은 수를 각각 구해 봅니다.

㉠ 10−□=5 ➡ 10−5=□, □=5
㉡ 6+□=10 ➡ 10−6=□, □=4
㉢ □+0=10 ➡ 10−0=□, □=10
㉣ 10−□=2 ➡ 10−2=□, □=8
➡ 4<5<8<10이므로 작은 것부터 차례로 기호를 쓰면 ㉡, ㉠, ㉣, ㉢입니다.

해결 전략
㉠ 10−□=5
10−5=□, □=5
㉡ 6+□=10
10−6=□, □=4

03 접근 » 남은 색종이 수를 이용해 각자 접은 종이 비행기 수를 구해 봅니다.

접은 종이 비행기 수는 처음 가지고 있던 10장의 색종이에서 남은 색종이 수를 빼면 되므로 다음과 같습니다.
(시현)=10−2=8(장), (창수)=10−6=4(장), (민지)=10−1=9(장)
9>8>4이므로 민지, 시현, 창수 순서로 종이 비행기를 많이 접었습니다.

다른 풀이
가지고 있던 색종이 수가 10장으로 같으므로 남은 색종이가 적을수록 접은 종이 비행기가 많습니다. 남은 색종이 수를 비교하면 1<2<6이므로 종이 비행기를 많이 접은 사람부터 차례로 쓰면 민지, 시현, 창수입니다.

해결 전략
(접은 종이 비행기 수)+(남은 색종이 수)=10
➡ (접은 종이 비행기 수)
=10−(남은 색종이 수)

04 접근 ≫ 합이 10인 두 수를 먼저 찾습니다.

합이 10이 되는 두 수 중 차가 6인 것을 찾습니다.

10	1	2	3	4	5
	9	8	7	6	5

따라서 두 수는 2와 8입니다.

05 접근 ≫ 부등호(<)를 등호(=)로 바꾸어 □ 안에 들어갈 수를 구해 봅니다.

$4+\square-2=7$을 만족하는 □를 구하면 $2+\square=7$, $7-2=\square$, $\square=5$입니다.

$4-2=2$

$2+\boxed{5}=7$이므로 $2+\square$가 7보다 작으려면 □ 안에는 5보다 작은 수가 들어가야 합니다.

따라서 □ 안에 들어갈 수 있는 수는 0, 1, 2, 3, 4입니다.

해결 전략

$4+\square-2<7$ ➡ $2+\square<7$

다른 풀이

$4+\square-2<7$ ➡ $2+\square<7$

□ 안에 0부터 수를 넣어 보면 $2+\boxed{0}<7$, $2+\boxed{1}<7$, $2+\boxed{2}<7$, $2+\boxed{3}<7$, $2+\boxed{4}<7$, $2+\boxed{5}<7(\times)$입니다.

따라서 □ 안에 들어갈 수 있는 수는 0, 1, 2, 3, 4입니다.

06 접근 ≫ 두 사람이 연필 10자루를 나누어 갖는 경우를 알아봅니다.

미나와 혁진이가 연필 10자루를 나누어 갖는 경우는 다음과 같습니다.

미나	1	2	3	4	5	6	7	8	9
혁진	9	8	7	6	5	4	3	2	1

미나가 혁진이보다 더 많이 가지는 경우를 (미나, 혁진)으로 나타내면 (6, 4), (7, 3), (8, 2), (9, 1)이므로 모두 4가지입니다.

07 접근 ≫ 고양이 다리 수를 이용해 닭의 다리 수를 구합니다.

고양이 한 마리의 다리는 4개이므로 닭의 다리는 모두 $10-4=6$(개)입니다.

따라서 닭 한 마리의 다리는 2개이고, $2+2+2=6$이므로 닭은 3마리입니다.

해결 전략

- 닭 한 마리의 다리는 2개이고, 고양이 한 마리의 다리는 4개예요.
- 2를 3번 더해야 6이 되므로 닭은 3마리예요.

08 접근 ≫ ㉢에 알맞은 수를 구한 다음 ㉠에 알맞은 수를 구합니다.

10－㉢＝4이므로 10－4＝㉢, ㉢＝6입니다.
㉠과 ㉢의 합이 7이고, ㉢＝6이므로 ㉠＝1입니다.
㉠＋㉡＝10에서 1＋㉡＝10이므로 10－1＝㉡, ㉡＝9입니다.

해결 전략
㉢ → ㉠ → ㉡의 순서로 알맞은 수를 구해요.

09 접근 ≫ 보기 의 규칙을 찾아봅니다.

8－4－2＝2이므로 보기 는 위에 있는 수에서 왼쪽과 오른쪽에 있는 수를 빼어 가운데에 쓰는 규칙입니다. ➡ 9－1－3＝5

보충 개념
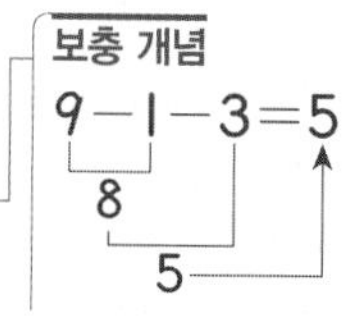

10 접근 ≫ ▲와 ■를 먼저 구합니다.

• 2＋▲＝10 ➡ 10－2＝▲, ▲＝8
• 10－■＝5 ➡ 10－5＝■, ■＝5
• ▲－■＝●－4에서 ▲＝8, ■＝5이므로 8－5＝●－4, 3＝●－4, 3＋4＝●, ●＝7입니다.

해결 전략
▲, ■, ●의 순서로 알맞은 수를 구해요.

11 접근 ≫ 부등호(<)를 등호(＝)로 바꾸어 □ 안에 들어갈 수를 구합니다.

10－3＝7이므로 1＋□＝7일 때 □ 안에 들어갈 수를 구하면 7－1＝□, □＝6입니다. 1＋□<7이려면 □ 안에 6보다 작은 수가 들어가야 합니다.
따라서 □ 안에 들어갈 수 있는 수는 1, 2, 3, 4, 5로 모두 5개입니다.

다른 풀이
10－3＝7이므로 1＋□는 7보다 작아야 합니다.
□ 안에 1부터 수를 넣어 보면 1＋[1]<7, 1＋[2]<7, 1＋[3]<7, 1＋[4]<7, 1＋[5]<7, 1＋[6]<7(×)이므로 □ 안에 들어갈 수 있는 수는 1, 2, 3, 4, 5로 모두 5개입니다.

12 접근 ≫ ㉠－㉡＋㉢에서 ㉠－㉡에 알맞은 수를 먼저 알아본 다음 나머지 수를 넣어 식을 완성해 봅니다.

주어진 식을 ㉠－㉡＋㉢＝㉣이라고 하면 ㉠－㉡이 될 수 있는 경우는
6－3＝3, 6－4＝2, 6－5＝1, 5－3＝2, 5－4＝1, 4－3＝1입니다.
이 중에서 남은 한 수를 더해 다른 한 수가 나오는 경우는 6－4＋3＝5, 6－5＋3＝4, 5－3＋4＝6, 4－3＋5＝6입니다.

해결 전략
㉠에 가장 작은 수 3은 들어갈 수 없어요.

13 접근 ≫ ●를 구한 다음 ▲를 구합니다.

같은 수를 3번 더해서 9가 되는 경우를 찾아보면 $3+3+3=9$이므로 $●=3$입니다.

$▲-●-●=2$에서 $●=3$이므로 $▲-3-3=2$, $▲-6=2$, $2+6=▲$, $▲=8$입니다.

따라서 $●=3$, $▲=8$입니다.

> **해결 전략**
> ▲에서 3을 두 번 뺀 것은 ▲에서 6을 뺀 것과 같아요.

14 접근 ≫ 주어진 조건을 이용하여 장미와 해바라기의 수를 각각 구합니다.

주어진 조건을 식으로 나타냅니다.

(장미)+(튤립)+(해바라기)=10(송이)이고, (장미)+(튤립)=6(송이)이므로
(장미)+(튤립) → 6송이, (튤립)+(해바라기) → 9송이

6+(해바라기)=10, 10−6=(해바라기), (해바라기)=4(송이)입니다.

(튤립)+(해바라기)=9(송이)이므로 (장미)+9=10, 10−9=(장미),
(장미)=1(송이)입니다.

따라서 장미와 해바라기를 합하면 $1+4=5$(송이)입니다.

> **해결 전략**
> 주어진 조건을 덧셈식으로 나타내 장미와 해바라기의 수를 구해요.

15 접근 ≫ 주어진 수 카드로 만들 수 있는 뺄셈식을 만들어 봅니다.

만들 수 있는 뺄셈식을 모두 만들어 봅니다.

$6-4=②$, $9-6=③$, $9-4=⑤$,
$10-9=①$, $10-6=④$, $10-4=⑥$

따라서 뺄셈을 하여 만들 수 있는 수는 1, 2, 3, 4, 5, 6입니다.

> **해결 전략**
> 가장 큰 수 10에서 가장 작은 수 4를 빼면 6이므로 6보다 큰 계산 결과는 만들 수 없어요.

16 접근 ≫ 초콜릿을 가장 많이 먹은 사람과 가장 적게 먹은 사람을 알아봅니다.

정은이는 성재보다 1개 더 먹었고, 수민이는 정은이보다 5개 더 먹었으므로 수민, 정은, 성재 순서로 초콜릿을 많이 먹었습니다.

가장 적게 먹은 성재가 초콜릿을 1개, 2개, 3개 먹는 경우 정은이와 수민이가 먹은 초콜릿 수를 나타내 보면 다음과 같습니다.

성재	1개	2개	3개
정은	2개	3개	4개
수민	7개	8개	9개

세 명이 먹은 초콜릿 수의 합이 10개이므로 성재는 1개, 정은이는 2개, 수민이는 7개를 먹었습니다.

> **해결 전략**
> 정은 > 성재
> 수민 > 정은
> ➡ 수민 > 정은 > 성재

> **보충 개념**

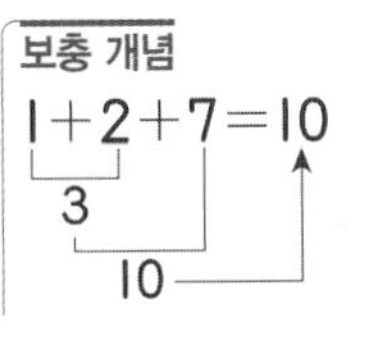

17 접근 » ★과 ♥의 합을 이용해 ★을 구해 봅니다.

둘째 가로줄에서 ★+★+♥=13이고, 둘째 세로줄에서 ♥+★=10이므로
★+10=13, 13−10=★, ★=3입니다.
♥+★=10에서 ★=3이므로 ♥+3=10, 10−3=♥, ♥=7입니다.
첫째 가로줄에서 ▲+♥+▲=9, ♥=7이므로 ▲+7+▲=9,
▲+▲=2, ▲=1입니다.
따라서 ★=3, ♥=7, ▲=1이므로 ▲+★=1+3=4이고,
▲+♥=1+7=8입니다.

해결 전략

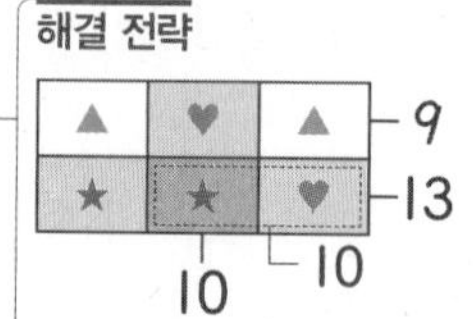

색칠된 줄의 합을 통해 ★은 3이에요.

18 접근 » 가장 왼쪽의 □ 안에 들어갈 수를 정한 다음 나머지 □ 안에 들어갈 수를 정합니다.

가장 왼쪽의 □를 ㉠이라고 하면 ㉠ 안에 가장 큰 수 9를 넣은 경우부터 생각해 봅니다.
㉠ 안에 9를 넣은 경우: 9−1−3=5, 9−2−2=5, 9−3−1=5 ➡ 3가지
㉠ 안에 8을 넣은 경우: 8−1−2=5, 8−2−1=5 ➡ 2가지
㉠ 안에 7을 넣은 경우: 7−1−1=5 ➡ 1가지
㉠ 안에 6을 넣는 경우는 만족하는 식을 만들 수 없습니다.
따라서 계산 결과가 5가 되는 경우는 모두 6가지입니다.

해결 전략

■−□−□=5에서 ■ 안에 7보다 작은 수는 넣을 수 없어요. □ 안에 가장 작은 수 1을 넣어도 ■가 7이기 때문이에요.

서술형

19 접근 » 주사위에 적힌 수 중 두 수의 합이 10인 경우를 찾아봅니다.

예 주사위에는 1부터 6까지의 수가 적혀 있으므로 주사위를 2번 던져서 나온 수의 합이 10이 되는 경우는 4와 6, 5와 5입니다.
따라서 합이 10이 되는 경우는 모두 2가지입니다.

채점 기준	배점
합이 10이 되는 경우를 찾을 수 있나요?	4점
합이 10이 되는 가짓수를 구할 수 있나요?	1점

해결 전략

나온 수의 순서를 생각하지 않으므로 4와 6이 나온 경우와 6과 4가 나온 경우는 같은 경우예요.

서술형

20 접근 » 어떤 수, ㉠, ㉡ 사이의 관계를 생각해 봅니다.

예 어떤 수보다 5만큼 더 작은 수는 ㉠이고, 5만큼 더 큰 수는 ㉡이므로 ㉠은 ㉡보다 10만큼 더 작은 수이고, ㉡은 ㉠보다 10만큼 더 큰 수입니다.
따라서 ㉠과 ㉡의 차는 10입니다.

지도 가이드
주어진 조건만으로 어떤 수와 ㉠, ㉡을 구할 수 없으므로 어떤 수와 ㉠, ㉡의 수를 직접 구하여 해결하려고 하면 안 됩니다. 어떤 수, ㉠, ㉡ 사이의 관계를 이용하여 풀 수 있도록 지도해 주세요.

해결 전략

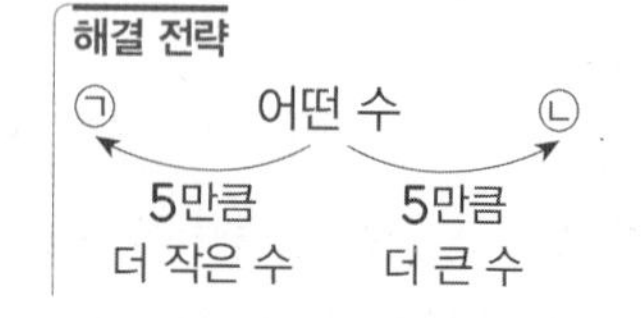

채점 기준	배점
㉠과 ㉡의 관계를 알 수 있나요?	2점
㉠과 ㉡의 차를 구할 수 있나요?	3점

교내 경시 3단원 모양과 시각

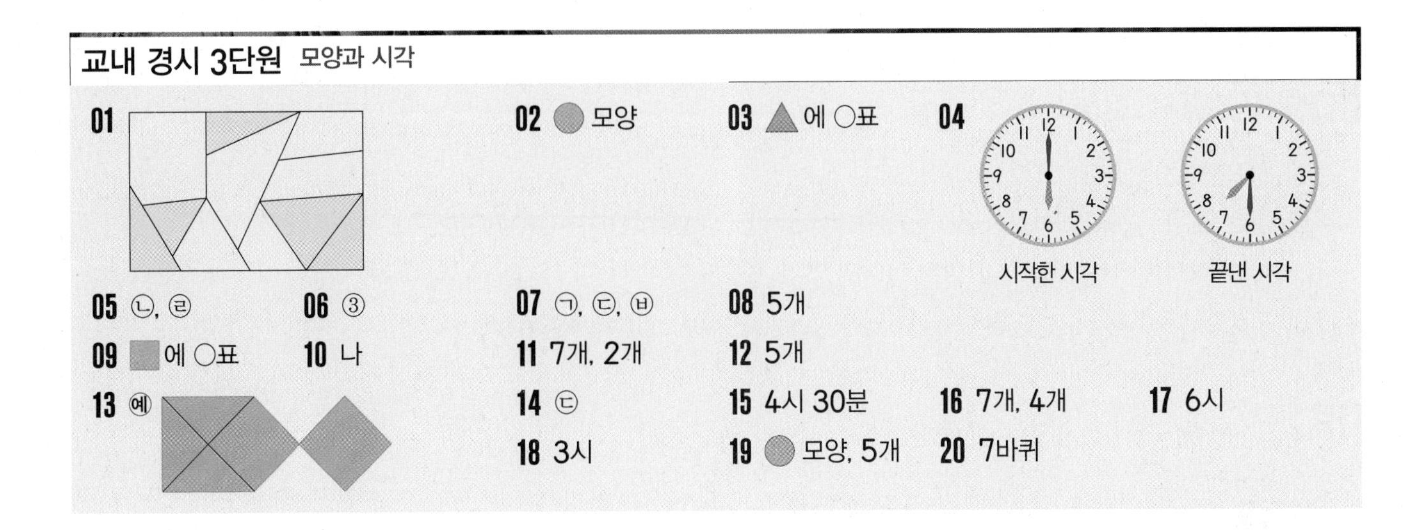

01 접근 ≫ ▲ 모양의 특징을 생각하여 색칠해 봅니다.

뾰족한 부분이 3군데인 모양을 찾아 빠짐없이 색칠합니다.

지도 가이드
▲ 모양의 특징을 생각하여 색칠하도록 합니다. 모양의 크기가 다르거나 모양이 정확히 일치하지 않아도 ▲ 모양의 특징을 만족하면 같은 모양이 됨을 알려 주세요.

보충 개념
▲ 모양은 곧은 선이 3개이고, 뾰족한 부분이 3군데예요.

02 접근 ≫ ■, ▲, ● 모양의 수를 각각 세어 봅니다.

■ 모양: , , ➡ 3개

▲ 모양: , ➡ 2개

● 모양: , , , , ➡ 5개

보충 개념
- ■ 모양: 곧은 선으로 되어 있고, 뾰족한 부분이 4군데예요.
- ▲ 모양: 곧은 선으로 되어 있고, 뾰족한 부분이 3군데예요.
- ● 모양: 굽은 선으로 되어 있고, 뾰족한 부분이 없어요.

03 접근 ≫ 각각의 물건을 여러 방향에서 본뜬 모양을 생각해 봅니다.

음료수 캔, 접시, 꽃병을 본뜨면 ● 모양, 주사위, 두유팩을 본뜨면 ■ 모양이 나옵니다. 따라서 나올 수 없는 모양은 ▲ 모양입니다.

해결 전략
○ □ ○
○ □

04 접근 ≫ 시각에 맞게 짧은바늘과 긴바늘을 그려 봅니다.

6시는 짧은바늘이 6을 가리키고, 긴바늘이 12를 가리키도록 그립니다.
7시 30분은 짧은바늘이 7과 8 사이를 가리키고, 긴바늘이 6을 가리키도록 그립니다.

보충 개념
- 시계의 긴바늘이 12를 가리킬 때 '몇 시'를 나타내요.
- 시계의 긴바늘이 6을 가리킬 때 '몇 시 30분'를 나타내요.

05 접근 ≫ 시계가 나타내는 시각을 알아봅니다.

㉠ 8시 30분 ㉡ 11시 ㉢ 10시 ㉣ 7시 30분
시각을 빠른 순서대로 쓰면 ㉣ 7시 30분, 8시, ㉠ 8시 30분, ㉢ 10시, 10시 30분, ㉡ 11시이므로 8시와 10시 30분 사이의 시각이 아닌 것은 ㉡, ㉣입니다.

06 접근 ≫ 시계는 하루에 똑같은 시각을 몇 번 가리키는지 알아봅니다.

시계가 하루에 같은 시각을 낮에 1번, 밤에 1번 가리키므로 모두 2번 가리킵니다.
➡ 아침 10시(오전 10시), 밤 10시(오후 10시)

해결 전략
하루의 일과를 생각해 보면 시계가 10시를 몇 번 가리키는지 알 수 있어요.

07 접근 ≫ 긴바늘이 6을 가리킬 때의 시각을 생각해 봅니다.

각각의 시각을 시계에 나타내 봅니다.

㉠ 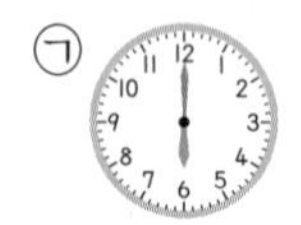 ㉡  ㉢  ㉣  ㉤  ㉥ 

긴바늘이 6을 가리키지 않는 시각은 ㉠, ㉢, ㉥입니다.

보충 개념
시계의 긴바늘이 6을 가리키는 시각은 '몇 시 30분'이에요.

주의
6시는 시계의 짧은바늘이 6을 가리켜요.

08 접근 ≫ 사용한 ■, ▲, ● 모양의 수를 각각 세어 봅니다.

연필로 □, △, ○ 등으로 표시하면서 세면 빠뜨리거나 중복되지 않게 셀 수 있습니다.
➡ ■ 모양: 3개, ▲ 모양: 5개, ● 모양: 8개
가장 많이 사용한 모양은 ● 모양으로 8개이고, 가장 적게 사용한 모양은 ■ 모양으로 3개입니다.
따라서 ● 모양은 ■ 모양보다 $8-3=5$(개) 더 많습니다.

09 접근 » 겹쳐진 그림을 보고 ■, ▲, ● 모양을 찾아봅니다.

각 모양의 특징을 찾아 각각의 모양의 수를 구합니다.

■ 모양: ⌈ 모양의 뾰족한 부분이 있습니다. ➡ 1개

▲ 모양: ∧ 모양의 뾰족한 부분이 있습니다. ➡ 2개

● 모양: ⌒ 모양의 둥근 부분이 있습니다. ➡ 2개

따라서 가장 적은 모양은 ■ 모양입니다.

10 접근 » 주어진 모양 조각에서 ■, ▲, ● 모양의 수를 구해 봅니다.

주어진 모양 조각에서 ■ 모양은 2개, ▲ 모양은 3개, ● 모양은 2개입니다.

가: ■ 모양 2개, ▲ 모양 3개, ● 모양 2개

나: ■ 모양 2개, ▲ 모양 3개, ● 모양 2개

가, 나 모두 주어진 모양 조각과 사용한 수는 같지만 가 모양에서는 ● 모양 한 개가 주어진 모양 조각이 아니므로 주어진 조각을 모두 사용하여 만들 수 있는 것은 나입니다.

해결 전략
■, ▲, ● 모양을 셀 때에는 빠뜨리지 않도록 ×, △, ∨ 등으로 표시하면서 세요.

11 접근 » ■, ▲, ● 모양 중에서 조건에 맞는 모양을 찾아봅니다.

뾰족한 부분이 있는 것은 ■, ▲ 모양이고, 뾰족한 부분이 없는 것은 ● 모양입니다.

그림에서 ■ 모양은 3개, ▲ 모양은 4개, ● 모양은 2개입니다.

따라서 뾰족한 부분이 있는 것은 $3+4=7$(개)이고, 뾰족한 부분이 없는 것은 2개입니다.

보충 개념
뾰족한 부분의 수가 ■ 모양은 4개, ▲ 모양은 3개, ● 모양은 0개예요.

12 접근 » 크기가 다른 ▲ 모양이 몇 개인지 생각해 봅니다.

수수깡 3개로 만든 △ 모양의 수: ① ② ③ ④ ➡ 4개

수수깡 6개로 만든 △ 모양의 수: ① ➡ 1개

따라서 찾을 수 있는 크고 작은 ▲ 모양은 $4+1=5$(개)입니다.

13 접근 » ■ 모양끼리, ▲ 모양끼리 크기가 같도록 선을 그어 봅니다.

크기가 같은 ■ 모양 2개와 크기가 같은 ▲ 모양 3개로 만들어야 하므로 먼저 오른쪽 ■ 모양과 크기가 같은 ■ 모양을 왼쪽 그림에 나타내 봅니다.

다른 답

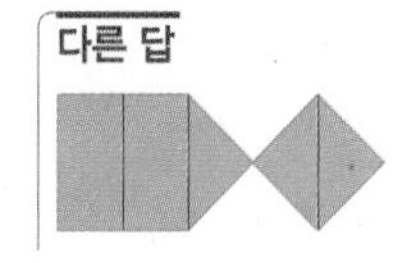

14 접근 » 거울에 비친 시계가 가리키는 시각을 알아봅니다.

거울에 비친 시계가 가리키는 시각은 ㉠ 2시 30분 ㉡ 6시 ㉢ 4시 30분 ㉣ 3시 입니다.
따라서 4시에 가장 가까운 시각을 나타내는 시계는 ㉢입니다.

해결 전략

1시간 30분
㉣ 3시 ㉢ 4시 30분
4시

4시 30분이 3시보다 4시에 더 가까운 시각이에요.

15 접근 » 시계가 나타내는 시각을 읽어 봅니다.

시계의 짧은바늘이 1과 2 사이를 가리키고 긴바늘이 6을 가리키므로 1시 30분입니다. 시계의 긴바늘이 한 바퀴 돌면 짧은바늘은 숫자 한 칸을 움직이므로 3바퀴 돌면 짧은바늘은 숫자 3칸을 움직입니다.
따라서 짧은바늘은 4와 5 사이를 가리키고 긴바늘은 다시 6을 가리키므로 4시 30분을 나타냅니다.

1시 30분 $\xrightarrow[\text{한 바퀴 돈 후}]{\text{긴 바늘이}}$ 2시 30분 $\xrightarrow[\text{한 바퀴 돈 후}]{\text{긴 바늘이}}$ 3시 30분 $\xrightarrow[\text{한 바퀴 돈 후}]{\text{긴 바늘이}}$ 4시 30분

해결 전략

16 접근 » 찾을 수 있는 크고 작은 ■ 모양과 ● 모양의 수를 각각 구합니다.

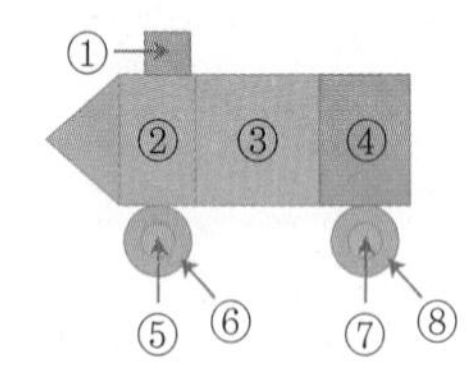

크고 작은 ■ 모양의 수는 ①, ②, ③, ④, ②+③, ③+④, ②+③+④로 모두 7개입니다.
크고 작은 ● 모양의 수는 ⑤, ⑥, ⑦, ⑧로 모두 4개입니다.

해결 전략

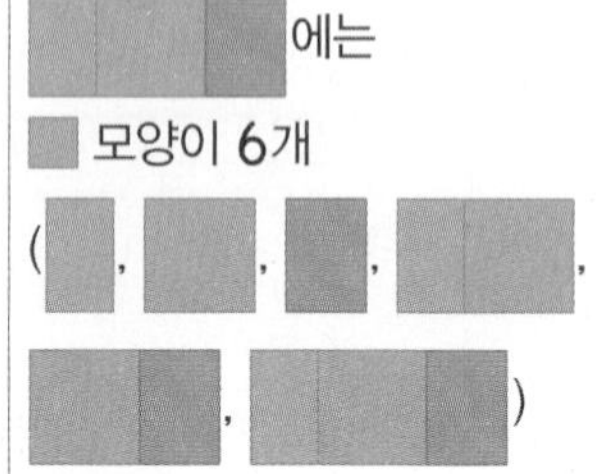

있어요.

17 접근 » 긴바늘이 가리키는 숫자부터 찾아봅니다.

시계에는 1부터 12까지의 수가 있으므로 가장 큰 수는 12입니다.
따라서 시계의 긴바늘이 12를 가리키고 짧은바늘은 긴바늘과 서로 반대 방향을 가리키고 있으므로 6을 가리킵니다. 설명에 알맞은 시각은 6시입니다.

해결 전략

긴바늘이 가리키는 숫자를 찾고, 짧은바늘이 가리키는 숫자를 찾아요.

18 접근 ≫ 거꾸로 문제를 해결해 봅니다.

6시 30분에서 시계의 긴바늘을 시계가 돌아가는 반대 방향으로 한 바퀴 돌리면 5시 30분이 되고, 다시 같은 방향으로 반 바퀴 돌리면 5시가 되고, 또 같은 방향으로 2바퀴 돌리면 3시가 됩니다. 따라서 민환이가 낮잠을 자기 시작한 시각은 3시입니다.

6시 30분 —(긴 바늘이 한 바퀴 돌기 전)→ 5시 30분 —(긴 바늘이 반 바퀴 돌기 전)→ 5시 —(긴 바늘이 2바퀴 돌기 전)→ 3시

해결 전략

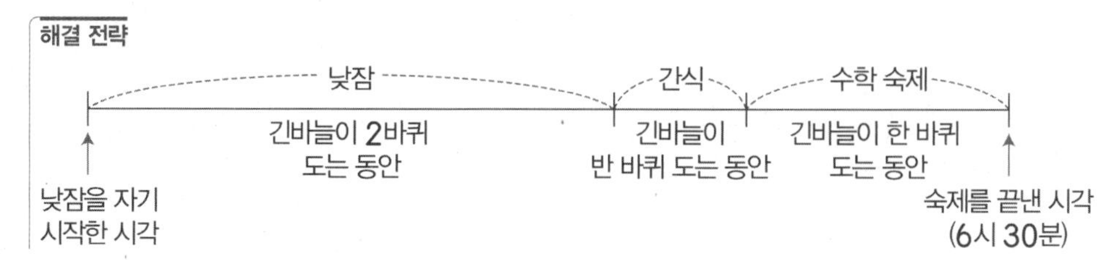

보충 개념

긴바늘이 한 바퀴 움직일 때 짧은바늘은 숫자 한 칸을 움직이므로 긴바늘이 반 바퀴 움직일 때 짧은바늘은 숫자 반 칸을 움직여요.

서술형 19 접근 ≫ 오려낸 모양을 생각해 봅니다.

예 종이를 2번 접은 후 빨간색 점선을 따라 오려내면 오른쪽 그림과 같습니다.

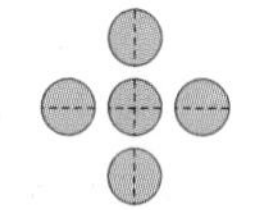

따라서 오려낸 모양은 ● 모양이 5개입니다.

채점 기준	배점
점선을 따라 오려낸 모양을 알 수 있나요?	2점
오려낸 모양은 어떤 모양이 몇 개인지 구할 수 있나요?	3점

서술형 20 접근 ≫ 하루에 짧은바늘은 몇 바퀴 도는지 알아봅니다.

예 짧은바늘은 하루에 2바퀴 돕니다. 짧은바늘은 25일 아침 8시 30분부터 26일 아침 8시 30분까지 2바퀴 돌고, 다시 27일 아침 8시 30분까지 2바퀴 돌고, 다시 28일 아침 8시 30분까지 2바퀴 돈 후 28일 저녁 8시 30분까지 한 바퀴 돕니다. 따라서 제주도에 머무는 동안 짧은바늘은 모두 $2+2+2+1=7$(바퀴) 돌았습니다.

채점 기준	배점
짧은바늘이 하루에 몇 바퀴 도는지 알 수 있나요?	1점
제주도에 머무는 동안 짧은바늘은 몇 바퀴 돌았는지 구할 수 있나요?	4점

해결 전략

하루에 시계는 똑같은 시각을 2번 가리켜요.

교내 경시 4단원 덧셈과 뺄셈(2)

01 (1) 3, 10, 7 (2) 1, 1, 8 **02** (1) = (2) < (3) > **03** 2 **04** 8개
05 예 8, 9, 17 **06** 9쪽 **07** 10개 **08** 8, 9 **09** 9 **10** 예 5+8−4
11 15 **12** 14점 **13** 4, 6 **14** 2명 **15** 예 (가운데 6, 위 4, 왼쪽 5, 오른쪽 7, 아래 8)
16

3	4	8
7	2	6
5	9	1

17 예 9+5−7=7 **18** 12개
19 12 **20** 13

01 접근 ≫ 빼지는 수 또는 빼는 수를 가르기하여 여러 가지 방법으로 계산해 봅니다.

(1) 8을 5와 3으로 가르기하여 15에서 5를 먼저 빼서 10을 만든 후 나머지 3을 뺍니다.

$15-8=10-3=7$ (8을 5와 3으로 가르기)

(2) 11을 10과 1로 가르기하여 10에서 3을 먼저 뺀 후 나머지 1을 더합니다.

$11-3=7+1=8$ (11을 10과 1로 가르기)

02 접근 ≫ 식의 왼쪽 수와 오른쪽 수를 비교하여 크기를 비교해 봅니다.

(1) 두 수를 바꾸어 더해도 계산 결과가 같으므로 8+5와 5+8의 계산 결과는 같습니다. ➡ 8+5 (=) 5+8

(2) 빼는 수(오른쪽 수)가 같고 빼지는 수(왼쪽 수)가 14<15이므로
14 − 6 (<) 15 − 6입니다.

(3) 더해지는 수(왼쪽 수)가 같고 더하는 수(오른쪽 수)가 9 > 7이므로
7+ 9 (>) 7+ 7 입니다.

다른 풀이
(1) 8+5=13, 5+8=13이므로 8+5 (=) 5+8입니다.
(2) 14−6=8, 15−6=9이므로 14−6 (<) 15−6입니다.
(3) 7+9=16, 7+7=14이므로 7+9 (>) 7+7입니다.

지도 가이드
계산한 다음 결과를 비교해도 되지만 계산하지 않고도 크기 비교를 할 수 있습니다. 식의 왼쪽 수와 오른쪽 수를 비교하여 크기 비교를 할 수 있도록 지도해 주세요.

03 접근 ≫ ㉠, ㉡에 알맞은 수를 구합니다.

㉠+9=14 ➡ 14−9=㉠, ㉠=5
16−㉡=9 ➡ 16−9=㉡, ㉡=7
따라서 ㉠과 ㉡에 알맞은 수의 차는 7−5=2입니다.

해결 전략
덧셈과 뺄셈의 관계를 이용하여 ㉠, ㉡에 알맞은 수를 구해요.

04 접근 ≫ 처음에 있던 사과와 귤의 수를 먼저 구합니다.

처음에 있던 사과와 귤은 모두 $6+7=13$(개)입니다.
그중에서 5개를 먹었으므로 남은 사과와 귤은 $13-5=8$(개)입니다.

> **해결 전략**
> **덧셈식**으로 처음에 있던 사과와 귤의 수를 구하고, **뺄셈식**으로 남은 사과와 귤의 수를 구해요.

05 접근 ≫ 덧셈식을 만들 수 있는 세 수를 찾아봅니다.

$8<9<16<17$이므로 가장 작은 수 8과 둘째로 작은 수 9를 더하면 17이고, 17은 주어진 수 카드 중에 있습니다.
따라서 덧셈식을 만들 수 있는 세 수는 8, 9, 17입니다.
➡ $8+9=17$ 또는 $9+8=17$

06 접근 ≫ 수아가 읽은 동화책 쪽수를 먼저 구합니다.

수아는 은지보다 7쪽 더 많이 읽었으므로
(수아가 읽은 동화책 쪽수)$=7+7=14$(쪽)입니다.
정호는 수아보다 5쪽 더 적게 읽었으므로
(정호가 읽은 동화책 쪽수)$=14-5=9$(쪽)입니다.

> **해결 전략**
> 은지가 읽은 동화책 쪽수를 이용하여 수아가 읽은 쪽수를 구하고, 수아가 읽은 쪽수를 이용하여 정호가 읽은 쪽수를 구해요.

> **다른 풀이**
> (정호가 읽은 동화책 쪽수)$=7+7-5=14-5=9$(쪽)

07 접근 ≫ 처음 상자에 들어 있던 구슬의 수를 구합니다.

처음 상자에 들어 있던 구슬은 모두 $7+8+3=10+8=18$(개)입니다.
그중에서 8개의 구슬을 꺼냈으므로 상자에 남아 있는 구슬은 $18-8=10$(개)입니다.

> **해결 전략**
> **덧셈식**으로 처음 상자에 들어 있던 구슬의 수를 구하고, **뺄셈식**으로 상자에 남아 있는 구슬의 수를 구해요.

> **다른 풀이**
> 빨간 구슬 7개, 노란 구슬 8개, 파란 구슬 3개가 있었고 8개를 꺼냈으므로 8개를 지우면 남은 구슬은 $7+3=10$(개)입니다.

08 접근 ≫ 부등호(>)를 등호(=)로 바꾸어 □ 안의 수를 구해 봅니다.

$12-5=7$이므로 $7>14-□$에서 □ 안에 들어갈 수 있는 수를 구합니다.
$7=14-□$일 때 $14-7=□$, $□=7$입니다.
$14-□$가 7보다 작으려면 □는 7보다 커야 합니다. — $7>14-□$
따라서 □ 안에 들어갈 수 있는 수는 8, 9입니다.

09 접근 ≫ ★을 구한 다음 ▲를 구합니다.

10－★＝4에서 10－4＝★, ★＝6입니다.
★＋▲＝15에서 ★＝6이므로 6＋▲＝15, 15－6＝▲, ▲＝9입니다.

해결 전략
모르는 수가 1개인 식에서 ★을 먼저 구한 다음 ▲를 구해요.

10 접근 ≫ 세 수를 모두 더한 수와 등호(＝)의 오른쪽 수를 비교해 봅니다.

세 수를 모두 더하면 4＋5＋8＝9＋8＝17이므로 계산 결과가 9가 되려면 세 수 중 하나를 빼야 합니다.
➡ 5＋8－4＝9(○), 4＋8－5＝7(×), 4＋5－8＝1(×)
따라서 계산 결과가 9가 되는 식은 5＋8－4＝9, 8＋5－4＝9, 5－4＋8＝9 등 여러 가지로 만들 수 있습니다.

11 접근 ≫ ㉠, ㉡에 알맞은 수를 구합니다.

12－㉠＝1＋3 ➡ 12－㉠＝4, 12－4＝㉠, ㉠＝8
5＋3＝15－㉡ ➡ 8＝15－㉡, 15－8＝㉡, ㉡＝7
따라서 ㉠＋㉡＝8＋7＝15입니다.

보충 개념
12－㉠＝4 → 12－4＝㉠
15－㉡＝8 → 15－8＝㉡

12 접근 ≫ 영희가 진 횟수를 생각해 봅니다.

가위바위보를 10번 하여 4번을 이겼다면 6번을 진 것입니다.
4번 이겨서 얻은 점수는 2＋2＋2＋2＝8(점)이고, 6번 져서 얻은 점수는 1＋1＋1＋1＋1＋1＝6(점)이므로 영희가 얻은 점수는 8＋6＝14(점)입니다.

해결 전략
영희가 이긴 횟수만큼 2를 더하고, 진 횟수만큼 1을 더해요.

13 접근 ≫ 민영이와 서우가 가지고 있는 수 카드의 합을 먼저 구합니다.

(민영이의 수 카드의 합)＝6＋2＋4＝10＋2＝12
(서우의 수 카드의 합)＝6＋5＋5＝6＋10＝16
두 합의 차는 4이므로 두 사람이 가진 수 카드의 합은 14로 같아져야 합니다.
민영이가 가진 수 카드의 합(12)이 14가 되려면 2만큼 더 커져야 하고, — 민영이가 가진 수 카드보다 2만큼 더 큰 수와 바꿉니다.
서우가 가진 수 카드의 합(16)이 14가 되려면 2만큼 더 작아져야 합니다. — 서우가 가진 수 카드보다 2만큼 더 작은 수와 바꿉니다.
따라서 바꾸어야 하는 두 수 카드는 4와 6입니다.
➡ 바꾼 다음 민영이의 수 카드의 합: 6＋2＋⑥＝8＋6＝14
바꾼 다음 서우의 수 카드의 합: ④＋5＋5＝4＋10＝14

해결 전략
12 —(2만큼 더 큰 수)→ ⑭ ←(2만큼 더 작은 수)— 16

주의
수 카드를 바꾼 다음 합을 구하여 답이 맞는지 확인해 보세요.

14 접근 » 그림을 그려서 알아봅니다.

9칸으로 나눈 다음 떡볶이와 피자를 좋아하는 학생을 ○로 나타내 봅니다.

떡볶이를 좋아하는 학생:	○	○	○	○	○				
피자를 좋아하는 학생:				○	○	○	○	○	○

9명

색칠된 곳이 떡볶이와 피자를 모두 좋아하는 학생이므로 2명입니다.

다른 풀이

(떡볶이를 좋아하는 학생 수) + (피자를 좋아하는 학생 수) = 5 + 6 = 11(명)

떡볶이와 피자를 모두 좋아하는 학생 수를 □라고 하면 11 − □ = 9, 11 − 9 = □, □ = 2입니다. 따라서 떡볶이와 피자를 모두 좋아하는 학생은 2명입니다.

보충 개념

11명 중에는 떡볶이와 피자를 모두 좋아하는 학생이 2번 더해져 있으므로 □를 빼주면 전체 학생 수 9명이 돼요.

15 접근 » 4부터 8까지의 수 중에서 세 수의 합이 18인 경우를 찾습니다.

4부터 8까지의 수 중에서 세 수의 합이 18인 경우를 찾으면 4 + ⑥ + 8 = 18, 5 + ⑥ + 7 = 18입니다.

㉠은 가로줄과 세로줄에 모두 더해지므로 2번 사용한 6을 넣습니다. 4와 8, 5와 7이 같은 줄에 들어가도록 나머지 수를 넣습니다.

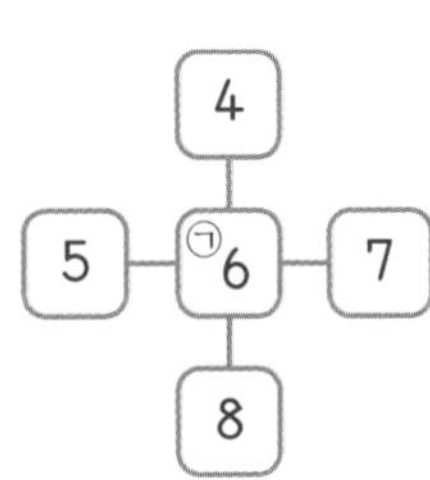

16 접근 » 확실히 알 수 있는 칸의 수를 먼저 구하여 나머지 칸에 들어갈 수를 구합니다.

		8
7	㉡	㉠
		1

- 8 + ㉠ + 1 = 15, 15 − 9 = ㉠, ㉠ = 6
- 7 + ㉡ + ㉠ = 15, ㉠ = 6이므로 7 + ㉡ + 6 = 15, 15 − 13 = ㉡, ㉡ = 2

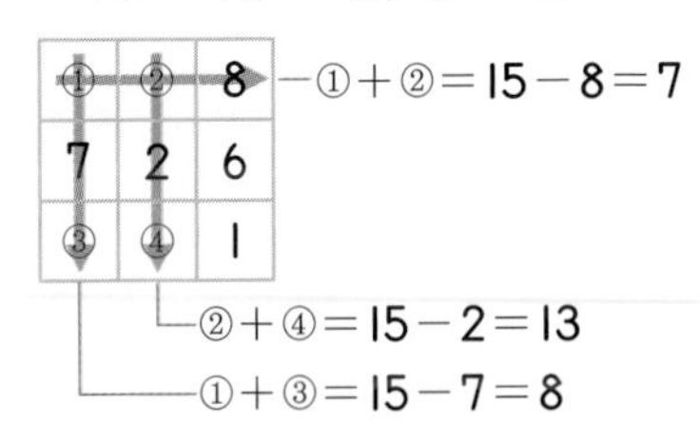

1부터 9까지의 수 중에서 사용하지 않은 수는 3, 4, 5, 9이므로 합이 8이 되는 두 수는 3, 5이고, 합이 13이 되는 두 수는 4, 9입니다.

(3, 5: ①과 ③ / 4, 9: ②와 ④)

① + ② = 7이므로 ① = 3, ② = 4입니다.

① = 3이므로 ③ = 5이고, ② = 4이므로 ④ = 9입니다.

17 접근 » 여러 가지 방법으로 수 사이에 기호를 넣어 식을 만들어 봅니다.

수 두 개를 묶어 두 자리 수를 만들 수도 있고, 등호가 앞이나 중간에 들어갈 수도 있습니다. 등호가 뒤에 있는 경우의 식을 만들면 9 + 5 − 7 = 7입니다.

등호가 중간에 있는 식을 만들면 9 + 5 = 7 + 7입니다.

해결 전략

수의 위치는 바꿀 수 없지만 +, −, =의 위치는 바꿀 수 있고, 여러 번 사용할 수 있어요.

18 접근 ≫ 그림을 그려서 해결해 봅니다.

그림을 그린 후 정우, 선아, 경수 순서로 초콜릿 수를 구합니다.

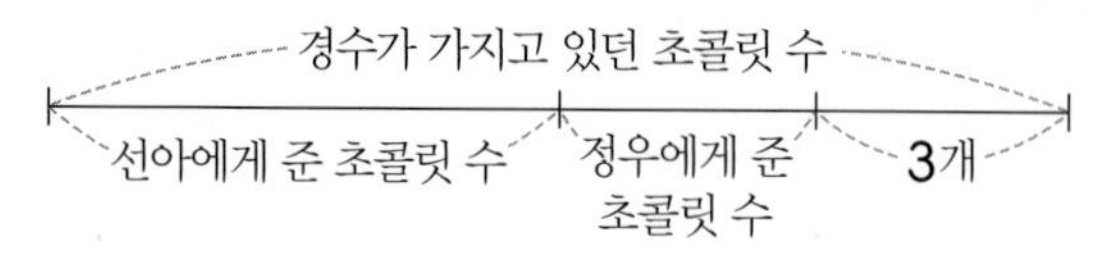

정우에게 준 초콜릿 수와 남은 초콜릿 수가 같으므로 정우에게 준 초콜릿은 3개입니다. 선아에게 주고 남은 초콜릿이 $3+3=6$(개)이므로 선아에게 준 초콜릿은 6개입니다.

따라서 경수가 처음 가지고 있던 초콜릿은 $6+3+3=9+3=12$(개)입니다.

해결 전략
거꾸로 해결하는 문제예요. 정우에게 준 초콜릿 수는 남은 초콜릿 수(3)와 같고, 선아에게 준 초콜릿 수는 정우에게 준 초콜릿 수와 남은 초콜릿 수를 합한 수($3+3=6$)와 같아요.

서술형
19 접근 ≫ 어떤 수를 □라 하여 식으로 나타내 봅니다.

예 어떤 수를 □라고 하여 잘못 계산한 식을 나타내면 □$-4=4$이므로
$4+4=$□, □$=8$입니다.
따라서 어떤 수가 8이므로 바르게 계산하면 $8+4=12$입니다.

채점 기준	배점
어떤 수를 구할 수 있나요?	3점
바르게 계산할 수 있나요?	2점

서술형
20 접근 ≫ ◈와 ⊙의 규칙을 찾아봅니다.

예 8보다 계산 결과가 커졌으므로 ◈는 어떤 수를 더한 것입니다.
$8+$□$=13$, $13-8=$□, □$=5$이므로 ◈는 5를 더하는 규칙입니다.
11보다 계산 결과가 작아졌으므로 ⊙는 어떤 수를 뺀 것입니다.
$11-$□$=9$, $11-9=$□, □$=2$이므로 ⊙는 2를 빼는 규칙입니다.
10⊙◈$=10-2+5=13$입니다.

보충 개념
10⊙◈
$=10-2+5=8+5=13$

채점 기준	배점
◈의 규칙을 찾을 수 있나요?	2점
⊙의 규칙을 찾을 수 있나요?	2점
10⊙◈의 계산 결과를 구할 수 있나요?	1점

교내 경시 5단원 규칙 찾기

01 5 **02** 6 **03** 8칸 **04** 64

05 (그림) **06** (그림) **07** 9시 30분 **08** 60, 75 **09** 51 **10** 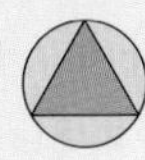

11 1 **12** 22 **13** 75

14 ㉮ 20부터 시계 방향으로 2씩 작아지는 규칙입니다. / ㉮ 안쪽에서 바깥쪽으로 1씩 커지는 규칙입니다.

15 5 **16** 15개 **17** 7시 **18** 6 **19** 8번 **20** 26개

01 접근 ≫ 1, 2, 3, 4가 움직이는 규칙을 찾아봅니다.

1, 2, 3, 4가 (화살표) 방향으로 한 칸씩 움직이는 규칙이므로 다섯째 모양은

1	2
4	3

입니다. ➡ ㉠=1, ㉢=4

따라서 ㉠과 ㉢에 알맞은 수의 합은 $1+4=5$입니다.

해결 전략
(화살표) 방향으로 1, 2, 3, 4가 한 칸씩 움직이므로 첫째 모양과 다섯째 모양은 같아요.

02 접근 ≫ 과일이 되풀이되는 규칙을 알아봅니다.

사과, 귤, 사과, 바나나가 되풀이되는 규칙입니다.

사과는 3으로, 귤은 6으로, 바나나는 9로 하여 규칙에 따라 늘어놓으면 ★에 알맞은 수는 6입니다.

해결 전략
과일과 수를 짝 지어 보고 각각의 과일이 어떤 수로 바뀌는지 찾아봐요.

다른 풀이
과일과 수가 놓인 자리를 보고 짝 지어 보면 바나나는 9로, 귤은 6으로, 사과는 3으로 한 것입니다. 따라서 ★이 놓인 자리에는 귤이 놓이므로 알맞은 수는 6입니다.

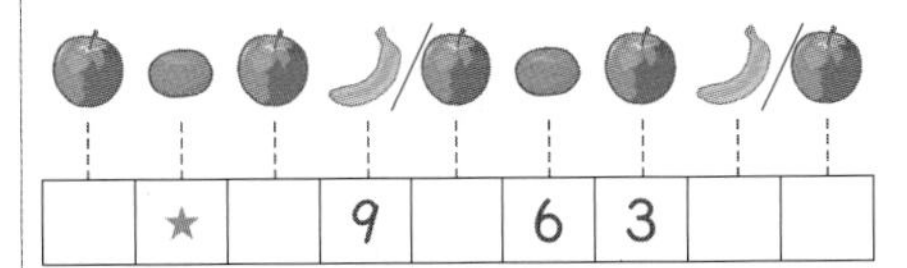

03 접근 ≫ 색칠한 규칙을 찾아봅니다.

맨 윗줄부터 빨간색, 노란색, 빨간색이 되풀이되는 규칙입니다.

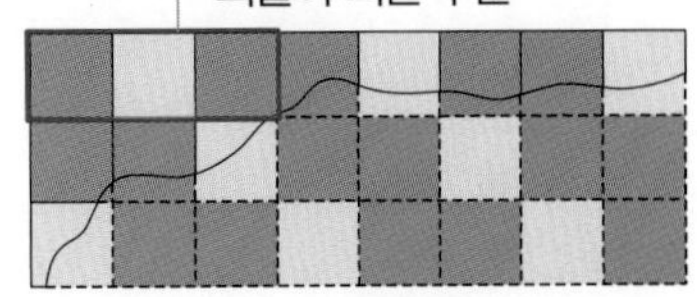

따라서 찢어진 부분을 완성하면 노란색으로 색칠한 부분은 모두 8칸입니다.

해결 전략
찢어진 부분을 완성한 다음 노란색으로 색칠한 칸을 세어 봐요.

04 접근 ≫ ●에 알맞은 수를 구한 다음 ㉠에 알맞은 수를 구합니다.

수 배열표에서 오른쪽으로 한 칸 갈 때마다 1씩 커지고, 아래쪽으로 한 칸 갈 때마다 8씩 커집니다.
따라서 ●는 53보다 8만큼 더 큰 수이므로 61이고, ㉠에 알맞은 수는 ●보다 3만큼 더 큰 수이므로 64입니다.

해결 전략
수 배열표에서 가로줄에 있는 수들의 규칙과 세로줄에 있는 수들의 규칙을 찾아봐요.

05 접근 ≫ 색칠된 칸과 색깔의 규칙을 알아봅니다.

색칠된 칸과 색깔이 바뀌는 규칙입니다.
시계 방향으로 돌면서 한 칸씩 건너뛰며 색칠되는 규칙이므로 색칠되는 칸은 ㉠입니다.
빨간색, 파란색, 노란색이 반복되는 규칙이므로 색칠되는 색깔은 파란색입니다.

06 접근 ≫ 두 점의 규칙을 각각 찾아봅니다.

•은 시계 방향으로 2칸씩 움직이는 규칙입니다.
•은 시계 반대 방향으로 3칸씩 움직이는 규칙입니다.
따라서 마지막에 알맞은 모양은  입니다.

07 접근 ≫ 시각이 변하는 규칙을 찾아봅니다.

시각은 차례로 6시, 6시 30분, 7시, 7시 30분입니다.
6시부터 30분씩 지나는 규칙입니다.
따라서 다섯째는 8시, 여섯째는 8시 30분, 일곱째는 9시, 여덟째는 9시 30분입니다.

보충 개념
긴바늘이 반 바퀴씩 돌고 있으므로 30분씩 지나는 규칙이에요.

08 접근 ≫ 수 배열표의 규칙을 찾아 ㉠과 ㉡에 알맞은 수를 구합니다.

- ← 방향으로 1씩 작아집니다.
  따라서 셋째 줄에 있는 수는 62−61−60이므로 ㉠에 알맞은 수는 60입니다.
- ↓ 방향에 있는 수는 40 아래 칸의 수가 51이므로 11씩 커집니다.
  62 아래 칸의 수는 62보다 11만큼 더 큰 73입니다.
  따라서 넷째 줄에 있는 수는 73−74−75이므로 ㉡에 알맞은 수는 75입니다.

09 접근 ≫ 수 배열표에서 색칠한 수들을 알아보고 규칙을 찾습니다.

수 배열표는 오른쪽으로 한 칸 갈 때마다 1씩 커지고 아래쪽으로 한 칸 갈 때마다 7씩 커지는 규칙입니다.

색칠한 수들은 50－59－68－77로 9씩 커집니다.

➡ 15부터 9씩 커지도록 수를 놓으면 15－24－33－42－51이므로 ㉠에 알맞은 수는 51입니다.

보충 개념

50	51	52	53	54	55	56
57	58	59	60	61	62	63
64	65	66	67	68	69	70
71	72	73	74	75	76	77

10 접근 ≫ ○ 모양의 색깔과 △ 모양의 색깔의 규칙을 찾아봅니다.

○ 모양에는 빨간색, 주황색, 노란색이 되풀이되고, △ 모양에는 초록색, 파란색이 되풀이되는 규칙입니다. 따라서 아홉째 모양에서 ○ 모양에는 노란색을, △ 모양에는 초록색을 칠해야 합니다.

○ 색깔	빨간색	주황색	노란색	빨간색	주황색	노란색	빨간색	주황색	노란색
△ 색깔	초록색	파란색	초록색	파란색	초록색	파란색	초록색	파란색	초록색

↑아홉째

해결 전략
두 가지 규칙으로 변하는 경우 각각의 규칙을 따로 생각해요.

11 접근 ≫ 각 가로줄의 규칙을 찾아봅니다.

위에서부터 첫째, 셋째 줄의 수는 오른쪽으로 한 칸 갈 때마다 2씩 커지는 규칙입니다.

위에서부터 둘째, 넷째 줄의 수는 오른쪽으로 한 칸 갈 때마다 2씩 작아지는 규칙입니다.

㉠이 있는 셋째 줄은 13－15－17－19－21이므로 ㉠＝21입니다.

㉡이 있는 넷째 줄은 22－20－18－16－14－12이므로 ㉡＝22입니다.

➡ ㉡ 22는 ㉠ 21보다 1만큼 더 큰 수이므로 두 수의 차는 1입니다.

12 접근 ≫ 늘어놓은 수의 규칙을 찾아봅니다.

수가 1, 2, 3, ... 늘어나는 규칙입니다.

1 2 4 7 11 16 22

+1 +2 +3 +4 +5 +6

해결 전략
수가 커지므로 뒤의 수에서 앞의 수를 빼어 얼마씩 커지는지 알아봐요.

13 접근 ≫ ■에 알맞은 수부터 구해 봅니다.

문제 분석 63에서 8씩 커지도록 4번 뛰어 센 수는❶ 77에서 6씩 커지도록 ■번 뛰어 센 수와 같습니다.❷ 90에서 ■씩 작아지도록 5번 뛰어 센 수는❸ 얼마일까요?

❶ 63에서 8씩 커지도록 4번 뛰어 센 수 구하기

63 —(+8)→ 71 —(+8)→ 79 —(+8)→ 87 —(+8)→ (95)

❷ ■에 알맞은 수 구하기

77 —(+6)→ 83 —(+6)→ 89 —(+6)→ 95

95는 77에서 6씩 커지도록 3번 뛰어 센 수와 같습니다.

➡ ■=3

❸ 90에서 ■씩 작아지도록 5번 뛰어 센 수 구하기

■=3이므로 90에서 3씩 작아지도록 5번 뛰어 센 수는

90−87−84−81−78−(75)입니다.

따라서 구하는 수는 75입니다.

14 접근 ≫ 서로 다른 규칙 2가지를 찾아봅니다.

규칙 1 예 20부터 시계 방향으로 2씩 작아지는 규칙입니다.

예 6부터 시계 반대 방향으로 2씩 커지는 규칙입니다.

규칙 2 예 안쪽에서 바깥쪽으로 1씩 커지는 규칙입니다.

예 바깥쪽에서 안쪽으로 1씩 작아지는 규칙입니다.

해결 전략
여러 가지 방향으로 수가 늘어나거나 줄어드는 규칙을 살펴봐요.

15 접근 ≫ 규칙에 따라 ㉠과 ㉡에 알맞은 수를 구해 봅니다.

방향으로 1씩 커지고 20부터 시계 방향으로 2씩 작아지는 규칙입니다.

㉠은 6보다 1만큼 더 큰 수인 7이고, ㉡은 16에서 시계 방향으로 2칸 더 갔으므로 16−14−12에서 12입니다.

➡ ㉡−㉠=12−7=5

16 접근 ≫ 늘어놓은 모양의 규칙을 알아봅니다.

■, ●, ▲, ■가 되풀이되므로 30개를 늘어놓으려면 4개씩 7번 놓고 2개를 더 놓아야 합니다.
반복되는 4개의 모양 중 ■ 모양이 2개이므로 ■ 모양이 가장 많습니다. ■ 모양은 2개씩 7번 반복되어 나오고 마지막 ■●에서 1개가 더 나옵니다.
따라서 ■ 모양은 모두 $2+2+2+2+2+2+2+1=15$(개)입니다.

해결 전략
늘어놓은 모양 중 가장 많은 모양을 먼저 찾아요.

17 접근 ≫ ■시에 뻐꾸기 시계는 ■번 웁니다.

뻐꾸기 시계가 우는 횟수는 3시에 3번, 4시에 4번, 5시에 5번, 6시에 6번이므로 6시까지 우는 횟수는 $3+4+5+6=18$(번)입니다.
따라서 뻐꾸기 시계가 우는 횟수의 합이 20번일 때의 시각은 7시에 우는 횟수 7번 중 둘째입니다.

18 접근 ≫ 각 순서마다 늘어나는 타일의 색깔과 수를 생각해 봅니다.

각 순서마다 늘어나는 타일의 색깔과 수를 생각하여 여섯째 모양에서 놓은 타일의 수를 구할 수 있습니다.

순서	첫째	둘째	셋째	넷째	다섯째	여섯째
흰 타일의 수	1	1	6	6	15	15
검은 타일의 수	0	3	3	10	10	21
수의 차	1	2	3	4	5	6

따라서 여섯째 모양에서 흰 타일과 검은 타일의 수의 차는 6입니다.

해결 전략
흰 타일과 검은 타일이 번갈아가며 1개, 3개, 5개, ... 늘어나요.

서술형

19 접근 ≫ 어린이 도서관에 가는 날의 규칙을 찾아봅니다.

예 경아는 4일마다 어린이 도서관에 가므로 11일 이후에 어린이 도서관에 가는 날은 15일, 19일, 23일, 27일, 31일입니다.
따라서 이달에는 어린이 도서관에 8번 갑니다.

채점 기준	배점
어린이 도서관에 가는 날의 규칙을 찾을 수 있나요?	2점
어린이 도서관에 가는 나머지 날을 모두 구할 수 있나요?	2점
이달에 어린이 도서관에 가는 횟수를 구할 수 있나요?	1점

해결 전략
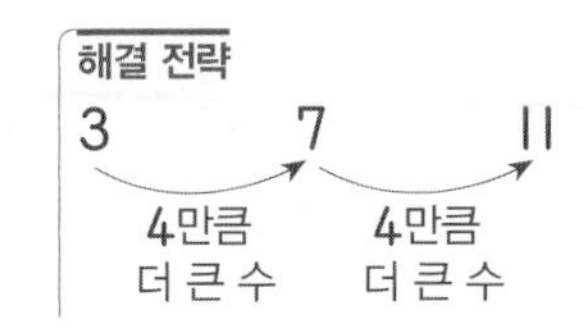

서술형

20 접근 » 수수깡의 수가 늘어나는 규칙을 찾아봅니다.

예 처음 모양을 만들 때에는 수수깡 6개가 필요하고 그 다음부터는 필요한 수수깡이 5개씩 늘어납니다.

순서	첫째	둘째	셋째	넷째	다섯째
수수깡의 수	6	11	16	21	26

+5 +5 +5 +5

따라서 다섯째 모양을 만드는 데 필요한 수수깡은 26개입니다.

채점 기준	배점
수수깡이 늘어나는 규칙을 찾을 수 있나요?	3점
다섯째 모양을 만드는 데 필요한 수수깡의 수를 구할 수 있나요?	2점

교내 경시 6단원 덧셈과 뺄셈(3)

01 87　02 ㉡, ㉣, ㉢, ㉠　03 79개　04 23, 45　05 23장　06 45, 31
07 6, 7, 8, 9　08 2명　09 73　10 14명　11 69개　12 7
13 76　14 성진, 15개　15 5 5̸ − 2 4 = 3 9̸, 59 − 24 = 35　16 12장
17 46, 12　18 33개　19 88　20 33

01 접근 » 수의 크기를 비교해 봅니다.

큰 수부터 차례로 쓰면 $80>78>69>24>7>4$입니다.
└가장 큰 수　└가장 작은 수

가장 큰 수는 80이고, 둘째로 작은 수는 7입니다.
따라서 가장 큰 수와 둘째로 작은 수의 합은 $80+7=87$입니다.

해결 전략
수의 크기를 비교한 다음 → 가장 큰 수와 둘째로 작은 수를 찾은 뒤 → 두 수의 합을 구해요.

02 접근 » ㉠, ㉡, ㉢, ㉣의 계산 결과를 구해 봅니다.

㉠ $20+30=50$　㉡ $44+42=86$　㉢ $76-2=74$　㉣ $87-10=77$
➡ $86>77>74>50$이므로 계산 결과가 큰 것부터 차례로 기호를 쓰면 ㉡, ㉣, ㉢, ㉠입니다.

03 접근 ≫ 어제와 오늘 판 사과의 수를 구해 봅니다.

어제와 오늘 판 사과는 모두 $32+43=75$(개)입니다.
남은 사과가 4개이므로 처음 과일 가게에 있던 사과는 $75+4=79$(개)입니다.

해결 전략
(처음 과일 가게에 있던 사과 수)
=(어제와 오늘 판 사과 수)
+(남은 사과 수)

04 접근 ≫ 일의 자리 수끼리의 합이 8인 두 수를 찾아봅니다.

일의 자리 수끼리의 합이 8인 경우는 23과 45, 33과 45입니다.
$23+45=68$(○), $33+45=78$(×)이므로 23과 45가 적힌 수 카드를 골라야 합니다.

지도 가이드
이 단원은 받아올림이 없는 덧셈만을 다루기 때문에 일의 자리 수끼리의 합이 8인 두 수를 찾아서 답을 구하면 됩니다. 하지만 2학년에서는 받아올림이 있는 덧셈이 나오므로 이 방법으로만 두 수를 찾으면 안 됩니다. 그때는 받아올림이 있는 경우와 없는 경우로 나누어 답을 구해야 합니다.

05 접근 ≫ 지선이가 처음에 가지고 있던 색종이 수를 구합니다.

(지선이가 처음에 가지고 있던 색종이 수)$=20+8=28$(장)
이 중에서 5장을 사용했으므로 (남은 색종이 수)$=28-5=23$(장)입니다.

해결 전략
덧셈식으로 지선이가 처음에 가지고 있던 색종이 수를 구하고, **뺄셈식**으로 남은 색종이 수를 구해요.

06 접근 ≫ 일의 자리 수끼리의 차가 4가 되는 두 수를 찾아봅니다.

큰 수에서 작은 수를 뺄 때 일의 자리 수끼리의 차가 4가 되는 두 수는 45와 31, 74와 30입니다.
$45-31=14$(○), $74-30=44$(×)이므로 차가 14가 되는 두 수는 45와 31입니다.

해결 전략
차가 14가 되는 두 수를 찾을 때 일의 자리 수끼리의 차가 4인 경우 또는 십의 자리 수끼리의 차가 1인 경우를 먼저 찾아보세요.

다른 풀이
큰 수에서 작은 수를 뺄 때 십의 자리 수끼리의 차가 1이 되는 두 수는 28과 12, 45와 30, 45와 31입니다. $28-12=16$(×), $45-30=15$(×), $45-31=14$(○)이므로 차가 14가 되는 두 수는 45와 31입니다.

지도 가이드
이 단원은 받아내림이 없는 두 수의 차만 배우므로 십의 자리 수끼리의 차가 1인 경우와 일의 자리 수끼리의 차가 4인 경우로 나누어 생각할 수 있도록 지도해 주세요.

07 접근 ≫ 먼저 부등호(<)의 왼쪽 식을 간단히 나타내 봅니다.

79 − 26 = 53이므로 53 < □3에서 □ 안에 들어갈 수 있는 수를 구합니다.
53 < □3에서 십의 자리 수를 비교하면 5 < □이므로 □ 안에 들어갈 수 있는 수는 6, 7, 8, 9입니다.
일의 자리 수를 비교하면 3 = 3이므로 □ 안에 5는 들어갈 수 없습니다.
따라서 □ 안에 들어갈 수 있는 수는 6, 7, 8, 9입니다.

해결 전략
일의 자리 수끼리도 크기를 비교하여 십의 자리 수가 서로 같은 경우도 정답이 되는지 확인해야 해요.

08 접근 ≫ 다영이네 반과 현준이네 반 학생 수를 각각 구합니다.

다영이네 반의 남학생은 12명, 여학생은 14명이므로
(다영이네 반의 학생 수) = 12 + 14 = 26(명)입니다.
현준이네 반의 남학생은 11명, 여학생은 17명이므로
(현준이네 반의 학생 수) = 11 + 17 = 28(명)입니다.
➡ (두 반의 학생 수의 차) = 28 − 26 = 2(명)

09 접근 ≫ ♥를 구한 다음 ★을 구합니다.

♥ − 32 = 56 ➡ 56 + 32 = ♥, ♥ = 88
15 + ★ = ♥에서 ♥ = 88이므로 15 + ★ = 88입니다.
88 − 15 = ★이므로 ★ = 73입니다.

보충 개념
15 + ★ = 88
88 − 15 = ★

10 접근 ≫ 선아네 반 학생 수를 먼저 구합니다.

(선아네 반 학생 수) = (안경을 쓰지 않은 학생 수) + (안경을 쓴 학생 수)
= 21 + 6 = 27(명)
선아네 반 학생은 모두 27명이고, 남학생이 13명이므로 여학생은
27 − 13 = 14(명)입니다.

해결 전략
안경을 쓰지 않은 학생 수와 쓴 학생 수를 이용하여 전체 학생 수를 구하고, 전체 학생 수와 남학생 수를 이용하여 여학생 수를 구해요.

11 접근 ≫ 파란색 공의 수를 먼저 구합니다.

파란색 공은 빨간색 공보다 7개 더 적게 들어 있으므로
(파란색 공) = 38 − 7 = 31(개)입니다.
따라서 주머니에 들어 있는 빨간색 공과 파란색 공은 모두 38 + 31 = 69(개)입니다.

해결 전략
뺄셈식으로 파란색 공의 수를 구하고, **덧셈식**으로 주머니에 들어 있는 공의 수를 구해요.

12 접근 » ㉠, ㉡, ㉢, ㉣에 들어갈 수를 각각 구합니다.

덧셈식에서 일의 자리 수끼리 계산하면 $3+$㉡$=5$이므로 ㉡$=2$이고, 십의 자리 수끼리 계산하면 ㉠$+2=6$이므로 ㉠$=4$입니다.
뺄셈식에서 일의 자리 수끼리 계산하면 ㉢$-4=0$이므로 ㉢$=4$이고, 십의 자리 수끼리 계산하면 $8-$㉣$=7$이므로 ㉣$=1$입니다.
➡ ㉠$=4$, ㉡$=2$, ㉢$=4$, ㉣$=1$이므로 ㉠$+$㉢$-$㉡$+$㉣$=4+4-2+1=7$

해결 전략
일의 자리 수끼리 계산하고 십의 자리 수끼리 계산하여 ㉠, ㉡, ㉢, ㉣에 들어갈 수를 구해요.

13 접근 » 차가 가장 크려면 가장 큰 수에서 가장 작은 수를 빼야 합니다.

만들 수 있는 가장 큰 두 자리 수는 96이고, 가장 작은 두 자리 수는 20입니다.
(96: 십의 자리에 가장 큰 수 9를 넣고, 일의 자리에 둘째로 큰 수 6을 넣습니다.)
(20: 십의 자리에 0을 제외한 가장 작은 수 2를 넣고, 일의 자리에 0을 넣습니다.)
따라서 두 수의 차가 가장 큰 식은 $96-20=76$입니다.

다른 풀이
0은 십의 자리에 들어갈 수 없으므로 0을 제외한 수 중에서 차가 가장 큰 두 수는 9와 2입니다. 십의 자리에 9와 2를 넣은 후, 일의 자리에 나머지 수 중 차가 가장 큰 두 수 6과 0을 넣습니다. ➡ 9 6 − 2 0 = 76

해결 전략
0이 가장 작은 수이지만 십의 자리에 올 수 없으므로 가장 작은 두 자리 수는 20이 돼요.

14 접근 » 성진이와 연아가 각각 가지게 되는 사탕의 수를 구합니다.

성진이가 연아에게 사탕을 13개 주면
(성진이가 가지고 있는 사탕 수)$=37-13=24$(개),
(연아가 가지고 있는 사탕 수)$=46+13=59$(개)입니다.
연아가 다시 성진이에게 사탕을 25개 주면
(연아가 가지고 있는 사탕 수)$=59-25=34$(개),
(성진이가 가지고 있는 사탕 수)$=24+25=49$(개)입니다.
$34<49$이므로 성진이가 사탕을 $49-34=15$(개) 더 많이 가지고 있습니다.

다른 풀이
(성진이가 가지고 있는 사탕 수)$=37-13+25=24+25=49$(개)
(연아가 가지고 있는 사탕 수)$=46+13-25=59-25=34$(개)
따라서 성진이가 연아보다 사탕을 $49-34=15$(개) 더 많이 가지고 있습니다.

해결 전략
성진이가 연아에게 사탕을 주면 성진이는 준 수만큼 사탕 수가 줄어들고, 연아는 받은 수만큼 사탕 수가 늘어나요.

15 접근 » 십의 자리 수끼리의 차와 일의 자리 수끼리의 차를 각각 살펴봅니다.

십의 자리 수끼리인 5와 2의 차는 3이므로 올바른 식이 됩니다. 일의 자리 수끼리의 차는 $5-4=9$(×)이므로 올바르지 않습니다. 5와 9의 위치를 바꾸면 $9-4=5$로 올바른 식이 됩니다. 따라서 5와 9를 서로 바꾸어 $59-24=35$를 만듭니다.

5 5 − 2 4 = 3 9 ➡ 5 9 − 2 4 = 3 5

해결 전략
주어진 식의 십의 자리 수끼리, 일의 자리 수끼리의 차를 각각 구하여 올바른 식이 되도록 만들어 봐요.

16 접근 ≫ 먼저 지호가 사용하고 남은 색종이 수를 구합니다.

지호가 사용하고 남은 색종이는 $36-14=22$(장)입니다.
두 사람이 사용하고 남은 색종이가 모두 57장이므로 성재가 사용하고 남은 색종이는 $57-22=35$(장)입니다.
➡ (성재가 사용한 색종이 수)
=(성재가 가지고 있던 색종이 수)−(성재가 사용하고 남은 색종이 수)
$=47-35=12$(장)

지도 가이드
성재가 사용한 색종이 수를 바로 구하려고 하면 어렵습니다. 먼저 지호가 사용하고 남은 색종이 수를 구하고, 이를 이용해 성재가 사용하고 남은 색종이 수를 구합니다. 성재가 처음 가지고 있던 색종이 수와 사용하고 남은 색종이 수를 알고 있으므로 성재가 사용한 색종이 수를 구할 수 있습니다.

다른 풀이
지호가 사용하고 남은 색종이는 $36-14=22$(장)입니다. 성재가 사용한 색종이 수를 □라고 하면 성재가 사용하고 남은 색종이 수는 47−□이므로 22+47−□=57, 69−□=57, 69−57=□, □=12입니다.
(지호에게 남은 색종이 수)+(성재에게 남은 색종이 수)

17 접근 ≫ 합이 58인 두 수를 먼저 찾고, 그중에서 차가 34인 두 수를 찾아봅니다.

합이 58인 두 수 중에서 십의 자리 수끼리의 차가 3이 되는 수들을 찾은 다음, 두 수의 차를 구해 봅니다.

큰 수	44	45	46	47	48
작은 수	14	13	12	11	10
두 수의 차	30	32	34	36	38

따라서 합이 58이고 차가 34인 두 수는 46, 12입니다.

지도 가이드
합이 58인 두 수는 너무 많으므로 십의 자리 수끼리의 차가 3이 되는 수부터 생각해 보도록 지도해 주세요. 따라서 십의 자리 수가 4와 1인 수 중에서 일의 자리 수의 합이 8인 두 수를 찾고, 두 수를 일정하게 늘이거나 줄여가며 차가 34인 두 수를 찾아보도록 지도해 주세요.

18 접근 ≫ 주어진 조건을 이용하여 옥수수의 수를 먼저 구합니다.

주어진 조건을 가지고 식으로 나타냅니다.
(감자)+(고구마)+(옥수수)=59(개)
(감자)+(고구마): 48개, (고구마)+(옥수수): 44개
(감자)+(고구마)=48(개)이므로 48+(옥수수)=59, 59−48=(옥수수),
(옥수수)=11(개)

(고구마) + (옥수수) = 44(개)이고, 옥수수는 11개이므로 (고구마) + 11 = 44,
44 − 11 = (고구마), (고구마) = 33(개)입니다.

다른 풀이
(고구마) + (옥수수) = 44(개)이므로 (감자) + 44 = 59, 59 − 44 = (감자), (감자) = 15(개)
(감자) + (고구마) = 48(개)이고, 감자는 15개이므로 15 + (고구마) = 48, 48 − 15 = (고구마),
(고구마) = 33(개)입니다.

서술형 19 접근 ≫ 만들 수 있는 두 자리 수를 모두 써 봅니다.

예 만들 수 있는 두 자리 수를 작은 수부터 모두 쓰면 10, 14, 17, 40, 41, 47, 70, 71, 74입니다.
따라서 둘째로 큰 수는 71이고, 셋째로 작은 수는 17이므로 두 수의 합은
71 + 17 = 88입니다.

해결 전략
두 자리 수를 만들 때 십의 자리에 0이 올 수 없으므로 십의 자리가 1인 경우부터 순서대로 만들어 보세요.

다른 풀이
수 카드의 수를 큰 수부터 차례로 쓰면 7 > 4 > 1 > 0입니다.
만들 수 있는 가장 큰 수는 십의 자리에 가장 큰 수 7을, 일의 자리에 둘째로 큰 수 4를 넣은 경우로 74입니다. 둘째로 큰 수는 십의 자리에 가장 큰 수 7을, 일의 자리에 셋째로 큰 수 1을 넣은 경우로 71입니다.
만들 수 있는 가장 작은 수는 십의 자리에 0을 제외한 가장 작은 수 1을, 일의 자리에 0을 넣은 경우로 10이고, 둘째로 작은 수는 십의 자리에 1을, 일의 자리에 4를 넣은 경우로 14입니다. 셋째로 작은 수는 십의 자리에 1을, 일의 자리에 7을 넣은 경우로 17입니다.
따라서 둘째로 큰 수와 셋째로 작은 수의 합은 71 + 17 = 88입니다.

채점 기준	배점
둘째로 큰 수와 셋째로 작은 수를 각각 구할 수 있나요?	3점
둘째로 큰 수와 셋째로 작은 수의 합을 구할 수 있나요?	2점

서술형 20 접근 ≫ 어떤 수를 먼저 구하여 바르게 계산해 봅니다.

예 어떤 수를 □라고 하여 잘못 계산한 식을 나타내면 56 + □ = 79이므로
79 − 56 = □, □ = 23입니다.
어떤 수가 23이므로 바르게 계산하면 56 − 23 = 33입니다.

채점 기준	배점
어떤 수를 구할 수 있나요?	3점
바르게 계산한 값을 구할 수 있나요?	2점

수능형 사고력을 기르는 2학기 TEST – 1회

01 (1) < (2) =	**02** 57, 66, 55	**03** 예 30+51=81	**04** 18	**05** 가
06 14−9=5, 14−5=9		**07** ▢ 모양	**08** 7	**09** 7시
10 (그림)				
11 5가지	**12** 16, 34, 52, 70	**13** 7개	**14** 7, 8, 9	
15 5개	**16** 58	**17** 1명	**18** 3가지	**19** 59
20 5시				

01 4단원

접근 ≫ 더해지는 수와 더하는 수를 이용하여 계산 결과를 비교해 봅니다.

(1) 더하는 수(오른쪽 수)가 같고 더해지는 수(왼쪽 수)가 $5<6$이므로

5 +8 ⓒ< 6 +8입니다.

(2) $7+9$와 $9+7$은 두 수의 순서만 바뀌었으므로 계산 결과가 같습니다.

➡ $7+9$ ⊜ $9+7$

다른 풀이

(1) $5+8=13$, $6+8=14$이므로 $5+8$ ⓒ< $6+8$입니다.

(2) $7+9=16$, $9+7=16$이므로 $7+9$ ⊜ $9+7$입니다.

02 3단원 + 6단원

접근 ≫ 같은 모양끼리 묶어 봅니다.

▢ 모양: 42, 15 ➡ $42+15=57$

△ 모양: 16, 50 ➡ $16+50=66$

○ 모양: 32, 23 ➡ $32+23=55$

보충 개념

- ▢: 곧은 선으로 되어 있고 뾰족한 부분이 4군데예요.
- △: 곧은 선으로 되어 있고 뾰족한 부분이 3군데예요.
- ○: 굽은 선으로 되어 있고 뾰족한 부분이 없어요.

03 6단원

접근 ≫ 두 수를 자유롭게 골라 덧셈식을 만들어 봅니다.

$30+17=47$ 또는 $22+51=73$ 또는 $30+15=45$ 등 여러 가지 방법으로 덧셈식을 만들 수 있습니다.

지도 가이드

수 조직 능력을 기르는 문제로 정답이 있는 문제가 아닙니다. 자유롭게 두 개의 수를 골라 덧셈을 할 수 있도록 지도해 주세요. 덧셈을 하는 과정에서 $15+17$은 받아올림이 있어서 계산이 복잡하다는 것을 자연스럽게 알 수 있게 됩니다.

04 2단원 + 5단원

접근 ≫ 늘어놓은 바둑돌의 규칙을 찾은 후 바둑돌을 수로 바꾸어 나타내 봅니다.

○ ● ●이 되풀이되는 규칙입니다.

○=1, ●=2라고 하여 규칙에 따라 수를 11개 늘어놓으면 다음과 같습니다.

1 2 2 / 1 2 2 / 1 2 2 / 1 2 ➡ 따라서 이 수들의 합은 18입니다.

해결 전략

○ ● ●을 수로 바꾸면 1 2 2이므로 이 수들의 합은 $1+2+2=5$예요.

➡ $5+5+5+3$
$=10+8=18$

지도 가이드

바둑돌의 규칙을 수로 나타내 보는 것은 1 : 1 대응 개념을 익히는 기초 학습이 됩니다. 1 : 1 대응은 이후 중고등 과정에서 배우는 집합, 함수 등 수학의 많은 영역에 적용됩니다.
따라서 1학년 학습 수준에서부터 1 : 1 개념을 느껴 볼 수 있게 해 주세요.

05 3단원

접근 ≫ 주어진 모양 조각에서 ■, ▲, ● 모양의 수를 구해 봅니다.

주어진 모양 조각에서 ■ 모양은 3개, ▲ 모양은 2개, ● 모양은 2개입니다.
가: ■ 모양 3개, ▲ 모양 2개, ● 모양 2개
나: ■ 모양 2개, ▲ 모양 2개, ● 모양 2개
따라서 주어진 모양 조각을 모두 사용하여 만들 수 있는 것은 가입니다.

해결 전략
가와 나에 사용한 모양 조각이 주어진 모양 조각과 수가 같은지 뿐만 아니라 모양과 크기가 같은지도 확인해야 해요.

06 4단원

접근 ≫ 먼저 수 카드로 덧셈식을 만든 다음 뺄셈식으로 바꿉니다.

2장의 수 카드의 합이 주어진 수 카드 중에 있는지 찾으면 9, 5, 14이므로 세 수로 덧셈식을 만들 수 있습니다. ➡ $9+5=14$
덧셈식을 뺄셈식으로 바꾸면 $9+5=14$ ➡ $14-9=5$ 또는 $14-5=9$입니다.

다른 풀이
큰 수에서 작은 수를 빼서 뺄셈식을 만듭니다.
$14-9=5$(○), $14-5=9$(○), $15-14=1$(×), $15-9=6$(×), $15-5=10$(×), $9-5=4$(×) ➡ 주어진 수 카드 3장으로 만들 수 있는 것은 $14-9=5$와 $14-5=9$입니다.

07 3단원

접근 ≫ 겹쳐진 그림의 특징을 보고 ■, ▲, ● 모양을 찾아봅니다.

각 모양의 특징을 찾아 수를 구합니다.
■ 모양: ⌜ 모양의 뾰족한 부분이 있습니다. ➡ 3개
▲ 모양: ∧ 모양의 뾰족한 부분이 있습니다. ➡ 2개
● 모양: ⌒ 모양의 둥근 부분이 있습니다. ➡ 2개
따라서 수가 다른 것은 ■ 모양입니다.

08 1단원

접근 ≫ □ 안에 들어갈 수 있는 수를 각각 구합니다.

$73<\square4$에서 십의 자리 수를 비교하면 $7<\square$이므로 □ 안에 들어갈 수 있는 수는 8, 9입니다. 일의 자리 수를 비교하면 $3<4$이므로 □ 안에 7도 들어갈 수 있습니다. ➡ 7, 8, 9
$\square9<89$에서 십의 자리 수를 비교하면 $\square<8$이므로 □ 안에 들어갈 수 있는 수는 1, 2, 3, 4, 5, 6, 7이고, 일의 자리 수가 서로 같으므로 □ 안에 8은 들어갈 수 없습니다. ➡ 1, 2, 3, 4, 5, 6, 7
따라서 □ 안에 공통으로 들어갈 수 있는 수는 7입니다.

해결 전략
십의 자리 수를 모르는 경우 십의 자리 수끼리 비교한 다음 일의 자리 수끼리도 비교해야 해요.

09 3단원 + 6단원

접근 ≫ 짧은바늘과 긴바늘의 관계를 생각해 봅니다.

시계에 쓰여 있는 수는 1부터 12까지이고, 이 중에서 두 바늘이 가리키는 수의 합이 19가 되는 경우는 $7+12=19$입니다.

따라서 시계의 짧은바늘이 7을 가리키고 긴바늘이 12를 가리키므로 7시입니다.

➡ 

해결 전략
짧은바늘이 수를 정확히 가리키려면 긴바늘은 반드시 12를 가리켜야 해요. 따라서 시계가 나타내는 시각은 '몇 시'가 돼요.

10 5단원

접근 ≫ 색칠된 칸의 규칙을 찾아봅니다.

색칠된 칸이 첫째 칸에서부터 방향으로 0칸, 1칸, 2칸, 3칸, ... 건너 뛰면서 이동하는 규칙입니다.

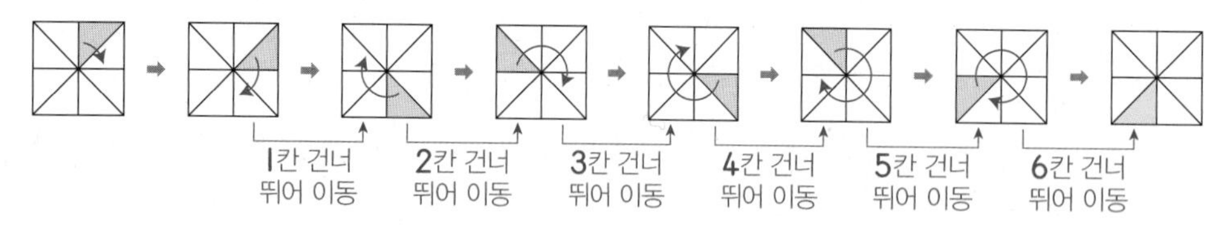

11 2단원

접근 ≫ 두 사람이 지우개 10개를 나누어 갖는 경우를 알아봅니다.

은영이와 연배가 지우개 10개를 나누어 갖는 경우는 다음과 같습니다.

은영	1	2	3	4	5	6	7	8	9
연배	9	8	7	6	5	4	3	2	1

은영이가 연배보다 더 적거나 같게 가지는 경우는 색칠된 부분으로 모두 5가지입니다.

해결 전략
은영이가 연배보다 더 적거나 같게 가지는 경우이므로 똑같이 5개씩 가지는 경우도 포함해야 해요.

12 1단원

접근 ≫ 두 자리 수 중 마지막 설명을 만족하는 수부터 찾아봅니다.

마지막 설명을 만족하는 두 자리 수는 16, 25, 34, 43, 52, 61, 70입니다. 이 중에서 짝수는 16, 34, 52, 70입니다.

주의
두 자리 수이므로 0이 십의 자리에 들어갈 수는 없지만 일의 자리에 들어갈 수는 있습니다. 70을 빠뜨리지 않도록 주의합니다.

보충 개념
짝수는 2, 4, 6, 8, 10, ...과 같이 둘씩 짝을 지을 수 있는 수예요.

13 1단원
접근 ≫ 십의 자리에 들어갈 수 있는 수부터 찾아봅니다.

30보다 크고 76보다 작은 수의 십의 자리에 들어갈 수 있는 수는 3, 6, 7입니다.

- 십의 자리 수가 3인 경우: 3□ ➡ 36, 37 (□: 6, 7)
- 십의 자리 수가 6인 경우: 6□ ➡ 60, 63, 67 (□: 0, 3, 7)
- 십의 자리 수가 7인 경우: 7□ ➡ 70, 73 (□: 0, 3)

따라서 만들 수 있는 수는 7개입니다.

해결 전략
30보다 크고 76보다 작다고 했으므로 30과 76은 포함되지 않아요.

14 4단원
접근 ≫ 부등호(<)를 등호(=)로 바꾸어 □ 안에 알맞은 수를 구해 봅니다.

$12-3=9$이므로 $15-\square<9$에서 □ 안에 들어갈 수 있는 수를 구합니다.
$15-\square=9$일 때 $15-9=\square$, $\square=6$입니다.
$15-\square$가 9보다 작으려면 □는 6보다 커야 합니다. 따라서 □ 안에 들어갈 수 있는 수는 7, 8, 9입니다.

해결 전략
$15-\square<9$
└6보다 큰 수를 넣어 확인해 봐요.

15 3단원
접근 ≫ □ 모양이 1개, 2개인 경우로 나누어 생각합니다.

①	
②	③

□ 모양 1개로 만든 모양: ①, ②, ③ ➡ 3개
□ 모양 2개로 만든 모양: ①+②, ②+③ ➡ 2개
따라서 크고 작은 □ 모양은 모두 $3+2=5$(개)입니다.

해결 전략
- 찾을 수 있는 가장 작은 □ 모양부터 생각하여 하나씩 수를 늘려 나가요.
- □ 모양 3개로는 □ 모양을 만들 수 없어요.

16 5단원 + 6단원
접근 ≫ 일정하게 뛰어 센 수를 먼저 구해 봅니다.

51에서 어떤 수씩 4번 뛰어 세면 63이 됩니다. 어떤 수를 □라고 하면
$51+\square+\square+\square+\square=63$, $\square+\square+\square+\square=63-51=12$입니다.
$3+3+3+3=12$이므로 $\square=3$입니다.
51부터 시작하여 3씩 뛰어 세면 51−54−57−60−63이므로 ㉠에 알맞은 수는 57이고, 57보다 1만큼 더 큰 수는 58입니다.

해결 전략
㉠에 알맞은 수를 구한 다음 1만큼 더 큰 수를 구해요.

다른 풀이
일정하게 수를 뛰어 세었으므로 ㉠에 알맞은 수는 51과 63 사이의 한가운데 수입니다.

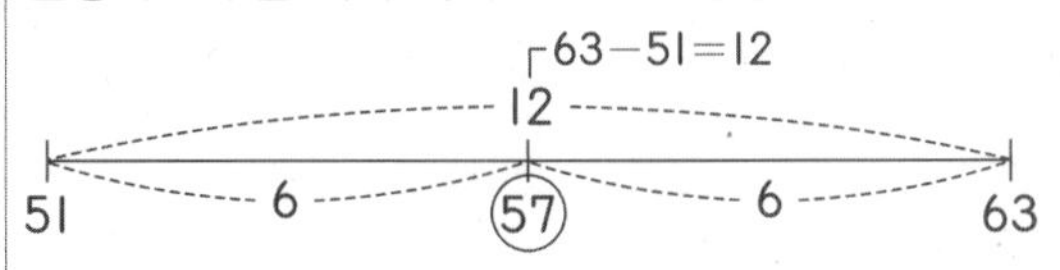

따라서 ㉠에 알맞은 수는 57이고 57보다 1만큼 더 큰 수는 58입니다.

17

4단원 + 6단원

접근 ≫ 전체 학생 수와 국어 또는 수학을 좋아하는 학생 수 사이의 관계를 생각해 봅니다.

국어와 수학을 모두 좋아하는 학생이 2명입니다.
(국어만 좋아하는 학생 수) $= 12 - 2 = 10$(명)
(수학만 좋아하는 학생 수) $= 14 - 2 = 12$(명)
(국어와 수학을 모두 좋아하지 않는 학생 수) $= 25 - 10 - 12 - 2 = 1$(명)

해결 전략
전체 학생 수(25명)에서 국어만 좋아하는 학생 수(10명)와 수학만 좋아하는 학생 수(12명), 국어와 수학을 모두 좋아하는 학생 수(2명)를 빼요.

다른 풀이
그림을 그려서 해결해 봅니다.

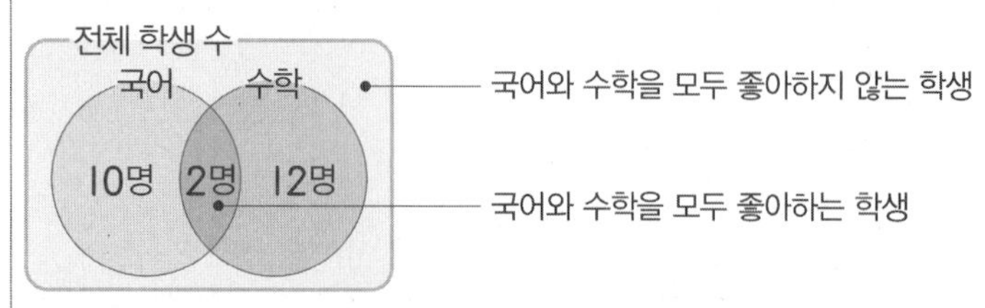

국어와 수학을 모두 좋아하지 않는 학생 수를 □라고 하면 $10 + 2 + 12 + □ = 25$, $24 + □ = 25$, $□ = 1$입니다.

지도 가이드
다른 풀이에 나온 그림을 '벤 다이어그램'이라고 합니다. 벤 다이어그램은 고등수학에서 배우는 집합에서 나옵니다. 하지만 초등수학에서도 이런 그림을 그려 보면 좀 더 쉽게 문제를 해결할 수 있습니다.

18

2단원

접근 ≫ 사탕 10개를 세 사람이 나누어 먹는 경우를 생각해 봅니다.

선우와 세진이가 먹은 사탕 수는 같고, 경민이가 가장 많이 먹었습니다.
선우가 사탕을 1개, 2개, 3개, ... 먹는 경우에 세 사람이 먹은 사탕의 수가 10개가 되도록 세진이와 경민이가 먹은 사탕 수를 나타내 보면 다음과 같습니다.

선우	1개	2개	3개	4개
세진	1개	2개	3개	4개
경민	8개	6개	4개	2개
	(○)	(○)	(○)	(×)

해결 전략
선우가 4개를 먹으면 경민이가 가장 많이 먹을 수 없으므로 선우는 4개를 먹을 수 없어요.

경민이가 가장 많이 먹으므로 선우가 4개를 먹을 수는 없습니다.
따라서 (선우, 세진, 경민)이가 (1개, 1개, 8개), (2개, 2개, 6개), (3개, 3개, 4개)로 나누어 먹을 수 있습니다. ➡ 3가지

서술형 19

6단원

접근 ≫ ◎를 구한 다음 ♥를 구합니다.

예 $10 + 24 =$ ◎에서 $10 + 24 = 34$이므로 ◎ $= 34$입니다.
♥ $-$ ◎ $= 25$에서 ◎에 34를 넣으면 ♥ $- 34 = 25$, $25 + 34 =$ ♥, ♥ $= 59$입니다.

해결 전략

채점 기준	배점
◎에 알맞은 수를 구할 수 있나요?	2점
♥에 알맞은 수를 구할 수 있나요?	3점

서술형 **20** 2단원 + 5단원 **접근 ≫ 종이 울리는 규칙을 찾아봅니다.**

예 1시 30분 이후로 종이 울리는 횟수는 2시에 2번, 3시에 3번, 4시에 4번, ...입니다. 4시까지 종이 울린 횟수는 모두 $2+3+4=9$(번)이므로 10째로 종이 울릴 때의 시각은 5시입니다.

채점 기준	배점
종이 울리는 규칙을 찾을 수 있나요?	2점
종이 10째로 울릴 때의 시각을 구할 수 있나요?	3점

해결 전략
4시까지 종이 9번 울렸으므로 10째 종은 1시간 뒤인 5시에 울리기 시작해요.

수능형 사고력을 기르는 2학기 TEST – 2회

01 (1) > (2) > **02** 예 훌라후프, 탬버린 **03** 42 **04** ◯에 ○표 **05** 4개
06 69명 **07** (위에서부터) 34, 51, 57
08 (1)

38	39	40
48	(47)	50

, 49 (2)

67	68
(76)	78

, 77

09 ◯ 모양, 1개 **10** 19 **11** 16
12 4바퀴 **13** ㉣ **14** 10개
15 예 (1)–(2)(4)(3), (2)–(6), (3)–(5)
16 2, 7 / 3, 8 / 4, 9 / 5, 10 / 6, 11 **17** 64개
18 9 **19** 93 **20** 6

01 4단원 **접근 ≫ 빼지는 수와 빼는 수를 비교하여 계산 결과를 비교해 봅니다.**

(1) 빼지는 수(왼쪽 수)가 같고 빼는 수(오른쪽 수)가 $7<8$이므로
$14-7$ ⓥ> $14-8$ 입니다.
(2) 빼는 수(오른쪽 수)가 같고 빼지는 수(왼쪽 수)가 $16>15$이므로
$16-9$ (>) $15-9$입니다.

다른 풀이
(1) $14-7=7$, $14-8=6$이므로 $14-7$ (>) $14-8$입니다.
(2) $16-9=7$, $15-9=6$이므로 $16-9$ (>) $15-9$입니다.

02 3단원 + 5단원 접근 ≫ 되풀이되는 모양의 규칙을 찾아봅니다.

△ ○ △가 되풀이되는 규칙입니다. 따라서 □ 안에 들어갈 모양은 ○ 모양입니다.
주변에서 ○ 모양을 찾아보면 훌라후프, 탬버린, 피자 등이 있습니다.

해결 전략
되풀이되는 모양의 규칙을 찾고, 그 모양의 물건을 주변에서 찾아보세요.

03 1단원 + 6단원 접근 ≫ 수의 크기를 비교해 봅니다.

수가 큰 것부터 차례로 쓰면 $96>89>77>61>54$입니다.
가장 큰 수는 96, 가장 작은 수는 54이므로 두 수의 차를 구하면
$96-54=42$입니다.
└ 큰 수에서 작은 수를 뺍니다.

보충 개념
수의 크기를 비교할 때 10개씩 묶음의 수를 먼저 비교하고 낱개의 수를 비교해요.

04 3단원 접근 ≫ 사용한 □, △, ○ 모양의 수를 구해 봅니다.

□ 모양을 6개, △ 모양을 2개, ○ 모양을 7개 사용했습니다.
➡ $7>6>2$이므로 가장 많이 사용한 모양은 ○ 모양입니다.

해결 전략
모양의 수를 셀 때 □, △, ○ 등으로 표시하면서 세면 빠뜨리거나 중복되지 않게 셀 수 있어요.

05 2단원 접근 ≫ 두 사람이 쥐포 10개를 나누어 먹는 경우를 알아봅니다.

현지와 윤수가 쥐포 10개를 나누어 먹는 경우는 다음과 같습니다.

현지	1	2	3	4	5	6	7	8	9
윤수	9	8	7	6	5	4	3	2	1

현지가 윤수보다 2개 더 적게 먹는 경우를 찾으면 현지가 4개, 윤수가 6개 먹는 경우입니다.

06 6단원 접근 ≫ 여학생 수를 먼저 구합니다.

여학생 수는 남학생 수보다 3명 더 적으므로 (여학생 수)$=36-3=33$(명)입니다.
따라서 운동장에 있는 남학생과 여학생은 모두 $36+33=69$(명)입니다.

07 5단원
접근 ≫ 수 배열표의 규칙을 찾아봅니다.

수 배열표의 수가 오른쪽으로 한 칸 갈 때마다 1씩 커지고, 아래쪽으로 한 칸 갈 때마다 10씩 커집니다.

㉠: 54에서 위쪽으로 두 칸 이동한 수
→ 54에서 10씩 2번 작아지는 수이므로 34입니다.

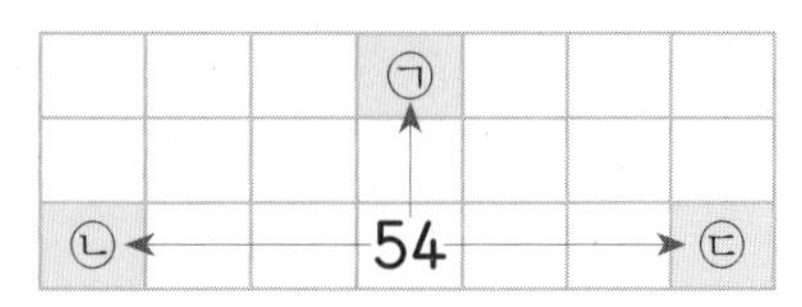

㉡: 54에서 왼쪽으로 세 칸 이동한 수
→ 54보다 3만큼 더 작은 수이므로 51입니다.

㉢: 54에서 오른쪽으로 세 칸 이동한 수
→ 54보다 3만큼 더 큰 수이므로 57입니다.

➡ ㉠=34, ㉡=51, ㉢=57

해결 전략
㉠ 34 ←10— 44 ←10— 54
㉡ 51 52 53 54
㉢ 54 55 56 57

08 5단원
접근 ≫ 수 배열표의 규칙을 찾아 잘못 들어간 수를 찾아봅니다.

수 배열표의 수가 오른쪽으로 한 칸 갈 때마다 1씩 커지고, 아래쪽으로 한 칸 갈 때마다 10씩 커집니다.

(1)

38	39	40
48	(47)	50

49

48의 오른쪽 칸은 48보다 1만큼 더 큰 수인 49가 들어가야 합니다.

(2)

67	68
(76)	78

77

67의 아래쪽 칸은 67보다 10만큼 더 큰 수인 77이 들어가야 합니다.

지도 가이드
한 개의 수(일반적으로 가장 처음에 나온 수)를 정하여 가로와 세로의 규칙이 올바른지 확인하면 잘못 들어간 수를 찾기 쉽습니다. 그런 다음 반드시 답이 맞는지 검산해 보도록 지도해 주세요.

09 3단원
접근 ≫ 색종이를 펼쳤을 때의 모양을 그려 봅니다.

색종이를 점선을 따라 오려내면 오른쪽과 같습니다.
따라서 오려낸 모양은 ◯ 모양이 1개입니다.

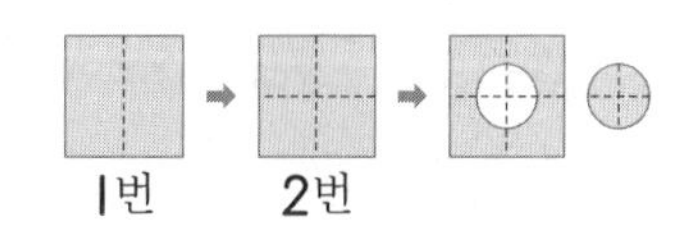

10 4단원 + 6단원
접근 ≫ ★을 구한 다음 ●를 구합니다.

★+5=11, 11−5=★, ★=6입니다.
●−★=13에서 ★=6이므로 ●−6=13, 13+6=●, ●=19입니다.

해결 전략
모르는 수가 1개인 식부터 계산해요.

11 2단원 + 6단원 접근 » ㉠, ㉡, ㉢, ㉣에 들어갈 수를 구해 봅니다.

• ㉠−4=3, 3+4=㉠, ㉠=7
• 8−㉡=6, 8−6=㉡, ㉡=2
• 2+㉣=8, 8−2=㉣, ㉣=6
• ㉢+4=5, 5−4=㉢, ㉢=1
➡ ㉠+㉡+㉢+㉣=7+2+1+6=16

해결 전략
일의 자리 수끼리 계산하고, 십의 자리 수끼리 계산하여 ㉠, ㉡, ㉢, ㉣에 들어갈 수를 구해요.

12 3단원 접근 » 아빠, 엄마, 민희가 집에서 나간 시각을 알아봅니다.

집에서 나간 시각은 아빠가 7시 30분, 엄마가 11시 30분, 민희가 9시입니다. 시각이 빠른 것부터 차례로 쓰면 7시 30분, 9시, 11시 30분이므로 가장 일찍 나간 사람은 아빠이고, 가장 늦게 나간 사람은 엄마입니다.

7시 30분 —(긴바늘이 1바퀴 돈 후)→ 8시 30분 —(긴바늘이 1바퀴 돈 후)→ 9시 30분 —(긴바늘이 1바퀴 돈 후)→ 10시 30분 —(긴바늘이 1바퀴 돈 후)→ 11시 30분

따라서 엄마가 나간 시각 11시 30분은 아빠가 나간 시각 7시 30분에서 긴바늘이 4바퀴 더 돌아야 합니다.

보충 개념
긴바늘이 한 바퀴 움직일 때 짧은바늘은 숫자 1칸을 움직여요.

13 1단원 접근 » □ 안에 들어갈 수 있는 수를 모두 구합니다.

㉠ 십의 자리 수를 비교하면 5>□이므로 □ 안에 들어갈 수 있는 수는 1, 2, 3, 4입니다.
일의 자리 수를 비교하면 4>1이므로 □ 안에 5도 들어갈 수 있습니다. ➡ 5개
㉡ 십의 자리 수가 같으므로 일의 자리 수를 비교하면 1>□입니다. □ 안에 들어갈 수 있는 수는 0입니다. ➡ 1개
㉢ 십의 자리 수가 같으므로 일의 자리 수를 비교하면 □<6입니다. □ 안에 들어갈 수 있는 수는 0, 1, 2, 3, 4, 5입니다. ➡ 6개
㉣ 십의 자리 수를 비교하면 7<8이므로 □ 안에 들어갈 수 있는 수는 0, 1, 2, 3, 4, 5, 6, 7, 8, 9입니다. ➡ 10개
따라서 □ 안에 들어갈 수 있는 수가 가장 많은 것은 ㉣입니다.

해결 전략
십의 자리 수를 모르는 경우 십의 자리 수끼리 비교한 다음 일의 자리 수끼리도 비교해야 해요.

14 3단원 접근 » 크기가 다른 △ 모양이 몇 종류인지 생각해 봅니다.

빨대 3개로 만든 △ 모양은 ①, ②, ③, ④, ⑤, ⑥입니다. ➡ 6개
빨대 5개로 만든 △ 모양은 ①+②, ①+③, ③+④, ②+④입니다. ➡ 4개
따라서 찾을 수 있는 크고 작은 △ 모양은 모두 6+4=10(개)입니다.

15 2단원
접근 ≫ 1부터 6까지의 수 중에서 세 수의 합이 9인 경우를 찾아봅니다.

1부터 6까지의 수 중에서 세 수의 합이 9인 경우를 찾으면 1, 2, 6 또는 1, 3, 5 또는 2, 3, 4입니다.

$1+2+6=9$, $1+3+5=9$, $2+3+4=9$

색칠된 칸은 2번씩 더해지므로 식에서 2번 나온 1, 2, 3을 넣습니다.

해결 전략

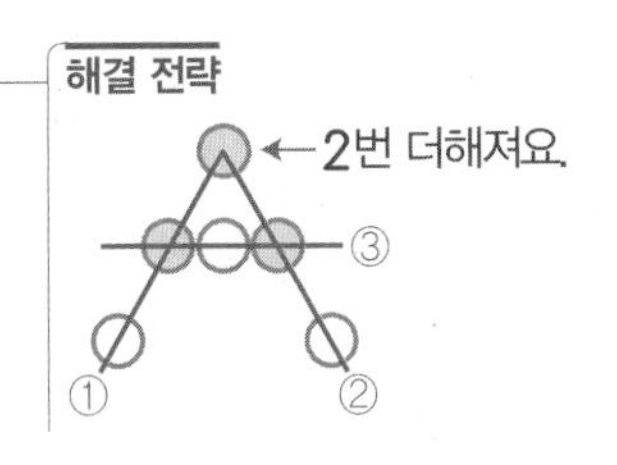

예

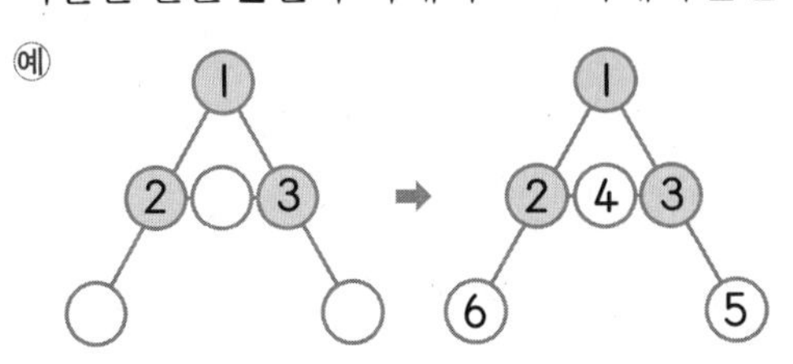

(1, 2, 3의 위치는 서로 바뀔 수 있습니다.)

세 수의 합이 9가 되도록 나머지 수를 넣습니다.

16 2단원 + 4단원
접근 ≫ 수 카드의 수를 크기 순서대로 늘어놓아 봅니다.

수 카드를 가장 작은 수부터 차례로 늘어놓습니다.

차가 5가 되도록 두 수씩 묶을 수 있습니다.

해결 전략

수를 순서대로 늘어놓았을 때 차가 같으면 떨어져 있는 거리도 같아요.

지도 가이드

차가 1이 되도록 두 수씩 묶을 수도 있지만 차가 가장 큰 경우를 찾는 문제입니다. 두 수의 차가 크려면 어떤 두 수를 묶어야 할지 생각할 수 있도록 지도해 주세요. 또 10장의 카드를 두 장씩 묶을 때 남는 카드가 없어야 한다는 것도 잊지 않도록 해 주세요.

17 3단원 + 5단원 + 6단원
접근 ≫ 종이를 자른 규칙을 찾아봅니다.

잘린 종이 조각을 각각 한 번씩 더 자르는 규칙이므로 바로 앞의 잘린 조각 수만큼씩 늘어나는 규칙입니다.

	첫째	둘째	셋째	넷째	다섯째	여섯째
조각 수	2	$2+2=4$	$4+4=8$	$8+8=16$	$16+16$ $=32$	$32+32$ $=64$

따라서 여섯째에는 ▢ 모양이 64개 만들어집니다.

보충 개념

$16=10+6$이므로 $16+16=10+6+10+6=20+12=32$

18 3단원

접근 ≫ 지안이와 수빈이가 각각 시계의 긴바늘을 돌린 다음의 시각을 알아봅니다.

지안이는 8시 30분에서 긴바늘을 시계가 돌아가는 반대 방향으로 5바퀴 반 돌립니다.

8시 30분 —(반대 방향으로 한 바퀴 돌린 후)→ 7시 30분 —(반대 방향으로 한 바퀴 돌린 후)→ 6시 30분 —(반대 방향으로 한 바퀴 돌린 후)→

5시 30분 —(반대 방향으로 한 바퀴 돌린 후)→ 4시 30분 —(반대 방향으로 한 바퀴 돌린 후)→ 3시 30분 —(반대 방향으로 반 바퀴 돌린 후)→ 3시

➡ 지안이의 시계가 가리키는 시각은 3시입니다.

수빈이는 8시 30분에서 긴바늘을 시계가 돌아가는 방향으로 2바퀴 돌립니다.

8시 30분 —(시계 방향으로 한 바퀴 돌린 후)→ 9시 30분 —(시계 방향으로 한 바퀴 돌린 후)→ 10시 30분

➡ 수빈이의 시계가 가리키는 시각은 10시 30분입니다.

따라서 지안이 시계의 짧은바늘은 3을 가리키고, 수빈이 시계의 긴바늘은 6을 가리키므로 수의 합은 $3+6=9$입니다.

해결 전략
긴바늘을 돌린 다음 지안이는 짧은바늘이 가리키는 숫자를, 수빈이는 긴바늘이 가리키는 숫자를 찾아야 해요.

서술형 19 1단원 + 6단원

접근 ≫ 셋째 조건을 만족하는 수부터 찾아봅니다.

예 셋째 조건을 만족하는 두 자리 수는 15, 24, 33, 42, 51, 60입니다.
이 중에서 둘째 조건인 십의 자리 수가 일의 자리 수보다 큰 수는 42, 51, 60입니다.
이 세 수 중 첫째 조건인 60보다 작은 수는 42와 51입니다.
따라서 조건을 만족하는 수를 모두 더하면 $42+51=93$입니다.

채점 기준	배점
조건을 만족하는 수를 모두 찾을 수 있나요?	4점
조건을 만족하는 수를 모두 더할 수 있나요?	1점

해결 전략
셋째 → 둘째 → 첫째 조건의 순서로 수를 찾아보세요.

서술형 20 4단원 + 5단원

접근 ≫ 늘어놓은 수의 규칙을 찾아봅니다.

예 늘어놓은 수를 다음과 같이 묶어 보면 묶음 안에서 1부터 홀수가 1개씩 늘어나는 규칙입니다.

(1), (1, 3), (1, 3, 5), (1, 3, 5, 7), (1, 3, 5, 7, 9), (1, 3, 5, 7, 9, 11), ...
(18째 수: 5, 21째 수: 11)

18째 수는 5이고, 21째 수는 11이므로 두 수의 차는 $11-5=6$입니다.

지도 가이드
늘어놓은 수의 규칙을 찾기 어려운 경우 수를 묶어 보거나 홀수째 수끼리, 짝수째 수끼리 나누어 규칙을 찾아보도록 지도해 주세요.

채점 기준	배점
늘어놓은 수의 규칙을 찾을 수 있나요?	3점
18째 수와 21째 수의 차를 구할 수 있나요?	2점